Felix Thönnessen

Erfolgreich Unternehmen gründen

REDLINE | VERLAG

Felix Thönnessen

Erfolgreich
Unternehmen gründen

REDLINE | VERLAG

Bibliografische Information der Deutschen Nationalbibliothek:
Die Deutsche Nationalbibliothek verzeichnet diese Publikation in der Deutschen National-
bibliografie; detaillierte bibliografische Daten sind im Internet über **http://d-nb.de** abrufbar.

Für Fragen und Anregungen:
lektorat@redline-verlag.de

3. Auflage 2018

© 2015 by Redline Verlag, ein Imprint der Münchner Verlagsgruppe GmbH
Nymphenburger Straße 86
D-80636 München
Tel.: 089 651285-0
Fax: 089 652096

© „Die Höhle der Löwen" ist ein Format von Sony Pictures Television
© VOX Television 2015, vermarktet durch RTL interactive GmbH

Redaktion: Ulrike Kroneck, Melle-Buer
Umschlaggestaltung: Melanie Melzer, München
Umschlagabbildung: Boris Breuer
Satz: EDV-Fotosatz Huber/Verlagsservice G. Pfeifer, Germering
Druck: GGP Media GmbH, Pößneck
Printed in Germany

ISBN Print 978-3-86881-604-4
ISBN E-Book (PDF) 978-3-86414-758-6
ISBN E-Book (EPUB, Mobi) 978-3-86414-757-9

Weitere Informationen zum Verlag finden Sie unter
www.redline-verlag.de

Inhalt

Vorwort

Nun, da sind wir: Sie, ich und ein Buch zum Thema Existenzgründung.

Was Sie genau erwartet, will ich Ihnen gerne ein bisschen erläutern. Denn das interessiert Sie wahrscheinlich brennend, würden Sie sonst das Buch in Händen halten?

Natürlich bietet der Büchermarkt zum Thema Existenzgründung eine Menge. Was bringt Ihnen also dieses Buch? Mein Ziel: Ich will das Feuer für eine Existenzgründung entfachen und Ihnen durch viele wertvolle Informationen die Angst nehmen, Ihre Idee zu verwirklichen, damit Sie sie nicht in einer Schublade verstauben lassen.

Wir werden uns dem Thema ein wenig anders nähern. Natürlich bekommen Sie viele Tipps an die Hand, aber auch das Lesen selber soll Ihnen Spaß machen. Wenn Sie mir schon Ihre Zeit schenken, dann soll das für Sie nicht nur unternehmerisch sinnvoll sein, sondern auch privat wertvoll. Ich hoffe, dieser Spagat gelingt mir. Ich gebe mein Bestes.

Zunächst werden wir uns mit den Gründen für eine Selbstständigkeit beschäftigen, daneben aber auch die Risiken nicht vergessen, Sie sollen ja nicht wie ein Lemming eine Klippe hinunterspringen. Wenn Sie nicht wissen, was Lemminge sind, ist das auch nicht schlimm. Einfach nicht runterspringen reicht als Überlebenstipp.

Neben diesen Gründen für die Selbstständigkeit geht es aber auch um klassische Fragestellungen, wie Ihr Markt aussieht, wo Sie Werbung machen sollten, wer Ihr Vorhaben finanziert und wie Sie damit die Weltherrschaft an sich reißen. Sie merken, wir wollen weit hinaus. Kommen Sie ein Stück mit? Mit meiner eigenen Beraterfirma habe ich mir meinen eigenen Traum der Existenzgründung verwirklicht und vielleicht verwirklichen wir jetzt gemeinsam Ihren.

Ein kleiner, aber ganz besonderer Hinweis sei mir an dieser Stelle noch gestattet, bevor es richtig losgeht: In Zeiten von Frauenquoten und anderen Diskussionen über die Gleichstellungen von sehr erfolgreichen weiblichen und männlichen Gründern umgehe ich mögliche Fettnäpfchen und Ärgernisse während des Lesens durch die »GoGs«. Nein wir reden nicht von Fabelwesen oder der Bezeichnung einer neuen Wunderdiät für die Sommerfigur – es handelt sich schlicht um meine eigens kreierte Abkürzung für »Gründerinnen oder Gründer«. Pfiffig, oder? Okay, nicht das nächste Weltwunder, aber vielleicht hilfreich für den Lesefluss. So! Genug zu GoGs und mir. Jetzt geht's an die Eroberung der Weltherrschaft mit Ihrer Gründung.

Herzlichst, Ihr

Felix Thönnessen

Einleitung – kurz und knapp

Eigentlich hätte die Einleitung auch die Geschichte von Anne und Bernd heißen können. Warum? Na, weil das die einzigen beiden Personen sind, die außer Ihnen und mir in diesem Buch vorkommen. Keine Sorge, die beiden sind kein Paar.

Um es auf den Punkt zu bringen: Anne macht etwas mit Mode und Bernd hat was mit Feuerwehrautos zu tun. Nein, natürlich nicht! Das wäre zu klischeehaft. Das mit der Mode war schon richtig, aber Bernd betreibt einen Gewürzladen in München. Beide haben sich freundlicherweise dazu bereit erklärt, in diesem Buch mitzuspielen. Okay, natürlich habe ich Bernd versprochen, dass er seine neuesten Gewürzmischungen jedem Exemplar des Buches beilegen darf. Eine kluge Marketingentscheidung, meint er. Ob das stimmt, werden Sie später erfahren.

Entsprechend finde ich es sehr angemessen, unsere beiden Weggefährten für die nächsten Seiten und Stunden vorzustellen. Vielleicht entwickelt sich daraus sogar eine Freundschaft. Nun, Anne ist 23 und möchte sich mit ihrem Faible für Mode selbst verwirklichen. Sie wohnt in Köln und will sich deshalb in der Stadt am Rhein selbstständig machen. Sie will eine Modeboutique eröffnen, und das, was die Boutique besonders machen soll, ist Folgendes: Sie will Mode von weitgehend unbekannten Modedesignern zum Verkauf anbieten. Um es einfach zu machen: Sie kauft Mode bei diesen Modedesignern ein und verkauft sie anschließend an hoffentlich viele interessierte Kunden weiter.

Jetzt aber zu Bernd. Bernd ist 45 Jahre und hat die letzten Jahre eigentlich als Industriemechaniker gearbeitet. Seine Leidenschaft aber war schon immer das Kochen. Nachdem sein Sohn ausgezogen ist, geht es nun endlich los mit dem Thema Selbstständigkeit. In seinem Gewürzladen in München will er hochwertige Gewürze, direkt importiert aus den jeweiligen Herkunftsländern, verkaufen und vielleicht auch Kochkurse anbieten. In Zeiten der rauschenden digitalen Möglichkeiten möchte Bernd ebenfalls die vielfältigen Chancen des E-Commerce nutzen – nicht nur um seinen Sohn mit seinen modernen digitalen Kenntnissen zu beeindrucken, sondern auch, um den Vertrieb seiner Gewürze über diesen Kanal geschickt am Markt zu forcieren.

Weitere Infos gebe ich Ihnen an den Stellen, wo die beiden auftauchen. Ich weiß, eine Frau und ein Mann, die Dame jung und der Herr etwas älter – damit sind alle Klischees erfüllt. Ich versuche, Sie eben bereits in der Einleitung abzuholen.

Wie gesagt, die beiden spielen zwar in unserem Buch mit, aber der Hauptcharakter sind definitiv Sie. Ich hoffe wirklich, dass Ihnen dieses Buch Tipps zum Thema Existenzgründung gibt und – was mir noch viel wichtiger wäre: Ich hoffe, dass es dazu führt, dass Sie diesen Weg zwar bedacht, aber dennoch voller Elan einschlagen.

PS: Ich habe zwei Besonderheiten für Sie integriert. Zum einen gibt es sogenannte Specials, in denen ich Sonderthemen vorstelle. Zum anderen werden in »Gründertalks« häufig gestellte Fragen beantwortet.

Kapitel I: Existenzgründung – wann kann es endlich losgehen?

Fangen wir mit der entscheidenden Frage an: Was bedeutet Selbstständigkeit für Sie? Da wir hier »unter uns« sind, dürfen Sie gerne ehrlich sein. Schreiben Sie Ihre Antwort ruhig auf – von mir aus auch direkt ins Buch. Ob das Stichworte oder ganze Sätze sind, ist egal.

Wenn Sie sich das Wort »Selbstständigkeit« anschauen, merken Sie auch ohne mich, dass sowohl »selbst« als auch eine Variante von »stehen« im Begriff vorkommen. Damit ist nicht gemeint, dass Sie es schaffen, auf den eigenen zwei Beinen zu stehen – im Sinne des Nicht-Umfallens. Nein, es geht um das Auf-eigenen-Beinen-Stehen, darum, sich selber etwas aufzubauen. Auch wenn Sie sich den englischen Begriff »self employed« näher ansehen, bedeutet das frei übersetzt »sein eigener Angestellter« sein – und das ist in keiner Weise mit einer Persönlichkeitsstörung verbunden, zeigt aber dennoch, dass Sie als GoG – ich hoffe, Sie erinnern sich an meine Wortschöpfung aus dem Vorwort – mehrere Personen sind. Sein eigener Chef sein, sein eigenes Unternehmen führen, selber bestimmen können und vor allem für sich selber wirtschaften. Klingt gut, oder?

Was verbinden Sie also mit dem Wort »Selbstständigkeit«? Wirtschaftlichen Erfolg, finanzielle Unabhängigkeit oder vielleicht Zeitmangel, Stress und Ängste? Es ist kein Zufall, dass Sie Stress und Zeitmangel mit der Selbstständigkeit verbinden, aber genauso kann es sein, dass Ihnen die Begriffe »Erfolg« und »Unabhängigkeit« in den Sinn kommen. Das Abenteuer Selbstständigkeit – und ich nenne es an dieser Stelle bewusst »Abenteuer« – kann sich für jeden GoG anders gestalten. Genauso wie Sie mit dem Begriff »Lotto« sowohl Pech als auch Hoffnung oder das Glück verbinden können. Das kommt ganz drauf an, wie Sie Ihre Prioritäten setzen.

Für mich sind etwa die Stunden vor der Lottoziehung ein großer Genuss, wenn ich mir ausmale, was ich mache, wenn ich gewinne, und vor allem, was ich mit dem Geld alles anstelle. Letztendlich habe ich leider noch nie gewonnen – zumindest noch nie mehr als fünf Euro –, aber darauf kommt es nicht an. Sondern darauf, darüber nachzudenken, wie es sich anfühlen würde, wenn Sie gewinnen. Und genau diese Gedanken machen das GoG-Sein aus. Denken Sie darüber nach, wo Sie irgendwann stehen könnten. Und wenn Ihr Ziel die Weltherrschaft ist, dann ist das auch in Ordnung. Okay, tut mir leid: Ich habe natürlich noch unsere beiden Freunde Anne und Bernd als Konkurrenten vergessen. Bevor ich zu weit abschweife, komme ich darauf zurück, warum ich Ihnen überhaupt von meinen Erfahrungen beim Lottospielen berichte. Selbstständig zu sein ist nämlich für manche GoGs schon deswegen erfüllend, weil sie ihr eigener Chef sind und ihren Traum leben. Darum müssen auch Sie genau abstecken, warum Sie selbstständig sein wollen. Glücklich sein ist das Ziel, Erfolg kann eine Voraussetzung dafür sein oder »nur« ein Bonus. Aber genau dieses Glücklichsein halte ich für sehr wichtig. Viele Menschen gehen den Schritt in die Selbstständigkeit, weil sie in ihrem jetzigen Beruf nicht glücklich sind. Klar, Schokolade macht auch glücklich und viel Joggen ebenfalls. Doch eine Gründung ist gesünder und macht bei jedem Wetter gleich viel Spaß. Also, Lust aufs Gründen?

Falls Sie ein leidenschaftlicher Bingo-Spieler sind, dann kennen Sie das, was ich Ihnen jetzt erzähle. Sie sitzen in einem überfüllten Raum, den wir jetzt einmal als Ihren Markt für Ihre Geschäftsidee verstehen. Um Sie herum sind andere eifrige Bingo-Spieler, die konzentriert auf die Trommel mit den Bingo-Zahlen starren. Nennen wir diese anderen Spieler Ihre Konkurrenz. Sie kommen gut miteinander aus, aber es ist jedem klar, dass es nur einen Gewinner geben kann – zumindest in dieser Runde. Manche Konkurrenten schauen mürrisch herüber und sind Ihnen vielleicht schon voraus. Andere sitzen unsicher auf ihrem Stuhl und sind außerdem das erste Mal dabei. Plötzlich ein Freudenschrei irgendwo links von Ihnen. Sie schauen schnell noch mal auf Ihren Bingo-Schein, um sicherzugehen, ob Sie nicht ebenfalls Glück haben. Aber nein, der Jackpot geht an die Konkurrenz. Natürlich träumen Sie davon, »Bingo« quer durch den Raum zu rufen und den einen oder anderen rüstigen Rentner damit aus seinem Schläfchen zu wecken. Aber macht das Spiel nicht auch ohne diesen Moment schon Spaß genug, sodass Sie es nicht bereuen, mitgemacht zu haben, und es jederzeit wieder versuchen würden? Und nicht nur beim Bingo gibt es mehrere Runden und mehrere Gewinner. Sicher würden Sie also erneut wiederkommen, um Ihr Glück zu wagen, die Spannung auszukosten und die Atmosphäre zu genießen Ja, ich weiß. Es ist leicht gesagt: »Hey, Sie müssen auch Niederlagen einstecken können.« Aber genau darum geht es bei einer Gründung! Sie müssen einstecken können. Bereits ein weiser Mann namens Forrest Gump sagte einmal – jetzt ein wenig übertragen gemeint: »Die Gründung ist wie eine Schachtel Pralinen – Sie wissen nie, was Sie bekommen.« Manchmal geht es im Leben, insbesondere dem eigenen GoG-Sein, nicht darum, wie hart Sie zuschlagen können, sondern darum, wie viel Sie einstecken können. Manchmal macht einen der Weg – also das Spielen an sich – schon glücklich und nicht nur das erhoffte Ergebnis.

Für alle anderen, die noch nie Bingo gespielt haben und generell dem Glücksspiel wenig abgewinnen können, ein anderer Ansatz. Schaut man online im Duden nach Synonymen für »Selbstständigkeit«, erscheint Folgendes:

Alleingang, Eigeninitiative, Eigenmächtigkeit, Eigenverantwortlichkeit, Selbstverantwortlichkeit, Eigenständigkeit, Emanzipation, Erwachsensein, Freiheit, Mündigkeit, Reife, Unabhängigkeit, Ungebundenheit; (Politik, Soziologie) Selbstbestimmung, Autarkie, Eigenstaatlichkeit, Selbstverwaltung, Sou-

13

veränität; (bildungssprachlich) Autonomie, Freiberuflichkeit, Unternehmertum[1]

Sie sehen, es gibt nicht nur viele Gründe für eine Selbstständigkeit, sondern auch eine Menge sinngemäßer Übersetzungen. Auch ich habe am Anfang mehr als nur einen Grund für meine eigene Gründung gehabt. Was erwarten Sie von der Selbstständigkeit und was wollen Sie erreichen? Das müssen Sie in erster Linie mit sich selber klären. Wie definieren Sie den Erfolg Ihrer Selbstständigkeit? Wann macht Ihnen das Bingo-Spiel Spaß? Schauen Sie in sich hinein und stecken Sie Ihre Ziele ab. Anders als beim Bingospielen ist das Risiko des GoG-Seins eben mehr als nur »nicht gewinnen«, da heißt es manchmal, wirklich zu verlieren.

Natürlich wollen Sie darüber ungern sprechen oder lesen. Es ist eine Gefahr für die Luftblase, in der Sie vielleicht stecken, aber auch damit müssen Sie sich auseinandersetzen. Das Risiko ist die Nadel unter der schicken Blase, die zwischen Traumverwirklichung und Scheitern steht. Je besser Sie Ihre eigene Gründung vorbereiten und sich mit allen Variablen im Vorfeld auseinandersetzen, desto höher fliegen Sie mit Ihrem schimmernden Flugobjekt davon und winken dem Risiko aus erfolgreicher Ferne zu. Gleichzeitig bin ich mir aber ziemlich sicher, dass Ihnen das nicht neu ist, und ich bin froh, dass Sie sich dennoch für die Selbstständigkeit interessieren. Wenn Sie Risiken vorher identifizieren, sind diese manchmal nachher gar nicht mehr so groß. Wenn Sie an dieser Stelle (Selbst-)Zweifel bekommen, ist das ganz normal und gehört dazu.

Wenn Sie es sich jetzt noch einmal anders überlegen und sich gegen die Selbstständigkeit entscheiden, kann ich das genauso gut verstehen. Das Buch sollten Sie trotzdem zu Ende lesen. Ich bin der Letzte, der Ihnen einen Vorwurf macht, aber seien wir ehrlich: Sie haben

---

1   Abfrage Duden online

sich dieses Buch nicht gekauft, um dann nur die ersten Seiten zu lesen, oder? Sie wollen mehr. Und das ist auch gut so. Warum (nur) die dunkle Seite vom Toast betrachten? Legen wir den Toast also einfach andersherum auf den Teller oder schmieren eine dicke Schicht einer bekannten Nuss-Nougat-Creme darauf. Man(n) gönnt sich ja sonst nichts. Für die gesundheitsbewussten GoGs unter Ihnen darf es natürlich auch gerne Magerquark mit nur 0,01 Prozent Fett sein. Der Aufstrich könnte für Ehrgeiz und Leidenschaft stehen und wenn Sie genug auf den Toast schmieren, dann schmeckt die verbrannte Seite »Risiko« auch gar nicht mehr so bitter. Doch bevor Sie herzhaft in Ihren Toast beißen: Stimmt es eigentlich, dass das Brot immer auf die bestrichene Seite fällt? Ist es nicht eher reiner Zufall? Und bitte, was hat das mit Existenzgründung zu tun?

Fakt ist, dass der Toast sich dreht, wenn er vom Tisch fällt. Das passiert, weil der Toast schräg über die Kante rutscht. Da unser schöner Toast aber bis zum Boden nicht genug Zeit hat, sich komplett zu drehen, landet er leider auf der leckeren Seite. Platsch! Aber was wäre, wenn wir beim Essen einfach stehen oder wenn wir auf dem großen roten Stuhl einer Möbelhauskette essen oder den Toast falsch herum halten würden beim Essen? Was wäre also, wenn wir uns unkonventionell verhalten, einfach etwas anders machen, einfach unser Schicksal selber in die Hand nehmen – was passiert dann mit unserem Toast? Ganz einfach, das Toastbrot hat genug Zeit, um sich einmal komplett zu drehen – und das Geschmierte ist gerettet. Lassen Sie jetzt bloß nicht alle Ihre Toasts fallen, nur um das Ganze zu testen. Nein, nein, nein, ich sage lediglich, dass Sie die *Chance* haben, Ihre beschmierte Seite zu retten. Also, wenn Sie bereit sind, Ihr Frühstück vielleicht ein wenig anders als üblich zu sich zu nehmen oder für Ihr GoG-Sein genug Einsatzbereitschaft, Durchhaltevermögen und Leidenschaft mitbringen, dann ist alles möglich. Vielleicht ist Ihnen das Beispiel zu suspekt, aber in dem Falle hilft es, wortwörtlich über den Tellerrand hinauszublicken.

Zu einer ausführlicheren Beschreibung der Chancen und Risiken des GoG-Seins kommen wir jetzt. Bis dahin: Guten Appetit.

Chancen und Herausforderungen gibt es immer

Ich habe aus Risiken Herausforderungen gemacht, das klingt doch gleich viel entspannter.

»In einem Jahr werde ich zehn Millionen Euro Umsatz machen. Ich werde Kunden in zehn Ländern haben und wir werden ein Team aus 100 jungen und engagierten Leuten sein, die alle gemeinsam erfolgreich sind. Und dann, im zweiten Jahr, werde ich in einem Wolkenkratzer in New York in der obersten Etage sitzen und die Weltherrschaft an mich reißen…« Das war ein kleines Zitat von Bernd. Na ja, wie dem auch sei: Sicher geht es jedem von uns ein bisschen so – zumindest für eine kurze Zeit. Sie sehen das Geschäftsvorhaben wie durch einen Schleier, verständlich durch die Konsistenz der Luftblase, in der Sie anfangs sitzen – Sie bauen sich vielleicht ein Luftschloss. Schlösser sind zwar toll, aber besser, sie sind aus Stein, Holz – oder von mir aus auch aus Schokolade – als aus Luft.

Wenn Sie sich beim Lesen dieser Worte als möglichen Luftschloss-Baumeister ertappt haben, ist dies ein guter Schritt in die richtige Richtung. Sie erkennen, dass Sie vielleicht manche Aspekte falsch einschätzen. Dafür gibt es eine recht nüchterne Lösung: Lesen Sie dieses Buch weiter. Vor allem das Kapitel IV »Markt, Zielgruppe und Wettbewerb – was müssen Sie kennen wie Ihre Westentasche?« ist für Sie von großer Bedeutung. Recherche ist hier das Stichwort.

Wenn Sie plötzlich merken, dass die benachbarten Luftschlösser immer größer und größer werden und Ihr eigenes immer kleiner zu werden scheint, erschrecken Sie nicht. Seien Sie froh, dass es nicht über die Planung Ihres Luftschlosses hinausgegangen ist, denn sonst hätte es vielleicht ernstere Konsequenzen gegeben. Planungen können Sie ändern und optimieren. Ein fertiges Schloss umzubauen ist aufwendiger und meistens auch sehr teuer. Können Sie sich den Aufwand vorstellen, den es braucht, um ein großes Schloss zu errichten, in Schuss zu halten und sogar noch schöner zu machen? Wissen Sie, dass dafür ganze Teams aus Bauarbeitern, Handwerkern, Gärtnern und Reinigungskräften benötigt werden? Und jetzt stellen Sie sich vor, dass Sie all das als GoG alleine machen müssen. Das bedeutet viel Arbeit. Denn als Ihr eigener Chef müssen Sie wohl oder übel auch die Drecksarbeit machen, bis Sie sich irgendwann selber befördern. Aber wenn Sie die Ärmel hochkrempeln und sich auch nicht zu schade sind, ein bisschen Unkraut zu zupfen, ist alles möglich.

Starten Sie nicht mit der Vorstellung eines Luftschlosses in Ihrem Kopf. Haben Sie Geduld. Starten Sie mit einem kleinen Häuschen auf einem weiten Feld, das Sie in Ruhe und mit Zeit immer weiter ausbauen können, bis es vielleicht irgendwann zu dem Schloss wird, das Sie sich von Beginn an gewünscht haben. Sie müssen die Welt ja nicht an einem Tag erobern, manchmal dürfen es auch zwei Tage sein.

Sehr oft lege ich GoGs nahe, dass es neben den großen Chancen auch Herausforderungen gibt, die auf jeden Fall berücksichtigt werden müssen. Das sage ich Ihnen hiermit auch: Es gibt Herausforderungen, denen Sie unbedingt Wert beimessen müssen. Was also tun, um Chancen und Herausforderungen gegeneinander abzuwägen?

Da sich Chancen und Herausforderungen für jeden Einzelnen individuell bilden, kann ich leider keine allgemeine Aussage treffen. Wir können uns aber zusammen beide Seiten der Medaille ansehen und einige Dinge festhalten. Ja, mir ist bewusst, dass das Bild der Medaille oft benutzt wird, aber hier passt es doch sehr gut. Von mir aus nehmen wir eben eine alte Medaille aus Rom, die sonst keiner hat.

Beginnen wir mit der schönen Seite der Medaille: den vielen Chancen, die das GoG-Sein bietet. Da ist zum einen der hoffentlich eintretende finanzielle Erfolg. Um viel Geld zu verdienen, bleiben einem eigentlich nur zwei Möglichkeiten: Konzernvorstand werden oder eine eigene Existenz gründen. Natürlich können Sie auch erben oder reich heiraten, aber die Vorstellung, etwas mit eigenen Händen aufzubauen, gefällt mir persönlich besser. Zum anderen ist sicherlich die berufliche Unabhängigkeit eine Chance, obwohl wir darüber durchaus diskutieren können. So können Sie als Selbstständiger natürlich entscheiden, wann und wie oft Sie arbeiten, aber gerade zu Beginn werden Sie höchstwahrscheinlich mehr arbeiten als in einem Angestelltenverhältnis und den morgendlichen, frisch gebrühten Kaffee stellen Sie sich anfangs auch selber auf Ihren Schreibtisch. Ihr eigenes Sekretariat im Vorzimmer kommt irgendwann mit der Weltherrschaft. Als GoG müssen Sie sich darauf einstellen und sollten sich sogar darauf freuen. Wenn Sie auch ohne viel Arbeit ein Businessmodell entwickeln, was horrende Gewinne generiert, stehe ich als Investor gerne bereit. Schicken Sie mir einfach eine E-Mail oder rufen Sie an!

Auf der anderen Seite der Medaille gibt es etwa sozialen und gesellschaftlichen Misserfolg. In unserer Gesellschaft sind wir uns Spott und Häme sicher, wenn wir als GoG scheitern. Ich finde allerdings, dass es an der Zeit ist, diese Fehlerkultur für beendet zu erklären. Hätten wir diese Einstellung nicht oder die Angst davor, gäbe es sicher deutlich mehr GoGs. In anderen Ländern ist diese negative Einstellung weit weniger zu finden. Dort feiert man sogar Partys, wenn das Start-up scheitert. Jetzt sollen Sie bitte noch keine Party planen, aber manchmal hilft Leichtigkeit doch, die Dinge etwas leichter zu sehen. »Apropos Fehler: Jeder macht mal Fehler. Schauen Sie sich doch einmal *Ben Hur* – also den prämierten Film – an, da trägt einer der Hauptdarsteller eine Armbanduhr und das, obwohl es erst Jahrhunderte später Uhren gab. Sie sehen: Fehler passieren jedem. PS: Der Film hat übrigens elf Oskars gewonnen.

Natürlich gibt es auch das finanzielle Risiko. Haben Sie einen großen Investitionsbedarf, so müssen Sie einen Kredit aufnehmen, einen Investor finden und sich vielleicht verschulden. Welche Möglichkeiten es überhaupt gibt, Ihr Vorhaben zu finanzieren, damit werden wir uns später ausgiebiger beschäftigen.

Mein Motto ist immer gewesen: »Mit Volldampf voraus.« Das trifft vielleicht auch auf Sie zu. Ja, schon wieder so eine Floskel, aber keine Sorge, davon kommen sicher noch mehr.

Tipp

Nehmen Sie ein Blatt Papier und einen Stift zur Hand, skizzieren Sie eine Tabelle mit zwei Spalten und schreiben Sie links »Chancen« und rechts »Herausforderungen« über die Felder. Jetzt listen Sie alle Punkte zu diesen beiden Überschriften auf, so wie sie individuell auf Sie zutreffen. Ist gesellschaftlicher Misserfolg ein Risiko für Sie? Nein? Dann schreiben Sie es nicht auf. Ist finanzieller Erfolg für Sie wichtig? Na, aber so was von? Dann schreiben Sie es schnell auf. Die fertige Liste gibt Ihnen am Ende einen guten Überblick. Wenn auf Ihrer Liste am Ende mehr Herausforderungen stehen, bedeutet das nicht, dass Sie es sein lassen sollten. Es bedeutet nur, dass eine sorgsame Planung für Sie noch wichtiger ist. Natürlich ist das nur eine einfache Möglichkeit, das Ganze vorab abzuwägen, aber irgendwo müssen Sie ja anfangen.

Eigenschaften – was braucht ein Super-GoG?

Sie stellen sich vielleicht die Frage, was also einen erfolgreichen GoG ausmacht. Und wie Sie ein Super-GoG werden können.

Mit einem erfolgreichen GoG werden viele Fähigkeiten verknüpft. Er braucht Fach- und Branchenkenntnisse, muss belastbar sein,

Selbstvertrauen haben, kontaktfreudig und kritikfähig sein, vor Kreativität und Ideen sprudeln und Zielstrebigkeit in sich tragen. Klingt nach einer ziemlichen Herausforderung. Auf mich trifft nicht mal die Hälfte zu. Also, bin ich wohl eher ein Mini-Super-GoG, aber na ja, trotzdem halt »super«. Ein schönes Beispiel ist auch der allseits bekannte Fußballtrainer Jürgen Klopp. Ein kreativer, kluger Mann, der mit viel Herzblut, Leidenschaft und der Motivation seines Teams viel, sehr viel erreicht hat. Wir erinnern uns gerne an die zähnefletschenden Jubelsprünge und die charismatischen Pressekonferenzen. Egal zu welcher Zeit, egal in welcher schwierigen Lage – er ist seinem Weg treu geblieben, hat jeder Kritik standgehalten und trotzdem weiter auf sich selbst vertraut und zielstrebig seine Ziele verfolgt. Klingt, als wäre ich ein Fan. Okay, es muss nicht jeder so sein wie Jürgen Klopp, aber diese Zielstrebigkeit und diese Motivation sind für GoGs ausschlaggebend.

Sie müssen sicher nicht allen Punkten der Aufzählung zu 100 Prozent entsprechen und der einmalige Branchenexperte sein. Es gibt immer Neues, von dem ein GoG keine Ahnung hat. Sie können schließlich nicht alles wissen. Dennoch sollten Sie sich vor der Gründung immer wieder fragen, ob Sie der Richtige für das GoG-Sein sind. Um schon mal einen kleinen Bogen zum Ende des Buches zu schlagen: Sie sitzen am Steuer, Sie dürfen hupen und lenken, aber Sie müssen eben auch Gas geben. Am Ende des Buches dürfen Sie sogar einen Bulldozer fahren.

Eine Existenzgründung ist neben der wirtschaftlichen auch eine persönliche Herausforderung. Deswegen überlegen Sie ganz genau: Was sind Ihre persönlichen Stärken und Schwächen? Und bevor Sie anfangen zu überlegen: Schummeln bringt nichts. Das machen Sie nicht für mich oder jemand anderen. Das ist ganz allein für Sie. Von welchen Stärken können Sie profitieren und an welchen Schwächen müssen Sie vielleicht arbeiten?

Ich zeige Ihnen hier einmal, was einen Super-GoG ausmachen kann. Ein Leitfaden zum Superhelden.

Branchenerfahrung

Ich weiß, der Begriff klingt ein wenig staubig, aber wirklich schwer zu verstehen ist er eigentlich nicht. Vielleicht haben Sie schon Kontakte zu Kunden oder Lieferanten, was Ihre Gründung vereinfachen würde. Aber auch, wenn Sie noch keine Erfahrung vorzeigen können, verzagen Sie nicht. Mit genug Motivation und Begeisterung lässt sich dieser Mangel schnell ausgleichen. Natürlich starten Sie bei null, wenn Sie etwa einen Onlineshop für Bekleidung etablieren wollen und keine Ahnung vom Markt haben. Aber dann liegt es an Ihnen, diese fehlende Erfahrung durch Motivation und Lernbereitschaft auszugleichen. Ich habe zu Beginn meines GoG-Seins auch nur im Studium von Buchhaltung oder Jahresabschlüssen gehört, gemacht hatte ich das nie. Was Sie nicht können, können Sie lernen. Sie müssen eben nur genug Motivation mitbringen.

PS: Die Buchhaltung und den Jahresabschluss habe ich auch nur ein Jahr selber gemacht. So viel zum Thema Motivation.

Positionserfahrung

GoG-Sein bedeutet in der Regel, eine Menge Positionen zu übernehmen. Wo in einem großen Unternehmen Hunderte Angestellte für bestimmte Aufgaben zuständig sind, gibt es bei Ihnen nur einen Angestellten – nämlich Sie. Sie müssen sich um den Vertrieb, um das Marketing, die Buchhaltung und noch viel mehr kümmern. Die Liste ist lang, da ist es hilfreich, wenn Sie bereits Erfahrungen in einigen dieser Bereiche haben. Andererseits ist es natürlich auch möglich, Mitarbeiter für diese Aufgaben einzustellen. Aber das ist gerade am

Anfang eine besondere Herausforderung. Lesen Sie dazu unbedingt das Kapitel zur Aufgabenplanung. Dort finden Sie ein System, wie Sie vorgehen können.

Motivation

Motivation ist vermutlich die wichtigste Eigenschaft, die Sie mitbringen sollten. Es liegt an Ihnen, sich jeden Tag selbst zu motivieren und für Ihren Traum des GoG-Seins zu begeistern. Die Selbstständigkeit ist, wie man so schön sagt, kein Ponyhof. Sie werden jeden Tag mit neuen Herausforderungen konfrontiert. Ich mache Ihnen da nichts vor, aber neu sollte Ihnen diese Tatsache natürlich auch nicht sein. Aber wer will auch schon dauerhaft auf einem Ponyhof leben – also ich zumindest nicht. Und zum Thema tägliche Motivation: Ich bin auch nicht jeden Tag gleich motiviert. Das ist auch viel zu viel verlangt. Aber wenn Sie wissen, wofür Sie arbeiten, dann gibt Ihnen das einen ordentlichen Schub. Und wer morgens nicht aus dem Bett kommt, der darf sich gerne einen militärähnlichen Weckruf aufs Handy sprechen und als Wecker einstellen. Man hört bekanntlich am liebsten auf sich selber.

Bei der Motivation unterscheidet man zwischen intrinsischer und extrinsischer Motivation. Intrinsisch motiviert sind Sie, wenn die Motivation aus Ihnen selbst kommt und Sie etwas tun, weil es Ihnen zum Beispiel Spaß macht. Ein Beispiel: Sie spielen Bingo, weil Ihnen Bingo spielen an sich Spaß macht, auch wenn Sie nicht gewinnen, oder Sie schreiben gerne Gedichte, weil Sie gerne etwas erschaffen. Bei extrinsischer Motivation kommt die Motivation von außen, deshalb auch *ex*trinsisch, wegen des »ex«. Andere motivieren Sie, Ihr Ziel zu erreichen. Das ist toll und eine gute Hilfe, aber nichts geht über die Motivation, die in Ihnen entsteht. Das Feuer muss in Ihnen brennen und vor allem sollten Sie es selber entfachen.

Risikobereitschaft

Wie Sie bereits zuvor mitbekommen haben, ist das GoG-Sein mit Herausforderungen verbunden. Darum führt auch kein Weg an einer ordentlichen Portion Risikobereitschaft vorbei – Herausforderungsbereitschaft ist als Begriff einfach zu lang. Als GoG können Sie nur schwer genaue Arbeitszeiten und Urlaubstage festlegen, noch bekommen Sie von Ihrem netten Chef am Ende des Monats ein sicheres Gehalt aufs Konto. Sie übernehmen Verantwortung für Ihr Produkt, für Ihre Mitarbeiter und für alles andere eigentlich auch. Trotz dieser Situation müssen Sie Entscheidungen treffen und diese vertreten. Zögern Sie nicht. Sie müssen bereit sein, mit Anlauf ins kalte Wasser zu springen. Aber kann das nicht nach einem heißen Sommertag erfrischend sein? Gerne dürfen Sie anfangs auch Schwimmflügel anziehen.

Gründertalk:

> **GoG:** »Und was passiert, wenn ich allein gründe und krank werde? Dann kann ich nichts mehr verdienen, oder?«
>
> **Der nette Autor:** »Während meiner Tätigkeit als Berater werde ich das sehr oft gefragt. Sie sind also definitiv nicht der Erste und einzige GoG, der diese Sorgen hat. Natürlich gibt es auch Absicherungen für Selbstständige wie eine Krankengeldversicherung. Wichtig ist, dass Sie sich eben gut beraten lassen – auch GoGs sollte es vergönnt sein, mal eine Grippe zu bekommen und dann im Bett zu bleiben. Wichtig ist aber, dass Sie sich frühzeitig Gedanken dazu machen, wie Sie mit einer solchen Situation umgehen können.«

Durchsetzungsvermögen und emotionale Stabilität

Die eigene Existenzgründung ist kein Zuckerschlecken. Sie müssen lernen, viele Aufgaben gleichzeitig zu bewältigen und viele Entscheidungen zu treffen – und das am besten schon gestern. Das bedeutet zeitweise Stress. Wichtig ist, dass Sie sich durchbeißen. Schreien Sie ruhig mal in der stillen Kammer oder lassen Sie Ihre Angespanntheit an einem Boxsack aus. Es gibt ein Sprichwort, das besagt: Der Schrei ist Schwäche, die den Körper verlässt und Platz für den Ausbau Ihrer Stärken schafft. Sie können auch auf der Straße schreien, aber das weckt nur Neider. Dieser Stress ist ganz normal. Ich würde mir Sorgen machen, wenn es bei Ihnen anders wäre. Wir sind nur Menschen, wenn es zu viel wird, dann wird es halt zu viel. Atmen Sie durch, erlauben Sie sich Schwäche und machen Sie dann weiter. Glauben Sie mir, ich habe meine eigene Selbstständigkeit mehr als einmal verteufelt. Vor allem am Anfang sind Krisen und Fehler ganz normal. Lassen Sie sich davon nicht verunsichern und zeigen Sie Stärke. Sie sind nicht der Erste, der ein wenig strauchelt, und bestimmt auch nicht der Letzte. Und wenn Sie hinfallen, dann stehen Sie einfach wieder auf.

Familie und privates Umfeld

Ihre Familie und Ihr komplettes Umfeld spielen eine große Rolle bei Ihrem GoG-Sein. Eine Gründung bedeutet zwar oft, dass Sie etwas alleine auf die Beine stellen, jedoch nicht, dass Sie nicht auch Unterstützung gebrauchen können. Stellen Sie sich darauf ein, dass Sie Ihre Freizeit und Ihr Privatleben ein wenig opfern oder besser gesagt vielleicht ein wenig umstrukturieren müssen. Überlegen Sie sich genau, wie Sie beides managen können, das GoG-Sein *und* Ihr Privatleben. Planen Sie Zeit für private Dinge ein – nur mit Tunnelblick vorauszustürmen ist wenig sinnvoll. Gönnen Sie sich Pausen, denn genau da sammeln Sie Kraft für das Vorausfahren.

Gründertalk:

GoG: »*Mein Umfeld nimmt meinen Plan, mich selbstständig zu machen, nicht ernst beziehungsweise belächelt mich.*«

Der nette Autor: »*Ich muss schmunzeln. Sie erinnern mich wirklich an mich selber, als ich das Projekt Selbstständigkeit gestartet habe. Auf manchen Veranstaltungen wurde ich belächelt und es kam nicht nur einmal vor, dass ich aufgrund meines Alters für einen Kellner gehalten wurde. Davon dürfen Sie sich aber nicht aufhalten lassen. Natürlich ist die Unterstützung des familiären Umfelds sehr wichtig. Überzeugen Sie Ihr Umfeld durch Standhaftigkeit und Ausdauer von Ihrer Geschäftsidee. Sehen Sie das Ganze als ein kleines Spiel oder noch besser als eine Übung mit freiwilligen Mitspielern. Sie stehen voll und ganz hinter Ihrer Idee? Sehr gut. Jetzt müssen Sie nur noch Ihre Freunde und die Familie davon überzeugen. Wenn Ihnen dies gelingt, wird das spätere Kundengespräch für Sie das reinste Kinderspiel. Bleiben Sie am Ball und bitten Sie ganz speziell um Unterstützung und Beistand. Letztendlich brauchen Sie auf lange Sicht ein Umfeld, das Ihnen den Rücken stärkt, besonders in stressigen Zeiten, die mit Sicherheit kommen werden.*«

Viele GoGs fragen mich nach Tests, die sie machen können, um herauszufinden, ob sie ein wirklicher Super-GoG wären. Leider halte ich fast alle diese Tests für Unsinn. Entschuldigen Sie bitte meine pauschale Antwort. Was ich hilfreich finde, ist, wenn Sie ein paar Fragen für sich ganz klar und im Stillen beantworten. Und noch mal: Schummeln ist lediglich Selbstbetrug – es gibt hier keine Fleißsternchen. Vielleicht helfen Ihnen diese Fragen weiter:

➤ Glauben Sie an Ihre Idee und an Ihren Erfolg?
➤ Haben Sie bereits Erfahrungen als GoG?

➤ Können Sie von Ihrem Umfeld Unterstützung erwarten?
➤ Was ist mit Rückschlägen – können Sie damit umgehen?
➤ Können Sie leicht andere Menschen ansprechen?
➤ Können Sie Ihr eigenes Produkt gut verkaufen?
➤ Sind Sie in der Lage, Verantwortung zu übernehmen?
➤ Kennen Sie sich mit BWL, Marketing und in der jeweiligen Branche aus?

Natürlich müssen Sie jetzt nicht alle Fragen mit »Ja« beantworten, das kann wahrscheinlich niemand. Aber wie gesagt, das Ganze ist nur eine »kleine Hilfestellung«. Es gibt auch keine Punkteauswertung nach dem Motto:

➤ 6–8 Punkte: Sie sind ein Super-GoG.
➤ 3–5 Punkte: Überlegen Sie es sich lieber noch mal.
➤ 0–2 Punkte: Bitte verstecken Sie sich unter der Couch und kommen Sie nie mehr heraus.

Aber: Es ist wichtig, wie Sie sich in bestimmten Situationen verkaufen können. Sicher erinnern Sie sich noch an die Frage zur Ernsthaftigkeit. Eben habe ich gesagt, dass manche Berater bei mir auf bestimmten Businesstreffen ein Bier bestellen wollten, weil Sie dachten, ich wäre der Kellner. Wissen Sie, was ich gemacht habe? Ich bin zur Bar gegangen und habe zwei Bier geholt. Bin damit zurück zu dem anderen Berater und habe gesagt: »Hier sind zwei Bier, ich bin zwar kein Kellner, aber Bier besorgen kann ich trotzdem gut. Und jetzt Prost.« Glauben Sie mir, der Kollege wurde ein wenig rot und wir haben herzlich zusammen gelacht.

Selbstmarketing – auf Sie kommt es an

Stellen Sie sich folgende Situation vor: Sie steigen morgens in eine Bahn und machen sich auf den Weg zur Arbeit. Mit Ihnen zusammen tun dies viele andere Menschen. Was fällt Ihnen auf, wenn Sie den Blick durch die Bahn schweifen lassen? Wer steht neben Ihnen? Wie verhält sich die Person Ihnen gegenüber? Wer unterhält sich miteinander? Es sind so viele Eindrücke, dass Sie gar nicht alle aufnehmen können – niemand kann das, außer vielleicht der Super-GoG. Daher filtern wir unsere Eindrücke. So sortieren wir die Menschen in Schubladen – anhand von Aussehen, Verhalten und anderen, im ersten Moment oberflächlichen Faktoren.

Sie selber werden tagtäglich auf dieselbe Art und Weise von Mitmenschen einsortiert und in eine Schublade gesteckt. Vor allem als GoG spiegeln Sie Ihr Unternehmen wider. Oder besser: Sie *sind* das Unternehmen. Daher ist Selbstmarketing für den Erfolg des GoG-Seins eminent wichtig.

Der erste Eindruck

Können Sie den ersten Eindruck beeinflussen? Schließlich möchten Sie doch sicher selber entscheiden, in welcher Schublade Sie landen. Stellen Sie sich noch einmal die Situation in der Bahn vor. Ihnen gegenüber steht eine junge Frau. Sie beginnen zunächst eine Art »Scan« mit den Augen. Das Gesicht hat bei Weitem die auffälligsten Merkmale. Die Nase, die Augen, der Mund, die Zähne – ein Gesicht bietet viel zu sehen. Ebenso sind Kleidung, Schuhe und Stil auffällig. Ist sie eher schick oder eher sportlich gekleidet? Trägt sie Schmuck oder außergewöhnliche Accessoires? Schon nach ein paar Sekunden glauben Sie so, die Frau einschätzen zu können. Neben den offensichtlichen Merkmalen beschäftigen Sie sich natürlich auch mit ihrem Verhalten. Lächelt sie andere Fahrgäste an? Ist ihr Blick gesenkt? Was sagt die Haltung über sie aus? Sie merken, es gibt viel zu analysieren, und unser Hochleistungscomputer im Kopf führt diese Analyse schnell durch und formt daraufhin ein entsprechendes Bild. Und genau darum geht es. Sie können den ersten Eindruck beeinflussen.

Wenn Sie wissen, was dazu führt, dass Sie in eine bestimmte Schublade gesteckt werden, dann wissen Sie auch, was Sie anpassen müssen, sofern Sie in einer anderen Schublade landen möchten. Die Frage ist also nur: In welche Schublade wollen Sie gesteckt werden?

Gründertalk:

> **GoG:** »Ich bin eigentlich eher ein schüchterner Typ, kann ich mich dann überhaupt selbstständig machen?«
>
> **Der nette Autor:** »Natürlich kann es hilfreich sein, wenn Sie ein Stück aus sich herausgehen können, weil Sie Ihre Produkte oft selber verkaufen müssen – da ist eine gewisse Extrovertiertheit sicher nicht schlecht. Das heißt aber nicht, dass schüchterne Menschen nicht auch erfolgreich sein können, ein wenig Training kann Ihnen hier bestimmt helfen, die Schüchternheit zu überwinden. Aber zu dem Thema komme ich gerne nachher noch mal zurück.«

Es gibt mehr als nur das Auge

Nichts kann mehr erfassen als das Auge. Doch wo Werbung in der Vergangenheit vor allem die Ansprache visueller Reize war, ist heute mehr gefragt. Was das alles mit Ihnen zu tun hat? Eine ganze Menge. Sie haben die Dame in der Bahn »gescannt«, aber Sie können natürlich noch mehr erfassen. Nehmen Sie sich als Nächstes Ihren olfaktorischen Sinn – den Geruchssinn – vor. Ich stimme Ihnen zu, die Eindrücke in einer Bahn sind nicht immer die besten, dennoch haben wir eine feine Nase, die uns hilft, auch den Geruch des Gegenübers wahrzunehmen und unser zuvor gewonnenes Bild zu festigen oder infrage zu stellen. Wir erfassen in unserem Beispiel einen frischen, zitronenartigen Geruch und schließen aufgrund der Kleidung auf ein gepflegtes Gegenüber. Gerüche spielen häufig eine dominante Rolle. Den Ausdruck »jemanden gut riechen können« haben Sie bestimmt schon gehört. Neben der Nase haben wir natürlich noch weitere Sinne zur Verfügung, auch das ist sicher nicht neu für Sie. Nun müssen Sie nicht gleich Parfum kaufen gehen, aber gerade auf einer persönlichen Ebene spielt eben auch der Geruch eine Rolle.

Bereitwillig macht die Probandin ihren Sitzplatz frei und spricht kurz ein paar Worte mit der älteren Dame, die nun dort sitzt. Dabei erfassen wir als Außenstehender oder Außenstehende die Stimme, das Sprachtempo, eventuell einen Akzent sowie die Stimmlage und bekommen so weitere Informationen.

Abschließend stehen unser Tast- und unser Geschmackssinn zur Verfügung. Innerhalb einer Bahnfahrt kommt es selten dazu, dass Sie hier weitere Informationen sammeln können, zumindest nicht bei einer »normalen« Bahnfahrt. Aber in einem Kundengespräch sind etwa das Händeschütteln oder der Geschmack des Kaffees gute Beispiele.

Dieses Beispiel führt uns dazu, dass wir uns bewusst machen, dass uns ein Gegenüber – sei es in einem Kundengespräch, in einer Kooperationsverhandlung oder auf einem Businessevent – nicht nur mit dem Auge wahrnimmt, auch wenn das sicher eine übergeordnete Rolle spielt. Man nennt das Ganze »multisensual Branding«. Das ist das Optimieren einer Marke durch den Transport einer bestimmten Botschaft mithilfe verschiedener Reize – und diese Marke sind in dem Fall Sie. Ja, ein gruseliger Anglizismus, aber hier doch recht passend. Sie sind ab jetzt also kein Mensch mehr, sondern eine Marke.

Wie können wir nun also vorgehen, wenn wir uns bewusst sind, dass wir häufig nur ein paar Sekunden Zeit haben, um einen ersten Eindruck zu schaffen, der bleibend positiv ist? GoGs fällt gerade das häufig sehr schwer. In vielen Gesprächen stelle ich fest, dass vor allem zu Beginn eine gewisse Unsicherheit besteht. Genau diese Unsicherheit nimmt das Gegenüber wahr und verarbeitet diese Wahrnehmung vielleicht zu einem Ergebnis, das Ihnen nicht gefällt. Die Unsicherheit kann von Unerfahrenheit zeugen, aber wer möchte einem neuen, unerfahrenen Geschäftspartner gutes Geld für nicht vorhandene Erfahrung geben? Zugegeben, dieses Gedankenmuster ist einfach gestrickt, und doch spielt sich das häufig so ab. Gerade im klassischen Kundengespräch kann dies zum Verhängnis werden. Genau darum sollten Sie sich die Punkte vor Auge führen, die eine Rolle spielen, um bestmöglich gewappnet zu sein. Einige davon werde ich Ihnen an dieser Stelle vorstellen. Die Betonung liegt auf »einige«, um Ihren Anspruch nicht ins Unermessliche wachsen zu lassen.

Das große Fragezeichen

Auch Sie dürfen Wissenslücken haben – das ist völlig normal. Keiner weiß am Anfang alles, aber Sie müssen Unwissenheit vor Kunden geschickt kaschieren können. Na ja, eigentlich weiß man auch am Ende nicht alles. Wenn Sie gerade keine passende Antwort haben, sagen Sie etwas wie: »Darauf kommen wir gleich zu sprechen«, und informieren Sie sich in der Zwischenzeit schnell, ohne dass der Kunde das merkt. Ein Tarnanzug hilft hier leider nicht weiter. Was ich Ihnen damit sagen will, ist, dass Sie professionell wirken können, selbst wenn Sie überhaupt keine Ahnung haben. Das Beherrschen der Kunst, auch in einer Situation völliger Ahnungslosigkeit kompetent zu wirken und die Wissenslücken schnell und versteckt nachzuholen, war schon damals in der Schule sehr wichtig, später im Studium und in der Berufswelt erst recht – sei es als GoG oder als Arbeitnehmer.

Letztendlich haben Sie genauso viele Fragezeichen im Kopf. Viele davon bleiben unbeantwortet. Ich glaube, es gibt unendlich viele Fragen, also kann niemand alle beantworten. Nehmen wir doch mal dieses Buch. Mit Sicherheit wissen Sie noch nicht allzu viel über mich. Ja, mir ist bewusst, dass Sie das recherchieren können. Aber: Es gibt Fragen, die beantwortet werden, und solche die offen bleiben. Niemand weiß alles, manchmal geht es nur darum, die Unwissenheit gut zu verpacken.

Kleider machen Leute

Wer kennt diesen Ausdruck nicht? Und doch wird er häufig missverstanden. Um es auf den Punkt zu bringen: Es geht nicht darum, möglichst schick gekleidet zu sein, die feinste Krawatte zu tragen oder mit goldenen Ohrringen zu überzeugen. Nein, es geht darum, mit seiner Kleidung die eigene Position zu schärfen und einen Eindruck zu hinterlassen, der zum Produkt oder der angebotenen Dienstleistung passt. Ja, Sie haben richtig gehört. Das Produkt sind häufig zunächst Sie. Ein guter Verkäufer kann auch ein schlechtes Produkt verkaufen. Ein schlechter Verkäufer wird auch mit einem guten Produkt Probleme haben. Wie müssen Sie sich also kleiden? Sollte es immer ein Anzug sein, sollten Sie bewusst auffallen? Sie sollten sich zunächst überlegen, wer Ihr Gesprächspartner ist. Sprechen Sie mit einem alteingesessenen Familienunternehmer oder einem kreativen Marketingdirektor? Das gibt Ihnen einen ersten Anhaltspunkt. Darüber hinaus sollte die Kleidung aber in erster Linie zu Ihnen passen. Sie müssen sich wohlfühlen. Es muss vielleicht nicht gleich ein Anzug sein, wenn Sie ungern Anzüge tragen. Bei meinen ersten Beratertreffen habe ich als Einziger eine Jeans getragen. »Oh Gott, wie peinlich«, werden Sie vielleicht sagen. Ja, vielleicht hat der eine oder andere Berater so gedacht, aber alles andere wäre nicht ich gewesen, und *wenn ich nicht ich bin, dann bin ich nicht gut.* Merken Sie sich diesen Satz, denn der hilft manchmal mehr als all die schlauen Weisheiten zusammen.

Tipp

Probieren Sie bitte Folgendes aus. Gehen Sie raus auf die Straße und sprechen Sie fremde Personen an. Bitten Sie diese, Sie in nur wenigen Worten kurz zu beschreiben. Wichtig: Tragen Sie das, was Sie vielleicht sonst in einem Business-Termin tragen würden. Wie wird Ihre Persönlichkeit wahrgenommen? Wirken Sie eher introvertiert oder extrovertiert? Wohin würde derjenige Sie in den Urlaub schicken – in einen Partyurlaub auf den Ballermann oder in einen romantischen Urlaub nach Italien? Ich weiß, das klingt ein wenig suspekt, aber genau die Erkenntnisse bringen Sie letztendlich weiter. Dass die Menschen Ihnen »fremd« sind, ist das entscheidende Puzzlestück – Freunde sind hier ausnahmsweise einmal nicht hilfreich.

Ein Lächeln zur richtigen Zeit

Haben Sie einmal etwas von Spiegelneuronen gehört? Nein? Das macht nichts. Ich kannte diese kleinen Dinger bei meinem Gründungsstart auch nicht. Wir reflektieren beziehungsweise spiegeln in bestimmten Situationen das Verhalten unseres Gegenübers. Genau das passiert, wenn Sie jemanden anlächeln und die Person zurücklächelt. Sie transportieren nicht nur ein positives Gefühl, sondern dadurch, dass »der andere« ebenfalls lächelt, entsteht beidseitige Kommunikation. Bei aller Ernsthaftigkeit, die im Business sinnvoll oder eben nicht sinnvoll ist – das Lächeln sollten Sie nicht vergessen.

Auch hier gebe ich Ihnen gerne noch eine persönliche Erfahrung mit auf den Weg. Eines schönen Tages stand ich an der Kasse einer Drogeriemarktkette und legte eine Packung Kondome auf das schöne Laufband – also auf dieses Band, das zur Kasse führt. Die Dame hinter mir musterte mich dabei ein wenig, nennen wir es despektierlich. »Der junge Mann kauft Kondome. Pfui, der hat Sex und dann sogar noch geschützten«, stand ihr ins Gesicht geschrieben. Dieser Ausdruck ist mir natürlich nicht verborgen geblieben. Also habe ich sie recht auffällig angegrinst und ihr mit meinem Lächeln zu verstehen gegeben, was ich mit den Kondomen vorhabe. Sie konnte gar nicht anders, als zurückzulächeln, und aus einer angespannten Situation wurde eine ziemlich angenehme. Ergo: Lächeln hilft. *PS: Bei einer Studie kam übrigens raus, dass Lachen zu einer höheren Schmerztoleranz führt – lohnt sich also doppelt.*

Tipp

Filmen Sie sich einmal selber. Es gibt keine bessere Möglichkeit, sich und sein Verhalten unzensiert selbst zu beobachten. Filmen Sie sich bei Gesprächen, Vorträgen, Meetings und betrachten Sie sich objektiv. Was fällt Ihnen auf? Achten Sie darauf, ob Sie dabei ein Lächeln entdecken. Wenn ja, ist der erste Schritt doch schon gemacht.

Gestik – die Sprache des Körpers

Sie wissen genau wie ich, dass Sie mehr als nur ein Gesicht haben. Das, was Sie beispielsweise während eines Gespräches mit Ihren Armen anstellen, bezeichnet man als Gestik – wieder mal sehr lehrreich erläutert. Bernd weiß zum Beispiel nie, wohin mit seinen Armen in einem Gespräch. Darum sollten Sie Gesten bewusst lernen. Suchen Sie nach Wegen, Ihren Standpunkt zu untermauern. Das bedeutet nicht, dass Sie ständig mit den Armen herumfuchteln müssen und sich auch nicht wie der perfekte Zwillingsbruder von Louis de Funès (für die Älteren unter uns) verhalten sollen, aber richtige Gesten können das Gesagte gut unterstützen.

Viele GoGs fragen mich wie Bernd, wo sie ihre Hände beziehungsweise Arme während eines Termins oder eines Vortrags verstecken können. Das verstehe ich. Aber morgens nach dem Frühstück, was machen Sie da oder sollten es zumindest tun? Richtig, Zähne putzen. Beim Zähneputzen verwenden Sie doch auch nur einen Arm. Was machen Sie mit dem anderen Arm? Ich habe heute Morgen einmal bewusst darauf geachtet. Eigentlich hing er die ganze Zeit nur herunter. In einem Gespräch oder Vortrag wären Sie unsicher gewesen, weil Sie nicht gewusst hätten, wohin damit. Was ich Ihnen damit sagen will? Nun, machen Sie sich nicht zu viele Gedanken. Meist ist einfach nur die Situation neu und deshalb sind Sie empfänglich für solche Gedanken. Beim Zähneputzen achten Sie ja schließlich auch nicht darauf.

Der Großteil unserer Kommunikation erfolgt über die Gestik und Mimik. Ziemlich verwunderlich, wo wir uns doch immer nur Gedanken darüber machen, was wir in einem Meeting oder bei einer Präsentation sagen sollen. Dabei kommt es eher auf das »Wie« an. Darum heißt es ja auch »Körpersprache«, weil der Körper auch eine eigene Sprache verwendet. Und machen Sie sich keine Sorgen: Wir sind alle Muttersprachler, was die Sprache unseres Körpers angeht. Also: Jeder kann die richtige Sprache finden und anwenden. Nur eine Bitte: In den Lebenslauf zur eigenen Personen sollte bei Sprachkenntnissen neben Deutsch, Englisch et cetera nicht zwingend »Körpersprache« stehen. Nur als kleiner Tipp! Manchmal hilft es also, sich einfach nur der Wortherkunft bewusst zu sein.

Tipp

Auch eine Geste kann zu einem Alleinstellungsmerkmal werden. Kennen Sie die »Merkel-Raute«? Na klar, wer kennt sie nicht. Dass die Handhaltung mittlerweile sogar Merkel-Raute heißt, zeigt, wie bedeutend allein eine Geste für den Wiedererkennungswert einer Person sein kann. Vielleicht finden Sie ja eine GoG-Geste. Könnte witzig werden. Wenn Sie ein paar Tipps oder Ideen haben, dann immer her damit.

Ziele setzen und erreichen

In allen Lebenslagen verfolgen wir Ziele. Sie sind dafür zuständig, dass Sie diese Ziele erreichen. Wenn das persönliche Ziel bekannt ist, mit dem Sie in ein Meeting oder ein Verkaufsgespräch gehen, ist es deutlich leichter, zu dem gewünschten Abschluss zu kommen, weil Sie zielorientierter arbeiten. Sie sind sich bewusst darüber, wohin das Gespräch laufen soll, und haben Ihr eigenes Ziel ständig im Kopf. Das hilft ungemein. Probieren Sie es aus.

Übung

Was ich hilfreich finde: Schreiben Sie doch mal einen Brief an sich selbst. Ja, das klingt ein wenig suspekt. Aber Sie merken schnell, dass es hilft, Ziele auch aufzuschreiben. Und suspekte Dinge sollten Sie mittlerweile von mir kennen. Notieren Sie die Dinge, die Sie bis zu einem gewissen Punkt erreichen wollen. So behalten Sie sie zwangsläufig auch besser im Gedächtnis.

Stärken und Schwächen nutzen

Dass Sie sowohl Stärken als auch Schwächen haben, das wissen Sie auch ohne mich. Was für Sie vielleicht verwunderlich ist: Am wichtigsten sind Ihre Schwächen. Die meisten GoGs kennen ihre Stärken und können diese auch einsetzen. Die wenigsten jedoch wissen, wie Sie mit den Schwächen umgehen sollen. Klar, aus Schwächen Stärken machen klingt toll, ich nenne es aber lieber *sie nutzbar machen*. Ich liebe Schokoladenaufstrich, wie soll ich das als Stärke nutzen – an Wettessen teilnehmen? Viele GoGs »fürchten« sich vor ihrer Schüchternheit, dabei kann genau die manchmal helfen, Dinge länger zu betrachten und Entscheidungen nicht zu schnell zu treffen.

Selbstvertrauen können Sie ausbauen. Gehen Sie an Ihre Grenzen, indem Sie etwas tun, was sonst niemand tut. Ein Beispiel: Legen Sie sich mitten auf einem Bürgersteig auf den Rücken, sehen Sie in den Himmel und beobachten Sie einfach, was passiert. Jemand schaut Sie vielleicht komisch an? Dann bieten Sie ihm den Platz neben sich an und sagen Sie, dass Sie den Platz extra für ihn vor Touristen und ihren Handtüchern frei halten konnten. Sie dürfen mit ein paar kurzen Sekunden beginnen und müssen nicht gleich den ganzen Tag am Boden verbringen. Was soll passieren? Na gut, vielleicht müssen Sie aufpassen, nicht getreten zu werden, aber das können Sie sicher rechtzeitig absehen. Hoffentlich.

Ich hatte einen Bewerber bei mir im Büro sitzen, dem ich genau diese Frage nach den eigenen Schwächen gestellt habe. Wissen Sie, was er geantwortet hat: »Meine Schwäche ist, dass ich manchmal nicht gut einschlafen kann.« Natürlich klingt das ein wenig danach, als ob er keine Schwächen hätte, andererseits sind Schwächen nur solche, die Sie selber zu welchen machen, und geschmunzelt habe ich auf jeden Fall.

Tipp

Suchen Sie sich Belohnungen, Dinge, die Sie unabhängig vom Business mögen und mit denen Sie sich bei Erfolgen belohnen. Das kann eine Tafel der Lieblingsschokolade sein oder Ihre Lieblingsbiersorte. Es geht darum, dass Sie Erfolge auch feiern, das hilft Ihnen ungemein, auch mit kleinen Schritten Ihr Selbstbewusstsein aufzubauen.

Sich selber darstellen

Im Internet oder auch im Bewusstsein von Kunden und Kooperationspartnern bleiben Bilder oder Aussagen von Ihnen haften. Darum ist es wichtig, was an welcher Stelle im Internet über Sie steht. Schauen Sie sich beispielsweise meine Bilder bei Google an, vielleicht finden Sie einige, auf denen ich noch mit Förmchen im Sandkasten spiele. Ich habe das gerade selber gemacht und irgendwie finde ich immer etwas, bei dem ich mich frage, wie das ins Internet gelangen konnte. Gut, dass ich das vor der Veröffentlichung des Buches gemacht habe. Dieser Tatsache müssen Sie sich klar sein. *PS: Die Bilder mit den Förmchen habe ich extra dringelassen. Ich hatte wirklich sehr schöne Förmchen. Ehrlich.*

Ein Ausspruch, den ich gerne mag, lautet übrigens: »Je nachdem, in welchem Licht Sie etwas betrachten, erscheint es häufig ganz unterschiedlich.« Damit meine ich jetzt nicht die Umkleidekabinen in Fitnessstudios oder in Modehäusern, in denen Licht bewusst gewählt wird, um den Betrachter im Spiegel so oder so erscheinen zu lassen. Nein, vielmehr meine ich damit, dass Sie sich im Lichte eines anderen Betrachters sehen sollten. Wie wirken Sie? Welche Dinge fallen auf? Sind die Ergebnisse und Bilder bei Google hilfreich oder lassen diese Sie in einem anderen Licht erscheinen, als Sie das vielleicht wollen? Spot an – aber dann bitte auch richtig. Hilfreich ist dabei auch das kleine Tool »Google Alert«. Hier können Sie einen kostenlosen Benachrichtigungsservice in Auftrag geben. Dieser Service benachrichtigt Sie dann darüber, sobald neue Meldungen, Beiträge oder Texte im Internet auftauchen, in denen etwa Ihr Name enthalten ist. Das finde ich sehr hilfreich.

Seien Sie sich bewusst darüber, dass Sie das Bild, das Sie erzeugen, nicht nur betrachten, sondern aktiv beeinflussen können. Das heißt nicht, dass Sie jetzt Bilder ins Netz stellen sollen. Wobei eigentlich heißt es genau das. Steuern Sie die Wahrnehmung gerne ein bisschen durch eigene Texte, Bilder oder Videos. Sie entscheiden, wie Sie wahrgenommen werden wollen, und nicht andere.

Natürlich gibt es nicht nur das Internet – Gott sei Dank. Häufig spielt das Thema Selbstdarstellung vor allem in direkten Gesprächen eine große Rolle. Ich habe dazu einmal meine Top 10 der Kundenkommunikation kurz zusammengefasst:

1. Kommunizieren Sie empfängergerecht.
   Wer ist Ihr Gegenüber? Möchte er Argumente oder Fakten hören oder ist er eher mit emotionalen Inhalten zu überzeugen?

2. Konzentrieren Sie sich auf das Gespräch.
   Seien Sie ein aktiver Zuhörer. Niemand möchte ungeachtet bleiben. Versuchen Sie, die wichtigen Inhalte herauszufiltern.

3. Beachten Sie Ihren eigenen Redeanteil.
   Sich selber zu hören ist zwar schön, aber achten Sie darauf, dem Gegenüber ausreichend Redeanteil einzuräumen.

4. Stellen Sie offene Fragen.
   Offene Fragen laden Ihr Gegenüber ein, etwas über sich zu erzählen oder seine Meinung mitzuteilen. Und genau diese Meinung wollen Sie doch kennenlernen, oder?

5. Formulieren Sie kurz, klar und knackig.
   Bringen Sie auf den Punkt, was auf den Punkt gebracht werden sollte. Erklären Sie Dinge klar und präzise.

6. Achten Sie auf Ihre Körpersprache.
   Ihr Körper drückt, wie gesagt, eine Menge aus. Achten Sie also auf Ihre Körpersprache. Welche Gesten unterstützen Ihre Positionen?

7. Behalten Sie Ihr Ziel im Auge.
   Das Ziel des Gesprächs ist Ihr Leitfaden. Überprüfen Sie regelmäßig, ob das Gespräch noch in die für Sie richtige Richtung

läuft. Greifen Sie so früh wie möglich ein, wenn Sie merken, dass es das nicht tut. Das könnten wir eigentlich gerne gemeinsam trainieren, weil ich sehr manipulativ sein kann.

8. Unterbrechen Sie höflich.
   Es gibt Menschen, die einfach nicht mehr aufhören zu reden – kennen Sie bestimmt auch, oder? Unterbrechen Sie höflich, ohne frech zu werden.

9. Strukturieren Sie Ihre Gedanken.
   Strukturierte Gedanken helfen auch Ihrem Gesprächspartner, Ihrer Argumentation zu folgen, und überzeugen mehr als abgehackte Satzfetzen. Manchmal setze ich mich vor einem Gespräch hin und überlege mir vorher, wie ich von Hü nach Hott komme. Manchmal lande ich doch beim Ponyhof.

10. Respektieren Sie andere Standpunkte.
    Nicht immer ist Ihr Gesprächspartner Ihrer Meinung. Es gibt unterschiedliche Standpunkte und Werte. Als kompetenter Gesprächsteilnehmer sollten Sie nicht über andere Wertvorstellungen urteilen.

Ich könnte Ihnen zu dem Thema stundenlang etwas erzählen, weil alles, was Sie betrifft, immer wichtiger sein wird. Vielleicht verteufeln andere Berater mich dafür, aber Sie müssen sich kennen und an sich arbeiten. Das wird immer wichtiger sein als das, was nachher in der Finanzkalkulation steht.

Wie hoffentlich deutlich wurde, sind besonders für GoGs ausdrucksstarkes Marketing und eine erfolgreiche Kommunikation wichtig, um Kunden und Geschäftspartner von den eigenen Ideen und Produkten zu überzeugen. Der Erfolg eines Gesprächs ist kein Zufall, sondern kann aktiv beeinflusst und gesteuert werden. Sie sollen den anderen natürlich nicht mit Hypnose oder anderen Dingen beeinflussen, auch wenn das sicher lustig wäre. Jetzt aber Schluss mit dem Thema Selbstmarketing. Wir richten den Blick ein bisschen von Ihnen weg in die Richtung Ihres GoG-Seins.

Vollzeit oder nebenberuflich – was ist richtig für mich?

Für Sie ist es gleich zu Beginn wichtig zu entscheiden, ob Sie Ihre Selbstständigkeit in Vollzeit oder lieber nebenberuflich ausüben wollen. Sie entscheiden also über den Umfang Ihrer Existenzgründung. Beides hat wie alles im Leben seine Vor- und Nachteile. Also, was machen wir jetzt? Richtig, wir schauen uns beide Fälle ein bisschen genauer an. Sie sind aber auch ein Fuchs!

Wie Sie aus dem Begriff »nebenberuflich« schließen können, sind Sie bei dieser Alternative »nur« nebenberuflich selbstständig. »Nur« steht hier bitte in Anführungszeichen. Hauptberuflich tun Sie also etwas anderes, das kann eine Anstellung, ein Studium oder die Tätigkeit im Haushalt zu Hause sein. Warum GoGs das machen? Nun, das Ganze eignet sich dazu, sein Vorhaben erst einmal auszuprobieren. Ein solcher Test ist besonders wichtig, wenn der Verdienst des GoG-Seins am Anfang zum Leben nicht auszureichen scheint.

Um Ihnen ein Beispiel zu geben, das Ihnen absurd erscheinen mag, aber dennoch nicht weniger zutreffend ist: Sie sind hauptberuflich Arzt, nebenberuflich gehen Sie aber Ihrer großen Leidenschaft, der Hamsterzucht, nach. Dies beinhaltet die Aufzucht sowie den Verkauf. Da Hamster nur nachts aktiv sind, ist der Zeitaufwand überschaubar, aber in dem Fall auch die Einnahmen. Das macht nichts, da Sie von Ihrem Gehalt als Arzt schon sehr gut leben können. Vielleicht halten Sie den Fall für unrealistisch. Sie würden sich wundern, was es alles gibt.

Wenn Sie sich neben Ihrem derzeitigen Beruf noch selbstständig machen wollen, sollten Sie mit Ihrem jetzigen Arbeitgeber darüber sprechen. Generell besteht in diesem Fall nur eine Gefahr: wenn Sie Ihrem Arbeitgeber mit Ihrer Existenzgründung Konkurrenz machen würden. Ansonsten ist die Genehmigung eher eine Formsache. Dazu gibt es wieder eine Millionen verrückte Urteile. Das Grundgesetz erlaubt Ihnen eine freie Berufswahl – und das ist auch gut so. Wenn Sie sich also mit Ihrem Chef gut verstehen und keine Konkurrenz darstellen, gibt es in der Regel auch keine Probleme. Wenn Sie Beamter sind, gibt es eine generelle Anzeigepflicht, an die Sie sich halten sollten. Ausnahmsweise hilft hier mal ein Blick in den Gesetzestext, um vorher zu wissen, wann es zu einer Ablehnung führen kann. Bei unserem selbst gewählten Beispiel sollte das kein Problem darstellen, da es sehr unwahrscheinlich ist, dass auch der Chef eine ausgeprägte Schwäche für Hamster hat.

Gründertalk:

> *GoG:* »*Mir ist eine hauptberufliche Gründung zu risikoreich. Ich möchte die Selbstständigkeit lieber erst mal auf kleiner Flamme kochen.*«
>
> *Der nette Autor:* »*Das kann ich voll und ganz verstehen. Wer geht schon sorglos in eine Existenzgründung? Viele GoGs gehen diesen Weg und entscheiden sich zu Beginn für eine nebenberufliche Selbstständigkeit, und in vielen Fällen ist das der richtige Weg, um das Ganze mit weniger Risiko zu testen. Niemand verurteilt Sie dafür.*«

Es ist also durchaus sinnvoll, eine nebenberufliche Selbstständigkeit als eine Art Test vor einer späteren Vollerwerbsgründung zu sehen. So können Sie den kleinen Zeh ins Wasser tauchen, bevor Sie voll hineinspringen. Für unser Beispiel könnte das also bedeuten, dass nach einer kurzen Anfangs- und Testphase der Hamstermarkt boomt und der Verkauf so gut läuft, dass Sie es wagen, sich komplett dieser Selbstständigkeit zu widmen. Warum eigentlich nicht?

Im Gegenzug dazu widmen Sie sich bei der hauptberuflichen Selbstständigkeit voll Ihrem GoG-Sein. Dadurch haben Sie ausreichend Zeit, sind aber eventuell finanziell davon abhängig, weil keine Zeit für andere Einnahmequellen bleibt. Um noch mal das kalte Wasser heranzuziehen: Sie springen komplett ins Wasser. Ob mit einem Köpfer oder Füße voraus, ist dabei Ihre Entscheidung.

Im Team oder alleine – Rudeltier oder Einzelgänger?

Neben der Frage nach hauptberuflicher oder nebenberuflicher Gründung spielt es natürlich eine Rolle, ob Sie alleine oder im Team gründen.

Heißt die Existenzgründung im Team, dass Sie doppelt oder dreifach so erfolgreich sind, oder versalzen zu viele Köche den Brei? Rudeltier vs. Einzelgänger? Lassen Sie uns hier direkt mit einer kleinen Geschichte beginnen, um Ihnen die Thematik näherzubringen.

Sie erinnern sich sicher noch an Anne, oder? Ich möchte gerne von ihr erzählen, weil ihr Beispiel zur Erklärung dieser Thematik sehr gut passt. Also zu Anne: Sie liebt Mode. So sehr, dass sie sich schon lange darüber den Kopf zerbricht, ob eine Existenzgründung in der Modebranche nicht genau das Richtige für sie wäre. Sie ist jetzt 23 Jahre alt und hat eine Ausbildung zur Einzelhandelskauffrau sowie ein Studium zur Modedesignerin erfolgreich abgeschlossen – eigentlich gute Voraussetzungen. Sie ist sich dennoch unsicher. Was ihr nämlich fehlt, sind vor allem betriebswirtschaftliche Kenntnisse. Sie kennt sich nicht mit Steuern, Buchhaltung und Rechnungswesen aus. Außerdem fehlt ihr Erfahrung und Praxis im Unternehmertum. Darum geht sie auf eine Messe zum Thema Existenzgründung, weil sie hofft, dort ein paar Informationen zu bekommen. Da trifft Sie Marius und Lisa.

Es stellt sich heraus, dass Lisa in der Buchhaltung eines Fashion Labels arbeitet. Ein wirklich glücklicher Zufall, denn Anne erzählt Lisa von ihrer Geschäftsidee, bei der es um den Handel mit Mode weitgehend unbekannter Modedesigner geht. Lisa gefällt die Idee auf Anhieb.

Marius ist 34 Jahre alt und hat in seiner beruflichen Laufbahn schon drei Unternehmen erfolgreich gegründet, alle im Bereich Handel. Auf der Messe ist Marius als Business-Angel unterwegs und sucht junge GoGs, die er mit Kapital und Know-how bei ihrer Existenzgründung unterstützen will. Annes Idee von einem Handel mit unbekannten Modedesignern findet er sehr interessant. So sitzen alle drei während der Messe zusammen und entwickeln das Geschäftsvorhaben gemeinsam weiter. Alle merken während des Gesprächs, dass die Chemie stimmt. Was ein Business-Angel ist, darauf komme ich später noch zu sprechen.

Eine Messe mit speziellem Fokus auf das GoG-Sein ist nur ein Beispiel, wie Sie Mitgründer kennenlernen können – allerdings eine sehr gute. Weitere Möglichkeiten bieten vor allem die zahlreichen angebotenen Existenzgründungsseminare und -workshops. Stammtische und GoG-Treffs sind auch sehr hilfreich, wenn Sie Kontakt mit anderen GoGs aufnehmen wollen. Ebenso können Businessplan-Wettbewerbe eine Möglichkeit sein, einen Mitgründer zu finden. Das Netzwerken bietet sehr gute Voraussetzungen zum Kennenlernen. Vielleicht ist ja sogar noch Ihre große Liebe dabei. Wobei – das wäre dann wohl eher einer dieser zu perfekten Zufälle.

Heute stehen Anne, Lisa und Marius gemeinsam kurz vor der Unternehmensgründung. Was sie schon zu Beginn festgestellt haben, ist, dass sie sich untereinander hervorragend ergänzen. Und genau da liegen auch die Vorteile einer Existenzgründung im Team.

Annes Defizite in den betriebswirtschaftlichen Bereichen werden hervorragend von Lisa ausgeglichen, speziell in den Bereichen Rechnungswesen und Buchhaltung. Auch die Organisation des Unternehmens übernimmt Lisa, die durch ihre Controllingerfahrungen einen guten Blick auf die Gesamtstruktur aller Abläufe hat. In diesem Punkt und beim Unternehmensaufbau ist Marius ebenfalls maßgeblich beteiligt. Er hat sich aufgrund der tollen Geschäftsidee von Anne und der guten Stimmung dazu entschlossen, neben dem notwendigen Kapital sein Know-how in die Existenzgründung mit einzubringen. Seine umfassende Erfahrung im Bereich der Existenzgründung macht sich für das gesamte Gründungsvorhaben bezahlt.

Anne ist für das Produkt, die Mode, zuständig. Sie kennt sich in dem Metier aus und spürt Trends auf, macht neue Jungdesigner ausfindig und kann sie für den Handel gewinnen. Die Mode der unbekannten Designer stellt sie dann potenziellen Kunden vor.

Wie Sie am Beispiel von Anne, Lisa und Marius sehen, kann eine Existenzgründung im Team sehr vorteilhaft sein. Wichtig dabei ist, dass Sie und Ihre Mitgründer sich ergänzen, sich klare Aufgabenbereiche zuteilen und sich natürlich auch gegenseitig vertrauen.

GoGs, die gemeinsam gründen und aus demselben Fachbereich kommen, haben häufig auch großes Konfliktpotenzial, weil der eine immer etwas besser weiß als der andere – da passt das Zitat mit den Köchen und dem Brei ganz gut.

Um Ihnen einen zusammenfassenden Überblick über die jeweiligen Vorteile zu verschaffen:

Alleine	Team
➤ Freie Gestaltungsmöglichkeiten	➤ Viele Kompetenzen aus verschiedenen Bereichen
➤ Keine Rücksprachen nötig	➤ Größeres Netzwerk
➤ Geringere Personalkosten	➤ Vertretung im Krankheitsfall
➤ Kurze Wege, weil die eben nur zu Ihnen führen	➤ Mehr Input, Kreativität und Erfahrungen
➤ Eigenverantwortlich entscheiden	➤ Häufig stärkere Finanzkraft

Wie Sie sehen, bieten beide Wege Vorteile. Entscheiden Sie für sich, was Sie möchten. Sind Sie ein Rudeltier oder ein Einzelgänger? Beides ist legitim. Ob im Team oder lieber alleine ist auch eine Typfrage und hängt von der Geschäftsidee ab – denn nicht jedes Konzept lässt sich im Alleingang umsetzen.

Special: Die Geschichte von Nemius und Gebius

Wir müssen an dieser Stelle zwei elementare Begriffe definieren. Ich hoffe nicht, dass jetzt jemand die Rechte daran besitzt, ansonsten bitte ich höflich um Entschuldigung. Aber gerade in letzter Zeit ist mir aufgefallen, dass doch viele Unternehmer, mögliche Kooperationspartner oder auch Kunden in eine von zwei Schubladen gesteckt werden können.

Ich habe eine bestimmte Gattung »Nemiuse« getauft. Ob der Plural so oder vielleicht eher »Nemii« heißt, das weiß ich nicht. Wenn Sie als Einziger etwas tun, um zum Beispiel einen gemeinsamen Geschäftserfolg zu erreichen, dann fragen Sie sich irgendwann: Wofür? – Wenn Sie etwa darüber nachdenken, im Team zu gründen. Diese Gattung nenne ich liebevoll Nemiuse, weil sie einfach nur nehmen und von sich aus wenig geben. Das kann einen schon verrückt machen. Also mich macht es das manchmal. Sie selbst fühlen sich wie in einem Hamsterrad und der andere sitzt auf einem schön gepolsterten Sessel daneben und schaut zu, wie Sie sich ins Zeug legen. Und ich spreche hier nicht von unserem Arzt und seinen kleinen Hamsterfreunden einige Seiten zuvor – verstörte Rollenverteilung. Niemand sollte alleine einen Karren ziehen, zu zweit sind Sie mit Sicherheit schneller. Ich glaube, physikalisch gibt es sicher auch einen bestimmten Beweis dafür.

Den Begriff »Gebius« muss ich Ihnen jetzt nicht mehr erklären. Auf die Bedeutung kommen Sie auch ohne mich. Also, als Gebius sind Sie der aktive Part, derjenige der die Initiative ergreift, vielleicht auch der als Erster etwas tut und darauf hofft, dass der andere dadurch aktiviert wird. Natürlich ist es dann doppelt bitter, wenn das dann nicht passiert. Doppelt? Ja, doppelt, weil Sie derjenige sind, der sich sowohl aus dem Fenster lehnt, als auch der, der in der Hoffnung springt, dass unten jemand mit einem Netz steht und ihn auffängt. Wenn das nicht passiert? Plumps!

Wie viele Menschen suchen ihr Glück nicht, weil sie Angst vor dem Scheitern haben. Die Angst kann ich absolut verstehen, und ich kenne das selber sehr gut. Aber es gibt die Situationen, in denen Sie einfach loslaufen müssen – etwas geben müssen. Wenn ich darüber nachdenke, was mir entgangen wäre, wäre ich sehr traurig. Natürlich bin ich oft gescheitert, aber ohne auch einmal ein Gebius zu sein, hätte ich ein paar Erfolge nicht gehabt. Gerade als GoG müssen wir manchmal ein Gebius sein – Sie, ich und alle anderen.

Ich habe viele Geschäftspartner getroffen, die von sich in einer Geschäftsbeziehung aus nur das Nötigste tun. Die darauf warten, dass Sie etwas tun, und eigentlich nur nebenherlaufen und lächeln. Auf Dauer werden Sie merken, dass Versprechungen leider manchmal nichts als Versprechungen bleiben. Verlassen Sie sich vor allem auf sich selbst. Dann werden Sie auch solche Menschen finden, die gemeinsam mit Ihnen gerne und erfolgreich eine Runde den Karren ziehen.

Brauchen wir jetzt ein Fazit in Sachen Gebius und Nemius? Ich glaube nicht, aber vielleicht hilft uns das nachher noch ein bisschen weiter. Selbstständigkeit ist nun einmal stark beeinflusst durch andere Menschen. Menschen, mit denen Sie zusammenarbeiten, Dienstleistern, Lieferanten, hinter all diesen Funktionen stehen Menschen. Da hilft es manchmal, sich vorzunehmen, nicht nur zu nehmen, sondern auch zu geben. Klingt ein wenig wie das Wort zum Sonntag, aber ich denke, Sie verstehen, was ich damit meine.

Gründungsszenarien – wie kann ich gründen?

Wenn Sie sich selbstständig machen wollen, stehen Ihnen generell verschiedene Wege offen. Welchen Weg Sie wählen, dürfen Sie erst mal selber entscheiden. Es gibt eine Menge Faktoren, die Ihre Entscheidung natürlich beeinflussen, wie die Idee als solche, Ihre Finanzkraft oder auch einfach worauf Sie am meisten Lust haben. Die vier wichtigsten Möglichkeiten stelle ich kurz vor. Ich hoffe, das halten Sie auch für sinnvoll.

Neugründung

Das erste Gründungsszenario ist die Neugründung. Wahrscheinlich ist das die klassischste Form des GoG-Seins. Zu erklären, was damit gemeint ist, ist simpel. Sie als GoG wollen sich mit Ihrer Geschäftsidee selbstständig machen und »stampfen« dafür ein komplett neues Unternehmen aus dem Boden. Bei dieser Gründungsvariante machen Sie somit alles neu. Sie müssen Lieferanten finden, Kunden einfangen und alle anderen Dinge regeln. Es benötigt viel Motivation, um die Gründung »durchzuziehen«. Dennoch ist diese Art der Gründung interessant, weil sie die Chance bietet, sich mit dem eigenen Unternehmen nach eigenen Vorstellungen zu verwirklichen. Diese Art der Gründung habe ich beispielsweise auch für mich gewählt, und es war die Mühe definitiv wert. Die richtig guten Träume sind es immer wert, dass Sie dafür kämpfen. Ich weiß, dass das schnulzig klingt, aber nehmen Sie es sich zu Herzen.

Franchising

Sie träumen davon, sich mit einem eigenen Fitnessstudio selbstständig zu machen. Bisher fehlt Ihnen aber der Mut, Ihr Vorhaben auch in die Tat umzusetzen. Bei einer ausführlichen Recherche dazu stoßen Sie auf das Thema Franchising. Mit einer Franchisegründung können Sie sich viele Probleme und Risiken ersparen und fühlen sich sicherer, da Sie einen erfahrenen Partner an Ihrer Seite haben. Aber vielleicht kläre ich Sie erst mal ein wenig auf, was Franchising überhaupt ist. Vielen von Ihnen ploppt beim Thema Franchise das weltbekannte M der McDonald's-Kette im Kopf auf. Was das genau heißt und dass Sie nicht zwingend Burger verkaufen müssen, um Franchisenehmer zu werden, erkläre ich Ihnen gerne.

Franchise lässt sich gut beschreiben als Mischung aus Neugründung und Übernahme. Als Franchisenehmer übernehmen Sie ein fertiges Geschäftsmodell des Franchisegebers. Sie zahlen in der Regel eine Franchisegebühr für das, was Ihnen zur Verfügung gestellt wird. Mit dem Franchisegeber schließen Sie einen Vertrag ab, der dann alle Rechte und Pflichten regelt. Franchising ist für GoGs vor allem interessant, weil Sie keine eigene Idee entwickeln müssen oder auch schon wissen, ob eine bestimmte Idee funktioniert oder nicht.

Eigentlich gar nicht so kompliziert, oder? Franchising hat wie so vieles Vor- und Nachteile, die ich hier zusammenfasse.

Vorteile:

➤ Die Marke hat eventuell schon eine gewisse Bekanntheit erreicht.

➤ Die Idee ist schon erprobt.

➤ Sie erhalten Unterstützung durch den Franchisegeber.

Nachteile:

➤ Sie treffen nicht alle Entscheidungen selber.

➤ Sie zahlen eine Franchisegebühr. Das nagt am geringen GoG-Budget.

➤ Wenn andere Franchisenehmer für negative Presse sorgen, dann färbt das auch auf Sie ab.

Betriebsübernahme

Bei einer Betriebsübernahme geht es um die Übernahme eines bestehenden Unternehmens, wer hätte das gedacht. Das hört sich erst einmal einfach an. Was also sollte schiefgehen? So denken viele GoGs, Chef sein macht ja auch eigentlich Spaß.

Sie übernehmen ein bestehendes Unternehmen und führen es weiter. Die Schwierigkeit besteht darin, dass das Unternehmen schon läuft und Sie häufig keine Zeit haben, sich warmzulaufen – es gibt also keine Trainingsrunde.

Was zu Diskussionen führt, ist der Kaufpreis des Unternehmens. Es gibt sehr viele verschiedene Berechnungsmethoden, um den Wert eines Unternehmens festzusetzen. Wie beim Autokauf haben Verkäufer und Käufer nicht immer dieselbe Vorstellung. Daneben müssen Sie eine Menge an Dingen berücksichtigen. Bleiben alle Mitarbeiter im Unternehmen? Gibt es eine Übergangszeit? Welche Verpflichtungen ist das Unternehmen in der Vergangenheit eingegangen? Ich kann Ihnen nur empfehlen, sich umfassend über alles zu informieren.

Beteiligung an einem bestehenden Unternehmen

Kommen wir zur letzten Möglichkeit – der Beteiligung an einem bestehenden Unternehmen. Es gibt Beteiligungen, die »nur« finanzieller Natur sind und solche, bei der Sie auch wirklich tätig werden. Im Grunde wollen Sie sich ja selbstständig machen – zumindest hoffe ich das –, also schauen wir uns die aktive Alternative an. Wenn Sie also Anteile erwerben und fortan Aufgaben übernehmen, spricht man von einer tätigen Beteiligung. Vielleicht ist die Beteiligung nur ein Anfang und später übernehmen Sie das Unternehmen ganz. Auch hier haben Sie die Möglichkeit, sich eine Menge an Informationen anzuschauen wie vergangene Jahresabschlüsse, Kundendatenbanken oder Sie informieren sich durch Gespräche mit Mitarbeitern.

Businessplan – den Weg mit Worten und Zahlen pflastern

Sie wollen sich selbstständig machen und haben die zündende Idee? Super, herzlichen Glückwunsch. Um diese Idee aber an den Mann oder die Frau zu bringen, ist ein gut strukturierter Businessplan das, was Sie als Nächstes brauchen. Aber wofür brauchen Sie überhaupt so ein Konzept und was gehört genau da rein? Ich wäre sehr überrascht, wenn Sie sich das nicht mindestens einmal gefragt haben.

»Ein Plan für was?« Als Gründungsberater höre ich die Frage von GoGs sehr oft. »Wofür soll ich einen Businessplan schreiben?« Und die Frage ist berechtigt, denn die Vielzahl an Seiten schreibt man nicht einfach so herunter. Sie sollten sich diese Arbeit dennoch antun. Vor allem für zwei Adressaten ist der Businessplan elementar: für mögliche Fremdkapitalgeber und für Sie selbst.

»Klingt komisch? Ist aber so.« Auch der zitierte Peter Lustig hätte sein Fremdkapital, sofern er es je vorhatte, für seine Löwenzahnfelder nicht ohne Businessplan bekommen. Hier geht's schon los. Denn zunächst brauchen Sie für fast jede Form von Fremdkapital einen Businessplan.

Der zweite Adressat lautet: Sie. Sie selber sind der wichtigste Grund für das Schreiben eines Businessplans. Damit Sie wissen, was Ihnen wichtig ist, wie Sie persönlich vorgehen wollen und was Ihr ganz persönliches Ziel mit der Selbstständigkeit ist, brauchen Sie einen Plan. Manchmal ist ein Businessplan so etwas wie ein Tagebuch. Etwas, das sich nach und nach füllt und Ihnen im Nachgang wichtige Informationen gibt zu Dingen, die Sie vielleicht sonst schon vergessen hätten.

Ein kleiner Tipp

Verabschieden Sie sich von der Vorstellung, dass Businesspläne immer gleich aussehen. Um bei unserem Beispiel mit dem Tagebuch zu bleiben: Kaufen Sie sich ein Notizbuch und schreiben Sie vorne dick »Businessplan« drauf. Das meine ich wirklich ernst. Dieses Notizbuch tragen Sie jeden Tag mit sich herum, und immer wenn Ihnen etwas einfällt, schreiben Sie es rein und am Ende haben Sie ein Sammelsurium von Momenten, die für Ihre eigene Gründungen ganz wichtig sind. Quasi das Tagebuch Ihres GoG-Seins.

Aufbau und Struktur – was steht an welcher Stelle?

Kommen wir zum Inhalt Ihres Businessplans: Was muss überhaupt in einem Businessplan stehen?

Da habe ich eine gute und eine schlechte Nachricht. Ich fang mal mit der schlechten Nachricht an: Es gibt keinen ultimativ richtigen Aufbau eines Businessplans. Keine glorreiche Liste, was alles dazugehört – sorry. Das war kurz und knapp, aber nicht verzagen, jetzt kommt die gute Nachricht: Es gibt durchaus einen Leitfaden, nach dem Sie sich richten können. Ich hoffe, Sie verspüren jetzt eine gewisse Erleichterung. Diesen Leitfaden will ich Ihnen hier vorstellen. Aber noch einmal: Sie entscheiden, was in Ihrem Fall wichtig ist.

Mein Kapitel 1: Das Unternehmen

Irgendwie müssen Sie ja anfangen. Beschreiben Sie im ersten Kapitel kurz, warum Sie sich selbstständig machen wollen. Kleiner Tipp: Es reicht nicht aus, dass Sie sagen, Ihnen hat das Buch so gut gefallen. Klären Sie hierbei auch, welche fachlichen Qualifikationen Sie brauchen und welche Sie davon besitzen, um erfolgreich zu sein. Beschreiben Sie kurz Ihren Werdegang. Arbeiten Sie im Team oder findet die Gründung und Umsetzung alleine statt? Gehen Sie darauf ein, wie viel Personal Sie benötigen und welche Tätigkeiten von Ihnen selbst durchgeführt werden und welche durch Ihr Team oder Kooperationspartner. Hier legen Sie auch fest, welche Rechtsform Sie wählen. Auch das Gründungsdatum und der Gründungsort sollten vermerkt werden. Zusammenfassend stehen in diesem ersten Kapitel die grundsätzlichen Informationen zum Unternehmen – darum auch der Titel.

Mein Kapitel 2: Produkte und Dienstleistungen

Das Kapitel ist bei fast jedem GoG wohl eines der wichtigsten. Erläutern Sie hier, welche konkreten Ideen Sie verwirklichen wollen und welche Chancen beziehungsweise Risiken hiermit verbunden sind. Welche Bestandteile erbringen Sie selber und welche kaufen Sie ein? Es geht darum, ein Bild des Produktes zu erzeugen, und das meine ich nicht nur im übertragenen Sinne. Vermitteln Sie hier ein Gefühl dafür, was Ihr Produkt ist, und geben Sie erste Anreize, warum überhaupt jemand das Produkt braucht.

Mein Kapitel 3: Der Markt

Kapitel Nummer drei – und wir sind schon beim Markt. An dieser Stelle geben Sie einen Einblick in die Markt- beziehungsweise Kunden- und Wettbewerbsstruktur. Des Weiteren sollten Sie herausarbeiten, welche Zielgruppe Sie ansprechen wollen. Wie sieht Ihre Zielgruppe überhaupt aus? Wo finden Sie diese? Aber auch das Thema Konkurrenz sollten Sie hier durchleuchten. Welche Wettbewerber sind auf dem Markt und wie sind diese aufgestellt? Und weil das Kapitel so wichtig ist, kriegt es auch hier vorn im Buch seinen Platz.

Mein Kapitel 4: Marketing

Ich liebe Marketing! In diesem Kapitel haben Sie die Möglichkeit, Ihrer Kreativität freien Lauf zu lassen. Leider heißt Marketing aber nicht nur, mit Angel und Netz an den See zu fahren und draufloszufischen – es bedeutet mehr. Vergessen Sie bitte nicht, dass etwa die Preiskalkulation oder die Vertriebsstruktur auch in dieses Kapitel gehören. An dieser Stelle werden auch die Themen Marketingstrategie und Werbe- und Vertriebskonzepte ausführlich behandelt. Welche Maßnahmen zur Kundengewinnung setzen Sie ein? Wie hoch ist Ihr Marketingbudget? Mit welcher Strategie wollen Sie potenzielle Kunden überzeugen? Auch zu dieser Frage haben wir in unserem Buch ein komplettes Kapitel, das Ihnen hoffentlich weiterhilft.

Mein Kapitel 5: Finanzplanung

Der Businessplan schließt meist mit der Finanzplanung ab. Ans Ende hängen Sie Ihre Kalkulationen und sollten diese wenigstens kurz auch im Textteil beschreiben. Nur was der Banker versteht, kann er auch unterstützen. Die Finanzplanung ist oft sehr komplex. Dazu gehören vor allem:

➤ Umsatz- und Gewinnvorschau: Wie viel Umsatz und wie viel Gewinn planen Sie?

➤ Kapitalbedarfsplanung: Wie viel Kapital wird für Ihre Gründung benötigt?

➤ Finanzierung: Womit finanzieren Sie die Existenzgründung überhaupt?

➤ Liquiditätsplanung: Haben Sie zu jedem Zeitpunkt ausreichend Kapital?

Das Ganze wird in der Regel für drei Jahre angelegt. Natürlich kann es noch weitaus mehr Kapitel geben. Das hängt stark davon ab, was Sie vorhaben, aber diese fünf sind elementar.

Jetzt haben Sie zumindest einen kleinen Überblick darüber, was in einen Businessplan gehört und warum Sie sich auf den Weg machen müssen, einen zu schreiben. Aber das war es noch nicht ganz. Bleiben Sie also noch ein wenig hier. Denn jetzt gibt es noch ein paar Tipps.

Tipps und Tricks – was hilft mir noch?

Wie ein Businessplan aufgebaut sein soll, haben Sie bereits erfahren. Aber ich will Ihnen noch ein paar kleine Tipps geben, wie Ihr Businessplan den Leser mitreißt und ihn mindestens genauso für Ihre Idee brennen lässt wie Sie selbst. Stellen Sie sich das Ganze wie einen Roman vor. Da geht es nicht nur um den Inhalt. Nun, hier: »Sieben auf einen Streich.«

Tipp 1: Struktur schaffen

Der Businessplan wächst und gedeiht zusammen mit der Entwicklung Ihrer Geschäftsidee. Dass einzelne Kapitel immer wieder umgeschrieben werden, ist völlig normal. Damit Sie in diesem Prozess nicht den Wald vor lauter Bäumen übersehen und die Übersicht über Ihre Quellen verlieren, lautet mein Tipp: Themenblöcke festlegen. *Ordnung ist alles.* Ich weiß, das ist eine viel genutzte Floskel, aber für kreatives Chaos haben Sie das Tagebuch. Eine klare Struktur ist nicht nur für den Leser hilfreich, der sich vielleicht nur ausgesuchte Kapitel vornimmt, sondern vor allem auch für Sie ein wichtiger Orientierungspunkt. Anders gesagt: Die Gliederung ist der rote Faden – also halten Sie sich daran. Das gilt übrigens nicht nur für den Businessplan, sondern für Ihr ganzes GoG-Sein.

Tipp 2: Objektivität wahren

Ja, Sie sind begeistert von Ihrer Idee und Ihrem mutigen Schritt in die Selbstständigkeit, und so soll es auch sein. Hier geht es vielmehr darum, einem unparteiischen Leser einen möglichst objektiven Eindruck zu vermitteln. Führen Sie sachlich Stärken und Schwächen Ihres Konzepts auf, beachten Sie dabei jedoch, dass Sie bei der Nennung von Risiken auch immer die sich daraus ergebenden Chancen aufzeigen. Sie können auch sachlich überzeugen. Eine Aneinanderreihung von positiven Begriffen führt nicht ans Ziel.

Tipp 3: Den Leser abholen

Sie sind totaler Profi auf Ihrem Gebiet und würden am liebsten den ganzen Tag nur mit Fachbegriffen um sich werfen? Verständlich, aber beim Schreiben Ihres Businessplans sollten Sie beachten, dass der Großteil Ihrer Leser oft nicht so tief im Thema steckt wie Sie. Aus diesem Grund sollten Sie Ihre Idee ruhig ausführlich erklären und beim Leser nicht zu viel Wissen voraussetzen. Technische Details zu Ihrem Produkt gehören in den Anhang. Verweisen Sie im Businessplan an den entsprechenden Stellen auf die angehängten Unterlagen und kommentieren Sie diese eindeutig. So weiß der Leser direkt, wo es langgeht. Was ich manchmal mache: Ich packe eventuell unbekannte Begriffe in Sprechblasen und erkläre Sie kurz. Sorgen Sie dafür, dass der Leser Ihnen folgen kann und versteht, was Sie schreiben. »Die interpunktuelle Assoziation der Marketingstrategie ergibt sich aus ausreichendem Consumer Benefit in Korrelation zu einer dissonanten Konkurrenzmatrix.« Danke!

Tipp 4: Auch das Auge isst mit

Corporate Design – also ein einheitliches Erscheinungsbild Ihres Unternehmens – geht schon beim Businessplan los. Achten Sie also darauf, dass Sie einheitliche Schriftgrößen und -typen verwenden, dass die Überschriften einheitlich gestaltet sind, und arbeiten Sie mit ansprechenden und übersichtlichen Grafiken und Diagrammen. Auch beim Druck und bei der Bindung ist auf Hochwertigkeit zu achten – schließlich soll sich Ihre tolle Idee doch im Sonntagsdress präsentieren. Natürlich muss es nicht immer Arial oder Times New Roman sein, auch die Schriftfarbe muss nicht zwangsläufig immer tiefschwarz sein. Setzen Sie aber Highlights gewählt ein.

Tipp 5: Auf das Wesentliche konzentrieren

Ja, Ihre Idee ist toll und Sie könnten stundenlang davon erzählen. Da gibt es grundsätzlich nichts auszusetzen. Das kann ich komplett nachvollziehen. Der Leser hat aber oft nicht die Zeit, die Sie sich gerne wünschen. Das bedeutet: Konzentrieren Sie sich auf das Wesentliche und überschütten Sie Ihren Leser nicht mit Analyse- und Datenmaterial. Natürlich sollten Sie trotz aller Kürze darauf achten, dass alle wesentlichen Bestandteile in Ihrem Konzept enthalten sind. Auch hier ein kleiner Tipp: Geben Sie am Ende Ihrer Hauptkapitel eine kleine Zusammenfassung und markieren Sie diese auch als solche. So kann ein eiliger Leser nur die wichtigsten Punkte im Schnelldurchlauf überfliegen. Auch beim Businessplan gilt: In der Kürze liegt die Würze.

Tipp 6: Es ist Ihr Businessplan

Egal, wen Sie mit Ihrem Businessplan ansprechen wollen: Das gute Stück schreiben Sie in erster Linie für sich. Ja, das hören Sie auf jedem halbwegs anständigen Vortrag, aber genau darum geht es. Der Businessplan ist Ihr Handbuch. Ihre Bedienungsanleitung, die Sie besser kennen sollten als den Aufbau von Billy-Regalen oder anderen schwedischen Möbelstücken. Ein Sammelsurium der wichtigsten Eckpfeiler Ihrer Gründung. Darum bringt es Ihnen auch nicht viel, wenn Sie sich eine wunderschöne Vorlage aus dem Internet besorgen und damit stolz zur Bank laufen. Was soll darin stehen? Was soll das mit Ihnen und Ihrer Idee gemein haben? Ihre Idee ist so individuell wie Sie selbst. Und wenn ich eine Biografie über Sie schreiben würde, dann würde ich doch auch keine Vorlage verwenden, oder? Seien Sie einzigartig, sprengen Sie ein paar Regeln, zeigen Sie, was in Ihnen steckt. Im Endeffekt ist dieses Buch hier doch auch nichts anderes als ein Businessplan. Ein Buch als eine Art Konzept für das GoG-Sein. Was habe ich denn als Erstes gemacht, bevor ich angefangen habe zu schreiben? Ich habe zuerst eine Art Konkurrenzanalyse durchgeführt. Die Analyse hat mir gezeigt, dass es bereits viel Konkurrenz auf dem Buchmarkt gibt. Um ehrlich zu sein, war mir das schon im Vorhinein klar. Existenzgründung gibt es ja nicht erst seit letzter Woche Freitag. Aber mich davon entmutigen lassen? Nein. Aufhören, weil andere die gleiche Idee hatten? Nein. Aus der Konkurrenz lernen? Ja, auf jeden Fall. Schauen Sie sich also andere Konzepte ausgiebig an, bevor Sie an Ihrem eigenen werkeln. Und dann, Schritt zwei? Ich habe mir nach der Konkurrenzanalyse zuerst einen Plan gemacht. Planen kann ja nicht so wirklich falsch sein. Ich habe also überlegt, was alles in einem Gründerbuch stehen muss. Das ist eine ganze Menge, wie ich schnell feststellen konnte – also galt es, zunächst ein bisschen zu sortieren und die Vielfalt zu strukturieren. So habe ich das Inhaltsverzeichnis erstellt und – glauben Sie mir – mehr als einmal angepasst. Das Inhaltsverzeichnis ist für mich der rote Faden, der mich durch die Arbeit lenkt. Darum sage ich GoGs immer, dass es kein ultimatives Verzeichnis für einen Businessplan gibt, weil jede Gründung anders ist. Bei dem einen spielt das Marketing eine übergeordnete Rolle und beim Nächsten müssen zunächst eine Menge rechtliche Dinge abgesteckt werden. Natürlich gehören ein paar Dinge fest in einen Businessplan, aber Schwerpunkte setzen Sie bitte selber. Das traue ich Ihnen zu. Nur Sie wissen, was wirklich wichtig ist für Ihr Konzept. Kein Berater, keine Freunde, keine öffentliche Stelle kann das besser als Sie. Also packen wir es an.

Gründertalk:

> **GoG:** *»Ich habe eigentlich keine Lust, 20 bis 30 Seiten runterzuschreiben. Ich weiß genau, wie ich vorgehen muss.«*
>
> **Der nette Autor:** *»Klar, ein Businessplan schreibt sich auch nicht von selber, die Arbeit ist nicht in einer Stunde gemacht. Aber haben Sie wirklich alle Bausteine bedacht? Kennen Sie Ihre Marketingstrategie aus dem Effeff? Haben Sie alle Kosten und Umsatzzahlen im Kopf? Ich könnte mir das nicht alles merken. Es gibt seltene Fälle, in denen Sie keinen Plan brauchen, aber gehören Sie wirklich dazu?«*

Tipp 7: Den Empfänger berücksichtigen

Neben den Themen ist der Empfänger Ihres Businessplans wichtig. Schreiben Sie für die Bank, einen Investor oder »nur« für sich? Das sollten Sie auch beim Schreiben berücksichtigen. Der Banker will eventuell mehr durch Zahlen überzeugt werden, der Investor ist vielleicht eher am innovativen Konzept interessiert und für Sie geht es darum, Struktur in die ganze Sache zu bekommen. Überlegen Sie also vorher, wer das gute Stück zu sehen bekommt. Wir haben vor einiger Zeit einen Businessplan-Check auf unserer Website integriert, weil viele GoGs nicht sicher sind, ob der Plan so passt. Das kann ich total verstehen.

Special: Dem Kind einen Namen geben

Ich finde, jetzt ist ein guter Zeitpunkt, um über das Thema Firmenname zu sprechen. Der Name spielt schließlich eine übergeordnete Rolle und sollte einige Faktoren berücksichtigen. Diese Faktoren habe ich Ihnen im Folgenden kurz zusammengestellt. Die Liste ist nicht hochwissenschaftlich eruiert, sondern beruht auf meiner persönlichen Erfahrung. Also: Was ist wichtig bei der Namensfindung?

Der Name sollte aussprechbar und schreibbar sein:

Bei vielen Namen habe ich keine Ahnung, wie sie geschrieben werden, und könnte auch niemandem das Unternehmen empfehlen, weil ich es nicht aussprechen kann. Gerade mit fremdsprachigen Namen ist das oft ein Problem. Vieles klingt natürlich cooler in einer anderen Sprache. Aber hat die Bedeutung des fremdsprachigen Namens wirklich einen nachhaltigen Mehrwert bei Ihren Kunden oder wollen Sie auch international tätig sein?

Der Name sollte idealerweise kurz und prägnant sein:

Kurze Dinge können Sie sich doch auch besser merken, oder? Knackig, griffig und fassbar sollte der Name sein.

Der Name sollte eindeutig sein und nicht zu verwechseln:

Wenn Ihr Unternehmensname auf Chinesisch »Lachnummer« bedeutet, wäre das ein wenig blöd. Überprüfen Sie vorab Übersetzungen und eventuelle sprachliche Verwechslungsgefahren.

Der Name sollte einzigartig sein und sich von anderen unterscheiden:

Ich weiß, viele Namen sind schon vergeben. Aber überprüfen Sie bitte sowohl mit Suchmaschinen, Firmenregister als auch über Markenämter, ob jemand anders den oder einen sehr ähnlichen Namen schon nutzt beziehungsweise eingetragen hat.

Das sind meiner Meinung nach die wichtigsten Faktoren. Es gibt noch ein paar mehr. Glauben Sie mir, bei meinem Firmennamen habe ich das mit der Länge auch nicht so genau genommen.

Bei der Wahl Ihres Firmennamens stehen Ihnen verschiedene Möglichkeiten offen. Bernd hat sich als Versuchsobjekt zur Verfügung gestellt:

➤ Fantasienamen (zum Beispiel Torinudina)

➤ Namen mit Bezug auf Ihren Vor oder Nachnamen (zum Beispiel Bernd's Gewürzstübchen)

➤ Namen mit Bezug auf Ihre Tätigkeit (zum Beispiel Gewürzhandel 24/7)

➤ Eine Kombinationen aus den ersten drei

Was wichtig ist: Der Firmenname ist auch abhängig von der Rechtsform. Rein rechtlich können Sie nur dann einen Fantasienamen als wirklichen Firmennamen wählen, wenn Sie auch im Handelsregister eingetragen sind. Für welche Rechtsformen das gilt, dazu komme ich noch.

Sie sollten sich ausreichend Gedanken darüber machen, welcher Name passt – das aber auch nicht bis Weihnachten nächstes Jahr. Ich habe viele GoGs kennengelernt, die sich zu lange mit dem Thema beschäftigt haben. Das geschieht vor allem dann, wenn man versucht, versteckte Botschaften im Namen unterzubringen. Machen wir doch mal einen kleinen Test. Sie müssen bei den folgenden Namen bestimmen, was die Herkunft des Namens ist:

➤ Persil

➤ Apple

➤ Google

➤ Haribo

➤ Adidas

➤ Lego

➤ Volvo

Jetzt könnte ich Sie auf die Folter spannen, aber das wäre gemein. Deshalb finden Sie hier auch gleich die Auflösung:

Persil: Der Name wurde aus den Hauptbestandteilen Perborat und Silikat geschaffen.

Apple: Steve Jobs Lieblingsfrucht waren angeblich Äpfel.

Google: Der Name geht auf den Begriff »googol« zurück, der für eine Eins mit hundert Nullen steht.

Haribo: Der Name steht für den Firmengründer und den Gründungsort – Hans Riegel, Bonn.

Adidas: Der Firmengründer hieß Adi Dassler.

Lego: Der Begriff steht für das dänisch »leg godt« was »spiel gut« bedeutet.

Volvo: Lateinisch bedeutet Volvo: »Ich rolle«.

Was wir aus diesen Beispielen lernen? Mitnehmen? Nun, bei dem einen oder anderen Namen kannten Sie die Lösung vielleicht, aber bei den anderen nicht. Deshalb: Beschäftigen Sie sich ausreichend mit Namensfindung und berücksichtigen Sie die wichtigen Faktoren. Seien Sie kreativ, aber Ihr Name bleibt ein Name. Der Kunde setzt sich nicht zu Hause hin, um die tief gehende Bedeutung zu ermitteln.

Kapitel II: Die Geschäftsidee – lass uns (k)ein Luftschloss bauen

Vielleicht sind Sie an einem Punkt angekommen, an dem Sie loslegen wollen und auch wissen, warum, und jetzt fehlt Ihnen nur noch die richtige Idee. Diese Idee ist praktisch das kleine Stäbchen, das Sie in das Luftblasenwassergemisch – sofern ich es so nennen darf – tunken. Dann pusten Sie einmal kräftig, und es entsteht eine wunderschöne Luftblase, in der Sie in eine erfolgreiche Geschäftszukunft fliegen. Sie merken schon: ohne Stäbchen, keine Blase.

Wenn Sie noch keine perfekte Idee haben, dann glauben Sie mir: Selbst wenn Sie nur den Wunsch nach Selbstständigkeit verspüren, ist das der richtige Anfang. Nicht jeder von uns ist ein geborener Daniel Düsentrieb und produziert dienliche Geschäftsideen am laufenden Band. Wenn Sie den Erfinder bei Donald Duck noch nicht kennen, macht das nichts.

Eine Gründungsidee zu finden ist wie das Komponieren eines Songs oder das Schreiben eines Buchs: Die meisten Songs oder Geschichten wurden ja scheinbar bereits gesungen beziehungsweise erzählt. Es scheint oft gar nicht möglich, etwas zu finden, was noch nie da war. Ich habe auf meiner Website sogar einen Ideen-Check eingebaut, weil das eines der am meisten nachgefragten Produkte von GoGs ist. Daran sehen Sie, wie wichtig das Thema ist.

Wie werden Sie erfolgreich mit Ihrer »nicht ganz« neuen Idee? Was macht Ihre Idee trotzdem einzigartig? Was unterscheidet sie von den Produkten oder Dienstleistungen der Konkurrenz? Ein Fragensammelsurium. Viele GoGs suchen nach einer Weltneuheit, nach etwas,

was es noch nie gab und alles andere in den Schatten stellt. Das finde ich toll, nur leider gibt es kaum noch Weltneuheiten. Die meisten Geschäftsideen sind schlichtweg Weiterentwicklungen. Es wird Bekanntes verbessert und weiterentwickelt. Ideen sind das Zahlungsmittel unserer Zeit und Sie wollen doch etwas zu zahlen haben, oder?

Ideenentwicklung – wie werde ich Daniel Düsentrieb?

Um das Ganze noch praktikabler zu gestalten, stelle ich Ihnen Methoden vor, die ich für hilfreich halte, um eine Idee zu entwickeln. Lassen Sie sich dabei Zeit. Sie entscheiden, wann es losgeht.

Probleme identifizieren und lösen

Die meisten GoGs gehen wie folgt vor: Sie haben eine Idee im Kopf und überlegen sich, wem Sie dieses Produkt oder die Dienstleistung verkaufen können. Das kann ein Ansatz sein. Ich finde jedoch einen anderen Weg interessanter. Suchen Sie sich eine bestimmte Zielgruppe und finden Sie heraus, welche Probleme diese Zielgruppe hat.

Stellen Sie sich vor, in welchen Situationen Sie selbst vor bestimmten Problemen stehen, und machen Sie sich Gedanken darüber, ob Sie für die jeweilige Situation eine Lösung entwickeln können. Das Schöne daran ist, dass Sie das für wirklich alle möglichen Zielgruppen tun können – und von denen gibt es viele. Ein paar Beispiele:

➤ Männer, die zum Shoppen gezwungen werden (zum Beispiel Männerwarteecke)

➤ Jogger, die immer abends laufen gehen (zum Beispiel spezielle Leuchtbekleidung)

> ➤ Angestellte, die immer sitzend arbeiten (zum Beispiel ergono-
> mische Bürostühle)

Die Liste ist endlos fortsetzbar. Überlegen Sie genau, welche Probleme eine jeweilige Zielgruppe hat, und Sie können auf dieser Basis ein
entsprechendes Produkt oder eine Dienstleistung entwickeln. Das
erste Beispiel habe ich übrigens gerade gedanklich wunderschön
ausgemalt – Fußball im Fernsehen, ein Pokertisch, ein leckerer Gin
Tonic. Die Möglichkeiten sind unendlich. Es liegt an Ihnen, eine solche Gruppe zu identifizieren und dieser eine Lösung für ihre Probleme anzubieten.

In welchen Bereichen stehen Sie oder Ihnen bekannte Personen vor
Problemen? Welche dieser Probleme könnten Sie lösen? Manchmal
reicht es auch, darüber nachzudenken, wie Sie bestimmte Dinge verbessern können.

Als ich vor einigen Jahren meine Beratung gegründet habe, habe ich
mich auch dieser Methode bedient. Ich habe mich gefragt, welche
Probleme GoGs haben und wie ich diese ein Stück weit lösen kann.
Und ich fand, dass an vielen Stellen der »eine« Ansprechpartner
fehlt, der Guide, der unsichtbare Ratgeber. So habe ich mein ganzes
Unternehmen aufgebaut.

Aber zurück zu Ihnen. Heute hat es geregnet und die Leute hatten einen Regenschirm bei sich – zumindest die meisten. Könnte es nicht
eine einfachere, praktikablere oder komfortablere Möglichkeit geben, sich vor Regen zu schützen? Ob dies nun Regenschirmautoma-
ten in Innenstädten, ein Körperimprägnierer oder ein aufblasbarer
Regenmantel ist – seien Sie kreativ.

Ich denke, die meisten von Ihnen wissen natürlich, was ein Döner
Kebap ist. Diese leckere, gefüllte Brottasche hat sich auch der Technik der Problemlösung gewidmet. Der Erfinder des Döner merkte,

dass seine Besucher immer weniger Zeit hatten, um sich in seinen Imbiss zu setzen und die Speisen zu essen. So packte er die Zutaten eben in eine Brottasche, die unterwegs gegessen werden kann – Zeitproblem gelöst.

Lean Start-up – schön schlank

Wieder so ein englischer Begriff – »lean« steht hier im weitesten Sinne für »schlank«. Das heißt, dass Sie gleich zu Beginn eine schlanke Unternehmensstruktur schaffen sollten. Das eignet sich auch für die Ideenentwicklung. Es geht darum, ein Produkt oder eine Dienstleistung frühzeitig auf den Markt zu bringen und aus den »Fehlern« dieser frühzeitigen Markteinführung zu lernen.

Meist erfolgt eine Lean-Gründung mit geringem Kapital und wenig Planung und soll trotzdem im Idealfall zum Erfolg führen. Das heißt für die Ideenentwicklung, dass Sie nicht ewig an Ihrer Idee herumschrauben, sondern frühzeitig starten und durch ständige Kundenfeedbacks immer wieder eine Optimierung durchführen. Sie integrieren die Kunden in den eigenen Innovationsprozess. Laufen Sie einmal durch die Stadt und schauen Sie auf die vielen verschiedenen Turnschuhe der Menschen. Die Marken Nike und Adidas etwa haben erkannt, dass die Träger ihre Turnschuhe auch gerne in bunten Farben oder mit originellen Mustern tragen. So haben die Unternehmen Kundenwünsche aufgenommen und verarbeitet und neue Produkte entwickelt. Sie würden sicher auch lieber die Marmelade kaufen, die genau die Früchte enthält, die Ihnen schmecken, als gezwungenermaßen jeden Morgen immer nur Himbeere und Erdbeere im Kühlschrank zu haben, oder? Diese Kundenfokussierung ist bei der Lean-Methode sehr wichtig. Das Feedback des Kunden führt zur Anpassung der Produkte, was wiederum ein neues Feedback auslöst und so weiter. So entsteht im Idealfall ein Kreislauf, an dessen Ende ein perfektes Produkt steht – quasi eine Kundenfeedbacksuperspirale. Zeigen Sie Ihren Prototypen oder Grundzüge des Produktes der potenziellen Zielgruppe und verbessern Sie daraufhin das Produkt nach den jeweiligen Kundenwünschen. So entsteht im Idealfall am Ende ein Produkt, das allen Kundenansprüchen gerecht wird.

Die Lean-Experten reißen mir wahrscheinlich den Kopf ab wegen dieser kurzen Beschreibung. Aber ich hoffe, Sie – lieber Leser – haben den Sinn verstanden. Eigentlich handelt es sich beim Gedanken an »lean« auch eher um eine Philosophie als um eine Ideenentwicklungsmethode.

Start-up (a) Journey

Den Begriff habe ich selbst kreiert, Sie hören also sogar als Erster davon. Ich erkläre Ihnen gerne, was dieser Anglizismus bedeutet.

Sie müssen bei der Ideenentwicklung nicht immer neue Wege gehen, sondern können sich von Konzepten aus anderen Ländern oder auch anderen Epochen inspirieren lassen. Also sowohl an der Variable Ort als auch an der Uhr drehen.

Ein Beispiel: Nehmen wir uns zunächst den Ort vor. Was es vielleicht in New York gibt, gibt es hier möglicherweise noch nicht. Das heißt nicht zwangsläufig, dass es das hier geben sollte. Aber einen Ansatz ist es auf jeden Fall wert. Das soll mit dem englischen Begriff »Journey« ausgedrückt werden. Bezogen auf den Ort bedeutet »Journey«, dass Sie sich in ein Flugzeug setzen und damit um die Welt fliegen sollen, um nach neuen Ideen Ausschau zu halten. Ja, einmal um die Welt ist teuer. Manchmal reicht aber auch die Fahrt an die Nordsee.

Jeder von Ihnen war schon einmal im Urlaub und hat dort Dinge kennengelernt, die es in der Heimat nicht gibt. Vielleicht waren auch

Dinge dabei, die zu Hause auch einen Markt hätten. Ich war gerade ein paar Tage in den schottischen Highlands, und da gab es definitiv Geschäftskonzepte, die es hier nicht gibt. Einige würden bei uns nicht funktionieren, aber andere davon könnten – angepasst – einen Markt finden. New York, Rio, Tokio – oder eben Nordsee, Alpen und Bodensee. Augen auf!

Neben der räumlichen Komponente können Sie es auch mit der zeitlichen versuchen. Wie das bitte gehen soll?

Werfen Sie einen Blick in die Vergangenheit. Was hat sich in den letzten Jahren in welchen Märkten wie verändert? Welche Produkte sind neu auf den Markt gekommen? Aus diesen Informationen können Sie oft zukünftige Entwicklungen ablesen. Natürlich dürfen Sie auch einen fiktiven Blick in die Zukunft werfen. Das klingt vielleicht absurd, aber wenn Sie sich einige Science-Fiction-Filme aus der Vergangenheit ansehen, werden Sie schnell merken, dass dort Dinge auftauchen, die es heute wirklich gibt. Beispiele für diese gewagte These: Nun, vielleicht erinnert sich der eine oder andere an die Serie *Knight Rider* mit David Hasselhoff als Hauptdarsteller. Dieser Michael Knight – Hasselhoffs Name in der Serie – hatte ein futuristisches Auto namens »KIT«. Dieses Auto konnte selber fahren und Michael Knight konnte es mittels einer Armbanduhr herbeirufen. Jahre später werden Autos entwickelt, die zunehmend selbstgesteuert sind, und die Uhr, die zusätzliche Aufgaben hat und mit der Sie telefonieren können, ist aktueller als jemals zuvor. Mittlerweile gibt es Uhren von Smartphone-Herstellern, die ebenfalls Gadgets besitzen, die selbst Q und James Bond verblüfft hätten. Auch ein Blick in alte *Star-Trek*-Filme hilft. Sie werden überrascht sein, wie oft die frühere Vorstellung von der Zukunft und die heutige Realität zusammenpassen. Was haben Sie für Zukunftsvorstellungen? Welche Dinge werden in der Zukunft gebraucht und welche neuen Märkte öffnen sich dadurch? Seien Sie kreativ und limitieren Sie Ihre Vorstellungen nicht.

Break the Rules

Dabei geht es im Endeffekt darum, den derzeitigen Zustand von Produkten oder Dienstleistungen grundsätzlich infrage zu stellen und so Optimierungspotenziale zu finden. Das Wichtige daran ist das »kreative« Herangehen. Viel zu oft nehmen wir Produkte und Dienstleistungen in ihrer derzeitigen Form als gegeben hin, ohne darüber nachzudenken, ob diese nicht ganz anders sein könnten. Nehmen Sie sich eine Wasserflasche und fragen Sie sich, ob diese eigentlich so sein muss, wie sie ist. Betrachten Sie dabei das Produkt ganzheitlich und Sie werden schnell merken, dass es eine Vielzahl an Variationsmöglichkeiten geben könnte. Warum ist das Wasser farblos? Wäre ein goldschimmerndes Wasser interessant für eine bestimmte Zielgruppe? Wie wäre es, wenn das Wasser nach Lavendel duftete? Wenn die Flasche aus Holz wäre? Sie merken, querzudenken ist gar nicht so schwer. Und ja, es kommen schnell verrückte Neuansätze dabei heraus. Genau darum geht es. Fragen Sie sich, ob Sie eine Idee gefunden haben, die umsetzbar ist und von der Sie glauben, dass es einen Markt dafür gibt. Das meinte ich mit »Break the Rules«. Nicht alles muss nämlich so bleiben, wie es ist.

Noch ein bisschen Anregung? Ketchup muss ja nicht zwangsläufig rot sein. Es gab auch schon grünen Ketchup, der hat sich aber nicht durchgesetzt. Irgendwann hat sich ja auch jemand hingesetzt und sich überlegt, dass es sinnvoll wäre, wenn Handys fotografieren könnten, obwohl ein Telefon eigentlich zum Telefonieren da ist. Oder oder oder …

Stellen Sie Produkte infrage. Dabei können Sie folgende Fragen gerne verwenden:

➤ Können Sie das Produkt mit einer zusätzlichen Funktion ausstatten?
➤ Würde eine andere Produktfarbe, -haptik, -form oder -größe Sinn machen?

> Lässt sich das Produkt mit anderen Produkten kombinieren?
> Können bestimmte Teile weggelassen werden, um das Produkt zum Beispiel zu verkleinern, zu beschleunigen oder spezieller zu machen?

»Nichts ist mächtiger als eine Idee zur richtigen Zeit«, sagte der französische Schriftsteller Victor Hugo. Vielleicht ist gerade Ihre Zeit gekommen?

Unsere eigene Super-GoG-Methode

Keine Sorge, es kommt nun etwas, was Sie wirklich verwenden können. Wir müssen zunächst festlegen, was die Grundlage unserer eigenen Kreativtechnik sein soll. Was ich bei der Entwicklung jeglicher Geschäftskonzepte wichtig finde, ist, dass der Mehrwert des Produktes oder der Dienstleistung im Vordergrund steht. Damit meine ich nicht nur einen tatsächlich vorhandenen Mehrwert, sondern auch einen, den wir nach außen kommunizieren können. Wenn Sie die einzige Person sind, die den Mehrwert Ihres Produktes oder Ihrer Dienstleistung kennt und darauf stolz ist, dann ist das toll und ich freue mich für Sie. Aber versteht der Rest der potenziellen Käufer Ihres Marktes nicht das Plus Ihres Angebots gegenüber der bestehenden Konkurrenz, dann haben Sie ein Problem.

Wir stellen also »Mehrwert« über alles andere. Ich habe gleich für uns nachgeguckt, was Mehrwert im Englischen heißt, weil wir einen Anglizismus brauchen, damit sich die Methode besser verkauft. Ergebnis: »Value«. Ja, es gibt auch andere Übersetzungen, aber wir wählen diese. Nun, wir wollen den Mehrwert für den Kunden in den Vordergrund stellen. Also nennen wir das Ganze: Consumer Value Technique. Und da das vielleicht ein bisschen zu lang ist, machen wir CV-Technique daraus.

Für unsere Methode brauchen wir aber mehr als einen knackigen Namen und eine Grundidee. Wir müssen einen Grund liefern, warum jemand diese Technik anwenden und anderen vorziehen sollte. Nun, die CV-Technik zeichnet sich dadurch aus, dass bei der Existenzgründung alles unter dem Aspekt Mehrwert betrachtet wird. Und damit meine ich wirklich alles. Ich führe Ihnen gerne Beispiele an.

Jedes Detail der Produktentwicklung wird hinsichtlich dieses Mehrwerts für den Kunden hinterfragt. Hat der Kunde etwas davon, dass das Produkt eine bestimmte Farbe hat? Hat er einen Vorteil durch eine spezielle Verpackung? Ist jede Funktion für den Kunden nützlich? Ist der Mehrwert auch nachhaltig zu verteidigen, ohne dass Ihre Kunden schnell auf Substitute oder Produkte der Konkurrenz ausweichen?

Aber wie gesagt, unsere Technik betrifft nicht nur die Produktentwicklung. Nehmen wir uns etwa die Kommunikation oder besser gesagt die Werbung für unser Produkt vor. Was hat der Kunde davon, wenn er sich unsere Werbung anschaut? Welchen Mehrwert können wir auf unserer Website liefern? Wie machen wir die Außenwerbung nützlich? Wie schaffen wir es, dass dem Kunden das Popcorn vor lauter Begeisterung auf den Kinosessel fällt, wenn unsere Werbung auf der Leinwand flimmert?

Auch die Art, wie wir unser Produkt oder unsere Dienstleistung auf dem Markt verkaufen, muss in der frühesten Phase hinterfragt werden. Welche Vertriebsform stellt für den Kunden die bestmögliche Alternative dar? Wie ersparen wir ihm möglichst viel Arbeit? Auch der Service und eventuelles Personal müssen nach unserer neuen Prämisse ausgerichtet werden. Wie wählen wir Personal aus, sodass es für den Kunden einen höchstmöglichen Nutzen liefert? Wie können wir sämtliche Serviceansprüche potenzieller Kunden übertreffen?

Ich könnte das noch endlos weiterführen. Die Bereiche, die auf unsere Methode Einfluss haben, nennen wir jetzt mal »Driver«, weil sie unser Unternehmen antreiben sollen – obwohl es eine schreckliche Übersetzung ist. Somit bauen wir ein »consumer value driven« Unternehmen auf.

Schreiben Sie CV-Technik in die Mitte eines großen Blattes und überlegen Sie sich ausreichend viele Driver, die Sie in Kreisen um den eigentlichen Begriff herum aufmalen, wie etwa Werbung, Produktgestaltung oder Verkaufskanäle. Zu jedem Driver gehören bestimmte Punkte, die bei dem jeweiligen Driver beachtet werden müssen, so etwa die Farbgebung im Bereich Produktgestaltung. Schreiben Sie diese Variablen unter die jeweiligen Driver und zeichnen Sie Pfeile von den Drivern zu Ihrem Ausgangsbegriff »CV-Technik«. Fertig. So haben Sie auch gleich nebenbei gelernt, wie Sie eine Mindmap® erstellen.

Um die Sache abzuschließen: Stellen Sie sich bei der eigenen Ideenentwicklung immer wieder die Frage: »Was ist der Mehrwert für meinen Kunden?«

Gründertalk:

GoG: »*Meine Idee ist vielleicht ein bisschen verrückt. Soll ich es trotzdem versuchen?*«

Der nette Autor: »*Verrückt bedeutet nicht zwangsläufig schlecht, oder? Wichtig ist erst einmal herauszufinden, ob es einen Markt für die verrückte Idee gibt. Vielleicht sprechen Sie vorab mit Freunden und Bekannten darüber, um einzuschätzen, ob Ihre verrückte Idee vielleicht genau das ist, was gerade gebraucht wird.*«

Manchmal muss es also keine eingeführte Methode eines Experten sein, sondern Sie können eine eigene entwickeln – alles ist möglich. Die aufgeführten Methoden sind natürlich nur ein kleiner Auszug aus einer Vielzahl von Möglichkeiten, die es gibt. Bei der Ideenfindung müssen Sie das Rad nicht neu erfinden. Es gibt so viele Wege. Schlagen Sie zum Beispiel Begriffe wie »Upcycling« nach. Bei dieser Methode werden aus eigentlich nicht mehr nutzbaren Produkten völlig neue Produkte geschaffen – wie der Autoreifen, der zur Gartenschaukel wird. Aber seien Sie auch sorgsam mit sich, wenn Sie nicht direkt auf die eine zündende Idee kommen. Ihr Gehirn ist ein Hochleistungscomputer, aber Computer können auch überhitzen. Geben Sie sich Zeit und lassen Sie Gedanken auch einmal ruhen.

Ideen umsetzen – ab auf Level 3

Wenn Sie eine Idee gefunden haben, wäre es natürlich schön zu wissen, ob sie auch umsetzbar ist. Aber wie? Ich habe das in drei Levels zusammengefasst. Ja, wir sind nicht bei Super-Mario, aber ich zeige Ihnen, was ich meine.

Level 1: Auf den Punkt bringen

Starten wir also auf Level 1. Sie haben eine Idee? Klasse. Jetzt geht es zunächst darum, diese zu konkretisieren. Zu einer Idee gehört mehr als ein loser Gedanke oder ein Wunsch. Versuchen Sie bereits in dieser frühen Phase, die Sache griffig zu machen. Was gehört alles zu Ihrem Produkt? Welche Bestandteile machen es aus? Was können Sie selber erbringen und wofür brauchen Sie Unterstützung? Bei der Beantwortung dieser Fragen hilft Ihnen auch das Special zum Elevator Pitch. Möglicherweise besteht Ihre Idee auch aus mehr als nur einem Produkt. Dann ist es umso wichtiger, Ihr Vorhaben zu skizzieren. Wie passen die einzelnen Bausteine zusammen? Gibt es einzelne

Bausteine, die das Gebilde zum Wackeln bringen können, und sind an bestimmten Stellen Sicherheitsmechanismen notwendig?

Level 2: Ist das überhaupt umsetzbar?

Wenn Sie das erledigt haben, starten Sie mit Level 2. Hier heißt der Endgegner »Umsetzbarkeit der Geschäftsidee«. Natürlich denken Sie gerade: Warum erscheint der Endgegner auf diesem Level schon so früh und nicht erst am Ende des Spiels? Da die Umsetzbarkeit aber ein sehr wichtiger Aspekt ist, hätte es nicht ausgereicht, die Wichtigkeit mit einem Bananen schleudernden Wildaffen zu illustrieren – um bei unserem Ausgangspunkt mit Super-Mario zu bleiben. Sie müssen Ihre Geschäftsidee hinsichtlich der Machbarkeit überprüfen. So macht es wenig Sinn, als Otto Normalverbraucher – ich wähle an dieser Stelle bewusst ein sehr übertriebenes Beispiel –, die Produktion und den Verkauf von Laserschwertern zu planen. Zum einen ist die Produktion eines Laserschwertes derzeit rein technisch nicht möglich, zum anderen wären die damit verbundenen Kosten astronomisch und zuletzt wäre der Verkauf von solch gefährlichen Waffen erheblichen gesetzlichen Auflagen unterworfen.

Level 3: Erfolgspotenziale prüfen

Auf Level 3 geht es darum, ob die Idee in einem bestimmten Markt erfolgreich sein kann. Hier entscheidet sich, ob Ihr Traum ein Traum bleibt oder Realität werden kann. Schauen Sie sich ähnliche Konzepte an, sprechen Sie mit Experten. Eine gewisse Unsicherheit wird immer bleiben, aber so bekommen Sie zumindest ein Gefühl für die Sache. Natürlich ist dieses Level das schwerste – das ist halt am Ende eines Spiels immer so – niemand kann Ihnen vorher sagen, ob Ihre Idee erfolgreich sein wird. Aber in vielen Gesprächen und durch umfangreiche Recherchen bekommen Sie ein gutes Gefühl dafür, wie viel Potenzial in Ihrem Vorhaben stecken kann. Manchmal ist es nicht die beste Idee, wenn Sie als Erster auf dem Markt sind. Sie wären dann ein sogenannter First-Mover. Das bedeutet, dass Sie ein komplett neues Feld beackern. Dagegen hat es der Second-Mover – ob es den Ausdruck so überhaupt gibt, weiß ich nicht – leichter. Natürlich können Sie als First-Mover, also als der, der zuerst ins Wasser springt, einen Vorsprung herausschwimmen oder von der erklommenen Insel hohe Wellen schlagen, die es der Konkurrenz sehr schwer machen, entspannt hinterherzuschwimmen. Also überlegen Sie ganz genau, wann der beste Zeitpunkt für Ihren Kopfsprung ist.

Natürlich sind die drei Level nur eine grobe Zusammenfassung eines recht langen Prozesses, aber so haben Sie einen klaren Ansatz für eine Vorgehensweise. Zudem ist es manchmal ganz schön, Dinge in Level einzuteilen, weil Sie so auch immer wieder das Gefühl bekommen, den nächsten Gegner überwunden zu haben. Wenn Ihre Idee dann auf den Punkt gebracht, umsetzbar ist und Erfolg verspricht, geht es im nächsten Schritt darum, den Nutzen für Ihren Kunden herauszuarbeiten. Das ist Thema im nächsten Kapitel.

Consumer Benefit – einen »impulsiven« Nutzen haben

Wissen Sie, was das größte Problem bei den meisten Produkten und Dienstleistungen für mich ist? Ich habe als Kunde nichts davon und das weder lang- noch kurzfristig. Das fehlt mir bei vielen angebotenen Waren von Anfang an. Ich verspüre keinen Anreiz, das Produkt oder die Dienstleistung zu kaufen. Dabei reicht es manchmal, nur eine kurze Zeit diesen Impuls auszulösen. Im Marketing spricht man von sogenannten Stimuli. Merken Sie sich dazu, dass Sie versuchen sollten, den Kunden zu stimulieren – auch wenn das Verb in diesem Kontext ein wenig seltsam klingt. Begeisterte Freunde von Fachbegriffen dürfen sich gerne selbst über das S-O-R-Modell informieren und mehr darüber in Erfahrung bringen.

Nur wenn dieser Impuls ausgelöst wird, erfolgt letztendlich ein Kauf. Dabei spielt es keine Rolle, ob Sie Ihr Produkt online oder im stationären – also lokal real vorhandenen – Handel anbieten. Um in dem Punkt weiterzukommen, machen Sie sich Gedanken dazu, warum Sie selber bestimmte Produkte und Dienstleistungen kaufen.

Ein Beispiel: Sie schlendern durch die Straßen, es ist warm und Sie bekommen Lust auf ein Eis. Die Sonne ist demnach genau dieser Impulsgeber. Jetzt können Sie natürlich nicht das Wetter beeinflussen, aber hier geht es um die dahinterstehende Information. Auslöser für einen Kaufimpuls kann es viele geben, in unserem Beispiel ist es das Wetter, genauso kann es aber auch Neid sein. Jemand besitzt etwas, das Sie auch besitzen wollen, und weil er oder sie es hat, wollen Sie es auch haben. Sie können den anderen Leuten auf der Straße natürlich ihr Eis wegnehmen, aber ich glaube, das gibt Ärger. Das Phänomen lässt sich auch im Sandkasten vieler Spielplätze beobachten. Kleine Kinder werden unterbewusst von der Verlockung entzückt, die neue blau glitzernde Schaufel des Kindes neben sich zu greifen und mit ihr zu spielen. Das eigene Schaufelset ist zu diesem Zeitpunkt genauso uninteressant wie die Bundesliga mit zu übermächtigen Bayern. Manchmal sind wir Menschen eben recht einfach strukturiert.

In unserem ersten Beispiel hätte die Hitze auch dazu führen können, dass jeder eine Badehose oder einen Bikini kauft und damit durch die Straßen schlendert. Das wäre zwar eine lustige Vorstellung, aber wird sicher nicht passieren. Nein, die Hitze hat den Wunsch nach Abkühlung ausgelöst. Und unser Schamgefühl, sich komplett auszuziehen, ist größer als die unerträgliche Hitze.

Unsere Ware muss also diesen gewissen Mehrwert – den Benefit – für den Kunden haben. Einen Nutzen, der zum Kauf führt. Hat Ihr Produkt diesen Benefit? Häufig wird auch von einer Problemlösungskompetenz gesprochen. Klingt sehr akademisch, aber der Begriff erklärt sich von selbst.

Leider ist es natürlich nicht immer so einfach. Wenn ich mir ein neues Handy kaufe, dann löst es für mich ungefähr 100 Probleme. Ich kann mit anderen Menschen kommunizieren, ich kann unterwegs Bilder machen, im Wartezimmer Spiele spielen und mich nach Hause navigieren lassen. Aber: Das konnte mein altes Handy doch auch schon alles, oder? Warum kaufe ich mir trotzdem ein neues?

Ich kaufe mir ein neues Handy, weil ich mit dem alten Modell zwangsläufig irgendwann neue Probleme verbinde oder mir die Werbung diese vermeintlich offenkundigen Probleme aufzeigt. Mein Akku hält nur einen Tag und nicht zwei, meine Kamera hat nur zehn Megapixel und nicht 13. Kein Wunder, dass ich so unglücklich mit dem alten Ding bin – ein neues Handy muss her.

Produkte entwickeln sich weiter und die Hersteller sind sich darüber bewusst, dass sie neue Kaufanreize schaffen müssen, sonst läuft niemand in den Laden oder bestellt online. Klar, manche Produkte gehen kaputt und müssen ausgetauscht werden. Aber häufig funktioniert das System – der sogenannte Produktlebenszyklus für die nach Fachbegriffen hungrigen Leser unter Ihnen – wie oben beschrieben.

Ich habe mir neulich eine neue Spülmaschine gekauft, eine schöne mit Edelstahlfront, Super Silence, Restlaufanzeige und Startzeitvorwahl. Die alte weiße, die selbstverständlich noch funktionierte, musste natürlich unbedingt weg und wurde auch direkt mitgenommen vom freundlichen Lieferdienst einer großen Elektronikkette. Nun steht sie da, das schöne Stück aus Edelstahl, und ist so viel leiser und besser.

Warum habe ich mir überhaupt eine neue Maschine gekauft, wenn die alte doch so gut funktionierte? Zu Beginn lagen die Punkte auf der Hand:

1. Die neue Maschine braucht weniger Strom.

Ich habe es ausgerechnet: Nach 20 Jahren hätte ich die Anschaffungskosten wieder raus. Gibt es dann noch Spülmaschinen? Oder bin ich verheiratet und meine Frau zwingt mich zum Küchendienst und Spülen mit der Hand? Alles möglich.

2. Die neue Maschine ist viel leiser.

Ganz ehrlich: Das Gerät steht in der Küche und läuft zweimal die Woche. Ich habe auch die alte Maschine fast nie gehört.

3. Neue tolle Superfunktionen erleichtern das Handling.

Endlich kann ich einstellen, wann die Maschine losgehen soll. Natürlich brauche ich das. Ich muss doch abends einstellen, dass sie morgens starten soll. Morgens extra für zehn Sekunden in die Küche? Niemals.

4. Edelstahl sieht viel schöner aus.

Na ja, spätestens wenn Weiß wieder in ist, kaufe ich mir wieder eine weiße Spülmaschine. Vielleicht sollte ich die alte zwischenlagern, bis sie wieder modern wird?

Sie merken, ich hadere noch mit meinem Kauf. Aber zum Zeitpunkt der Anschaffung war ich sehr glücklich. Große persönliche Probleme endlich gelöst. Manipulation durch gute Werbung könnten wir es auch nennen. Aber eigentlich bin ich selber schuld.

Sie sollten also bei Ihren Produkten darauf achten, dass diese im Idealfall ein Problem lösen oder ein Problem kommunizieren, das Ihre Produkte dann lösen. Lassen Sie sich dabei nicht aufhalten und seien Sie kreativ. Das Eis am Stiel wurde zum Beispiel von einem Schüler entwickelt. Kreativität misst man nicht an Erfahrungen, sondern an Einfallsreichtum!

Was ich mit dem Zusatz »… ein Problem kommunizieren« meine? Das erkläre ich Ihnen gerne. Viele Produkte lösen kein Problem, sondern kommunizieren nur, dass es ein Problem gäbe und es mithilfe des Produktes gelöst werden könnte. Stellen Sie sich vor, ich wäre Techniker und mein Arbeitsumfeld wäre die Entwicklung spezieller Laser, die aus einem »Laserabschießinstrument« – mir ist bewusst, dass das kein Fachbegriff ist – abgeschossen werden. Nun habe ich während der Entwicklung eines neuen Laserstrahls eine verrückte Entdeckung gemacht. Ich habe einen Laserstrahl entdeckt, mit dem außerirdische Lebensformen und Aliens aufgespürt werden können. Sobald Sie den Laser auf eine solche Lebensform richten, verwandelt sich diese in ihre eigentliche Form zurück – wenn wir einfach mal davon ausgehen, die Aliens wären alle verkleidet – und die Lebensform wird enttarnt. Diesen Lasertest können Sie sowohl mit anderen Menschen, Tieren, Bäumen oder der Luft durchführen. Sie denken, ich bin verrückt? Das mag sein, aber der Gedanke dahinter ist interessant. Wer sagt, dass es keine solchen Lebensformen auf der Erde gibt? Niemand kann einen endgültigen Beweis dafür erbringen, also hat der von mir entwickelte Laser sicher auch eine Daseinsberechtigung. Mit dem richtigen Marketing würde es auch eine Zielgruppe geben, die interessiert wäre, diesen Laser zu kaufen.

Der zugrunde liegende Gedanke ist, dass es auch Produkte gibt, bei denen der Nachweis, ob sie funktionieren, nicht zweifelsfrei erbracht werden kann. Wenn Sie den Laser auf Menschen, Tiere und die Luft gerichtet haben und nichts passiert, bedeutet das doch nicht, dass der Laser kaputt ist, sondern letztlich nur, dass Ihre Laserzielobjekte nicht außerirdischen Ursprungs sind.

Special: Produkte leben lang, kurz oder gar nicht

Methoden zur Ideenentwicklung haben Sie jetzt kennengelernt. Diese Ideen werden im Idealfall zu einem Produkt und weil es bei diesem vermeintlichen Produkt einiges zu beachten gibt, habe ich Ihnen im Folgenden meine ultimativen Tipps zum Thema Produkte zusammengestellt. Ich nenne sie: fünf Dinge, die Sie niemals vergessen sollten.

Tipp 1: Nichts lebt ewig

Erinnern Sie sich an mein Beispiel mit der Waschmaschine? Produkte haben einen Lebenszyklus, genau wie wir Menschen das auch haben. Was bedeutet das für Sie als GoG? Märkte und Konsumenten verändern sich und das führt unter anderem. zum Aussterben von Produkten – wenige Produkte leben ewig. Denken Sie einmal daran, was es vor 100 Jahren gab und was davon heute noch genauso verwendet wird. So wird das in 100 Jahren wieder sein – wahrscheinlich eher in 20 Jahren. Dieses Aussterben sollten Sie auch für Ihre Produkte bedenken. Sie müssen sich im Laufe der Zeit diesen Veränderungen stellen. Viele große Unternehmen bringen täglich neue Produkte auf den Markt, um sie nach einer gewissen Zeit wieder zu eliminieren. Auch Sie werden nicht darum herumkommen, Ihr Angebot anzupassen. Nur durch diese Anpassungen bleiben Sie flexibel – und genau das sollten Sie sein.

Tipp 2: Gemischtwarenhandel vs. Vollspezialisierung

Was hat es mit diesen Gemischtwarenläden auf sich? Sie sollten sich zu Beginn damit auseinandersetzen, mit welchem Angebot Sie in den Markt einsteigen. Was sind die Produkte, die Sie potenziellen Kunden anbieten wollen? Und hier gilt das Motto »Nicht alles passt zusammen«. Wenn Ihr potenzieller Kunde wahrnehmen soll, was Sie da so tun, dann muss er das auch erkennen können. Dabei identifiziert er ein klares Gebilde sicher besser als Hunderte nicht zusammenhängender. Aber: Wenn Sie aus verschiedenen Bausteinen ein neues Gebilde formen, kann er auch das erkennen. Wenn Sie ein klares Profil erzeugen wollen, ist das Adjektiv »klar« der entscheidende Faktor. Wenn Bernd neben den Gewürzen noch Tee und Öle verkauft, hat er einen Feinkostladen – also ein neues, aber immer noch klares Gebilde. Wenn er aber zusätzlich noch Hosen und T-Shirts von Anne verkauft, ist das sicher nett, aber der potenzielle Kunde steht vor dem Schaufenster und denkt sich: Was ist das denn? *PS: Auch das Firmenschild wäre mit Bernd's Gewürz-Tee-Öle-T-Shirt-Hosen-und-mehr Laden ein wenig lang. Dann können Sie gleich ein Kaufhaus aufmachen.*

Tipp 3: Was ist das überhaupt?

Genau diese Frage stelle ich mir bei einer Menge von Produkten. Das mag an mir und meinem Wirrkopf liegen, aber was ich nicht kenne und nicht verstehe, das kaufe ich auch nicht. Also sollten Sie alles dafür tun, Ihre Produkte und Dienstleistungen so zu beschreiben, dass der potenzielle Kunde es auch versteht. Gehen Sie dabei nicht von Ihrem Wissensstand aus, sondern von dem Ihrer Kunden.

Wenn ich darüber nachdenke, ist eigentlich klar, was Gründungsberatung ist. Nein, eigentlich ist es nicht. Die meisten GoGs werden das erste Mal beraten. Sie wissen also weder, was Gründungsberatung noch was Beratung überhaupt ist oder leisten sollte. Also muss ich Ihnen genau erklären, wie die Beratung abläuft. Für mich ist das klar, aber für den potenziellen Kunden eben nicht. Und wenn ich will, dass das Adjektiv »potenziell« vor dem Kunden verschwindet, sollte ich mir die Mühe des Erklärens machen. Also: Beschreiben Sie Ihre Produkte so, dass dem Interessenten nicht nur das Wasser im Mund zusammenläuft, sondern dass er das Ganze auch versteht. Ausnahmen bilden in diesem Fall nur Geheimdienste und diverse Untergrundorganisationen.

Tipp 4: Von Jacken und Hosen

Wenn ich an meine eigenen Beratungsgespräche denke, dann sitzen dort meist Menschen, die mit einem ganz bestimmten Problem zu mir gekommen sind. Am Anfang eines jeden Gespräches lasse ich sie ihre Probleme schildern, damit Sie das Problem-Paket erst einmal abstellen können. In dem Paket liegen häufig eine Vielzahl von Schwierigkeiten – ich ersetze hiermit das Wort »Probleme«. Nun ist es an mir, diese Schwierigkeiten zu lösen. Natürlich kann ich nicht alle lösen, aber wenn ich als Ansprechpartner für GoGs fungieren will, sollte ich in einigen Bereichen helfen können, die vielleicht nicht originär zu meinem Geschäftsmodell gehören. Beispielsweise suchen viele GoGs nach einem Webdesigner, einem Steuerberater oder einem Anwalt. Alles das bin ich nicht. Aber all diese Fragen sind in dem Paket der Schwierigkeiten enthalten. Also sollte ich zumindest gute Empfehlungen geben können und vielleicht ein paar Tipps zu diesen Themen. Auch Ihr Kunde wird Schwierigkeiten haben, und Sie sollten überlegen, welchen Teil Sie übernehmen und wo vielleicht vor oder nach Ihrem Produkt in der Produktkette andere Unternehmen Lösungen anbieten. Ein Kunde will Spezialisierung, aber am liebsten auch einen Generalisten, der mehr als nur einen kleinen Teil des Lösungsprozesses übernimmt. Warum dieser Tipp »Von Jacken und Hosen« heißt? Ganz einfach. Wenn Sie etwa einen Laden für hochwertige Sakkos eröffnen, sollten Sie zumindest wissen, wo der Kunde die passenden Hosen bekommt. Sonst steht er nämlich gleich vor der nächsten Schwierigkeit. Wo machen Kooperationen für Sie Sinn, um vielleicht eine Schwierigkeit umfassend und nicht nur teilweise zu lösen? Wenn mir mein Orthopäde Physiotherapie verschreibt, sollte er mir auch eine Praxis empfehlen können, oder?

Tipp 5: Erwartungen kennen und übertreffen

Was erwarten Sie von einem Modegeschäft wie dem von Anne? Denken Sie bitte einmal einen kurzen Moment darüber nach. Welche Ansprüche haben Sie und was setzen Sie als Standard voraus? Diese Frage ist elementar für Ihr GoG-Dasein. Sie müssen die Erwartungen der Kunden kennen. Stellen Sie sich das Ganze als Berg vor. Ganz unten im Tal finden Sie die klassischen Erwartungen, die ein Laden wie der von Anne – um mal bei dem Beispiel zu bleiben – erfüllen sollte. Dazu gehören vernünftige Öffnungszeiten, angemessene Preise, Sauberkeit und freundliche Bedienung. Um zum Basislager zu gelangen, braucht Anne trendige Designer, typgerechte Beratung und vielleicht eine angenehme Einkaufsatmosphäre. Leider können

Sie sich im Basislager nicht ausruhen, sondern Sie müssen gleich weiter Richtung Spitze. Wenn Anne wirklich glänzen will, braucht sie mehr: gratis Smoothies im Sommer, kostenloser Regenschirmverleih oder ein Nach-Hause-bring-Service. Erst dann haben die Kunden das Gefühl, dass ihre Erwartungen übertroffen werden. Frühere Besonderheiten werden zunehmend als Standard vorausgesetzt. Um sich wirklich abzuheben, braucht man heute oft mehr. Natürlich kann Anne nicht jedem Kunden seine Ware nach Hause bringen, aber sie sollte darüber nachdenken, was ihre Kunden von ihr und ihrem Angebot erwarten. Genau das sollten Sie auch tun. Sprechen Sie mit so vielen Menschen wie möglich darüber, was diese von Ihren Produkten und Dienstleistungen erwarten.

Wenn Sie diese fünf Tipps befolgen, sind Sie auf einem sehr guten Weg, Ihr Vorhaben dem Kunden anzupassen, und nicht anders herum.

Kapitel III: Voraussetzungen für eine Gründung – bevor es losgehen kann

Ich wollte das Kapitel erst »Rechtsformen, Ämter und andere beglückende Umstände« nennen, aber das Risiko, dass Sie es dann nicht lesen würden, war mir doch zu groß. Eine der meistgestellten Fragen ist jedoch die Frage nach der richtigen Rechtsform. Daneben geht es oft darum, ob ein GoG Gewebetreibender oder Freiberufler ist. Deshalb habe ich diesen Themen ein eigenes Kapitel gewidmet und hoffe, ein bisschen Licht ins Dunkel zu bringen. Nun, so ganz stimmt das nicht – auch die Themen Steuern, Versicherungen und weitere organisatorische Sachen nehmen wir uns vor. Ich weiß: Das ist schwere Kost. Klar, wir hätten lieber das ganze Jahr Sommer, aber die anderen Jahreszeiten sind für alle Lebewesen genauso essenziell – so eben auch diese Themen für GoGs. Also in diesem Fall: Augen auf und durch. Der nächste Sommer kommt auf den Folgeseiten.

Gewerbetreibender oder Freiberufler

Müssen Sie ein Gewerbe anmelden oder sind Sie Freiberufler? Und was ist das beides überhaupt? Generell sind beides unterschiedliche Möglichkeiten, selbstständig zu sein. Die Abgrenzung einer freiberuflichen Tätigkeit zu einer gewerblichen kann nicht eindeutig gezogen werden – genauer gesagt gibt es keine klare Definition. Aber wir lassen uns natürlich nicht unterkriegen. Eine Liste, die Ihnen weiterhilft, ist die der Katalogberufe. Ich könnte jetzt drei Seiten damit füllen, aber ich glaube, das führt zu nichts. Daher nur ein zusammenfassender Auszug der Katalogberufe:

> Unternehmensberater
> Apotheker, Ärzte und Therapeuten
> Notare und Anwälte
> Kreativberufe (zum Beispiel Grafiker, Musiker oder Tänzer)
> Sogenannte Medizinalfachberufe (zum Beispiel Hebammen oder Logopäden)
> Dozenten, Erzieher, Lehrer, Dolmetscher oder Journalisten
> Naturwissenschaftliche und technische Berufe (zum Beispiel Architekten, Informatiker oder Ingenieure)

Wenn Sie das, was Sie vorhaben, in der Liste finden, bestehen gute Chancen, dass Sie Freiberufler sind. Also erfolgt das sogenannte Anzeigen Ihrer Tätigkeit beim Finanzamt. Wie Sie das anzeigen? Nun, Sie füllen den »Fragebogen zur steuerlichen Erfassung« aus und senden diesen an Ihr zuständiges Finanzamt. Den Bogen gibt es überall im Internet.

Es gibt generelle Voraussetzungen, die ein Freiberufler erfüllen muss. Auch die will ich Ihnen nicht vorenthalten:

> Die Tätigkeit ist wissenschaftlich, künstlerisch, dozierend oder erzieherisch. Darum gibt es auch so viele solche Berufe in der Liste oben.
> Sie brauchen meistens eine besondere Ausbildung. Also etwa einen Hochschulabschluss oder einen Meister.
> Das, was Sie vorhaben, ist mit einem der Berufe oben aus der Katalogliste vergleichbar.

Wenn das alles nicht zutrifft, müssen Sie wahrscheinlich ein Gewerbe anmelden, und das tun Sie beim Gewerbeamt, indem Sie dort persönlich vorstellig werden.

Gewerbetreibende müssen Gewerbesteuer zahlen. Was das nun schon wieder ist, erkläre ich Ihnen gerne später noch. Freiberufler sind davon befreit. Das ist wohl auch der größte und wichtigste Unterschied. Darüber hinaus darf man als Freiberufler auch zusätzlich ein Gewerbe ausüben. Sie können also Freiberufler und gleichzeitig Gewerbetreibender sein. Freiberufler dürfen also auf der einen Seite den klassischen Bruce Wayne spielen und auf der anderen Seite noch Batman sein – oder Unternehmen beraten und trotzdem einen Onlineshop für Hamster betreiben. Neben der Sache mit der Gewerbesteuer ist ein weiterer großer Vorteil der, dass Freiberufler von der Pflicht, einen Jahresabschluss zu erstellen, befreit sind, was Kosten und Zeit erspart. (Auch Gewerbetreibende unterliegen nicht immer der Bilanzierungspflicht. Wenn sie als Einzelunternehmer tätig sind und nicht mehr als 600.000 Euro Umsatzerlös und 60.000 Euro Jahresüberschuss aufweisen, sind sie davon befreit.)

Der Freiberufler hat also ein paar Vorteile gegenüber dem Gewerbetreibenden. Entsprechend ist es ratsam, beim Finanzamt für die Anerkennung der freiberuflichen Tätigkeit zu kämpfen. Denn jeder von Ihnen möchte sicher auch Batman sein, oder? (Sofern das zur Tätigkeit passt.) Wenn Sie mit Produkten handeln, also etwas einkaufen, um es teurer zu verkaufen, dann handeln Sie und sind ein Gewerbebetrieb. Das gilt auch, wenn Sie ein Café betreiben oder im Handwerk tätig sein wollen.

Was noch wichtig ist: Ein freier Mitarbeiter ist nicht gleich ein Freiberufler. Nur weil jemand »frei« für ein Unternehmen arbeitet, ist er noch lange kein Freiberufler, sondern eben nur ein freier Mitarbeiter.

Rechtsform meines Unternehmens – Auswahl frei

Gerade das Thema Rechtsformen beschäftigt viele GoGs zu Beginn sehr umfassend. Wir kämpfen uns gemeinsam durch die vielschichtige Höhle – nein, nicht die des Löwen –, sondern die der vielen Rechtsformen und ich stelle Ihnen die relevantesten vor. Alle werden wir nicht behandeln können, aber diese sind mir in meiner Beratertätigkeit häufiger über den Weg gelaufen.

Bevor wir richtig loslegen, müssen Sie noch zwei Begriffe kennenlernen: »Kapitalgesellschaften« und »Personengesellschaften«. Ich fasse mich kurz.

Nun, eine Kapitalgesellschaft ist eine sogenannte juristische Person. Also keine reale, die herumlaufen kann, wie wir uns eigentlich eine Person vorstellen. Eine Kapitalgesellschaft gründen Menschen, um einen gemeinsamen Zweck zu verfolgen, also etwa Autos zu verkaufen oder Dächer zu reparieren. Hier müssen die Gesellschafter Kapital zur Verfügung stellen. Die Haftung beschränkt sich normalerweise auf die jeweilige Einlage.

Eine Personengesellschaft verfolgt ebenfalls einen gemeinsamen Zweck, ist aber eben keine juristische Person, sondern ein wirklicher Zusammenschluss von realen Personen. Davon brauchen Sie mindestens zwei. Ist auch eigentlich klar, sonst kann Zusammenschluss nicht funktionieren. Im Vordergrund steht, dass die Gesellschafter ihre persönliche Leistung einbringen. Hier haftet zumindest ein Gesellschafter unbeschränkt mit seinem Privatvermögen. So, jetzt geht's aber los:

Gesellschaft mit beschränkter Haftung (GmbH)

Eine GmbH ist eine Kapitalgesellschaft, was das ist, haben Sie gerade gelernt. Sie bietet einen großen Vorteil: Ihre private Haftung ist beschränkt. Sie haften also nicht mit Ihrem Privatvermögen. Es sei denn Sie verletzen die »Sorgfalt eines ordentlichen Geschäftsmanns« – dann müssen Sie doch mit Ihrem Privatvermögen haften. Um mit dieser Rechtsform zu gründen, brauchen Sie sogenanntes Stammkapital, ohne das geht leider nichts. Um das Ganze für Sie kompakter darzustellen:

➤   Die GmbH ist eine Kapitalgesellschaft.
➤   Sie darf zu jedem gesetzlich zulässigen Zweck errichtet werden.
➤   Sie benötigen mindestens 25.000 Euro Stammkapital, davon müs-

sen Sie jedoch zunächst »nur« 12.500 Euro direkt aufbringen.

➤ Ein Notar ist für die Anmeldung notwendig. Dadurch entstehen Kosten.

➤ Die GmbH benötigt eine Satzung. Diese muss Firma, Sitz, Gegenstand, Höhe des Stammkapitals, Gesellschaftsanteile und weitere Infos enthalten.

Gründertalk:

> **GoG:** *»Was kostet denn eigentlich die Gründung einer GmbH?«*
>
> **Der nette Autor:** *»Bei der Gründung fallen Kosten für den Gründungsbeschluss, die Geschäftsführerbestellung, die Gesellschafterliste und Gerichtskosten an. Ach ja, die Eintragung ins Handelsregister kostet auch ein paar Euro. Die Bestellung der Geschäftsführer und die Gesellschafterliste können Sie selber erstellen und so Notarkosten sparen, natürlich nur dann, wenn Sie es auch richtig machen. Wenn mehrere Gesellschafter an der GmbH beteiligt sind, wird es übrigens teurer. Die konkreten Gründungskosten sind abhängig vom Gegenstandswert, also vom eingezahlten Stammkapital. Nach meiner Erfahrung liegen Sie beim Klassiker von 25.000 Euro bei 600 bis 1.000 Euro.«*

Wie bei allem im Leben gibt es Vor- und Nachteile, die ich Ihnen gerne vorstelle.

Vorteile einer GmbH:

➤ Ihre private Haftung ist ausgeschlossen.

> Als Gesellschafter haben Sie Einfluss auf die Geschäftsführer, wenn der einzige Geschäftsführer Sie selbst sind, natürlich erst recht.
> Viele Kreditinstitute sehen in der GmbH einen »besseren« Kunden.

Aber natürlich gibt es auch Nachteile, klar.

Nachteile einer GmbH:

> Die Gründung ist aufwendiger.
> Die Kosten der Gründung sind höher als bei vielen anderen Rechtsformen.
> Sie müssen eine Bilanz und eine Gewinn- und Verlustrechnung erstellen.

Wie gesagt, bei der GmbH-Gründung haben GoGs einen Gesellschaftsvertrag aufzusetzen, der die wichtigsten Regelungen für die GmbH enthält. Einige Angaben sind dabei Pflichtangaben. Dazu gehören solche zum Sitz des Unternehmens, zum Gegenstand, zu den Einlagen und zur Geschäftsführung – also nicht weglassen, bitte.

Unternehmergesellschaft (UG)

Die Unternehmergesellschaft ist eine Art Geschenkbox für GoGs, die gerne die Vorteile der GmbH nutzen möchten, aber keine 25.000 Euro in der Tasche haben. Diese Geschenkbox enthält genau dies. Wichtig: Die UG ist keine eigene Rechtsform, daher hat vieles von der GmbH hier weiter Bestand. Also machen wir die Box auf und schauen uns den Inhalt genauer an.

Bei der UG ist wie bei der GmbH die Haftung begrenzt. Auch die UG ist eine Kapitalgesellschaft. Sie muss jedoch den Zusatz »haftungsbeschränkt« tragen, bis die Stammeinlage von 25.000 Euro erreicht ist.

Eine UG muss absehbar eine GmbH werden. Die UG will oder soll das immer. Dafür kann eine UG aber schon mit einem Stammkapital von einem Euro gestartet werden. Sie dürfen Gewinne nicht vollständig ausschütten, sondern müssen jährlich mindestens 25 Prozent zurücklegen, bis Sie das Stammkapital von 25.000 Euro zusammenhaben. Wenn zwischendurch neues Kapital vorhanden ist, kann die UG auch schneller zu einer GmbH umgewandelt werden.

Die geringere Stammeinlage führt oft bei Fremdkapitalgebern zu einer geringeren Kreditwürdigkeit. Die Erfahrung habe ich mit meinen GoGs leider oft machen müssen. Viele Banken empfinden die UG als eine Art »Arme-Leute-GmbH«. Was natürlich Quatsch ist, denn wer hat gleich mindestens 12.500 Euro zur Verfügung, um entsprechend zu gründen? Also abermals: nicht unterkriegen lassen. Die UG ist die vermeintlich einfachste Form, ein haftungsbeschränktes Unternehmen zu gründen. Also schnappen Sie sich gerne bei Bedarf die schicke UG-Geschenkbox. Auch Bernd hat eine UG gegründet, weil ihm das Kapital für die GmbH-Gründung fehlte, er aber trotzdem seine Haftung beschränken wollte.

Einzelunternehmen

Sie können auch Einzelunternehmer werden. Diese Gründungsform wählen die meisten GoGs, weil es die einfachste Form ist, sich selbstständig zu machen. Ein Einzelunternehmen können Sie schnell und unkompliziert gründen. Der Chef im Ring sind dann Sie. Sowohl Gewerbetreibende als auch Freiberufler können Einzelunternehmer sein – die Unterscheidung haben wir ja besprochen. Sie benötigen kein Kapital für die Gründung, also zumindest nicht formell. Allerdings haften Sie auch mit Ihrem Privatvermögen. Ähnlich wie bei der GmbH stelle ich Ihnen Vor- und Nachteile dieser Rechtsform vor.

Vorteile als Einzelunternehmer:

> ➤ Das Einzelunternehmen ist einfach und schnell zu gründen: durch das Anzeigen der Tätigkeit beim Finanzamt oder die Anmeldung des Gewerbes.
> ➤ Sie können sofort loslegen.
> ➤ Die Gründungskosten sind sehr gering.
> ➤ Auch die Formalitäten sind überschaubar.

Nachteile als Einzelunternehmer:

> ➤ Sie haften mit Ihrem Privatvermögen.
> ➤ Das Unternehmen trägt Ihren Namen. Sie sind die Person. Ein Markenname ist natürlich möglich.
> ➤ Andere Unternehmen nehmen Sie »nur« als Einzelunternehmer wahr.

Wenn diese Rechtsform für Sie infrage kommt, müssen Sie entweder einen Gewerbeschein beim zuständigen Gewerbeamt beantragen oder die freiberufliche Tätigkeit beim zuständigen Finanzamt anzeigen.

Als Einzelunternehmer haften Sie mit dem gesamten Privatvermögen. Ich weiß, das habe ich schon gesagt, aber gerade dieser Faktor spielt eine wichtige Rolle. Darüber sollten Sie sich ausgiebig Gedanken machen, hier ist schon der eine oder andere auf die Nase gefallen.

Was noch wichtig ist: Als Einzelunternehmer müssen Sie erst einmal keinen Jahresabschluss erstellen. Es genügt die Einnahmenüberschussrechnung. Diese Regelung gilt aber nur bis zu einem Jahresgewinn von 60.000 Euro oder einem Umsatz von bis zu 600.000 Euro. Dann müssen Sie – wie bei der GmbH oder der UG – eine Bilanz anfertigen, aber nur, wenn diese Werte in zwei aufeinanderfolgenden Jahren überschritten werden. Das gilt aber erst dann, wenn das Finanzamt Sie dazu auffordert. Und denken Sie an meinen Hinweis, dass Freiberufler von der Bilanzierungspflicht ausgeschlossen sind.

Wenn Sie mit Ihrem Unternehmen – ich wünsche es Ihnen – die Umsatzgrenze von 250.000 Euro im Jahr knacken, dann müssen Sie das Unternehmen wie bei der GmbH in das Handelsregister eintragen. Dann trägt ihr Unternehmen den Zusatz »e. K.«. Sie können auch »e. Kfm«. oder »e. Kfr.« für Kaufmann oder Kauffrau wählen. Sie können aber auch freiwillig ein eingetragener Kaufmann werden, ohne diese Grenze zu überschreiten. Sie merken, hier gibt es ein paar Spezialfälle.

Ein Gehalt als solches zahlen Sie sich nicht. Das bedeutet natürlich nicht, dass Sie verhungern müssen. Sie entnehmen Kapital aus dem laufenden Geschäftsbetrieb und das, so oft Sie wollen. Sie greifen quasi in Ihr betriebliches Portemonnaie. Viele GoGs überweisen sich ein Taschengeld jeden Monat. Ich kann mir das Taschengeld erhöhen und in schlechten Zeiten auch Taschengeldstopp mit mir selber ausmachen.

Gesellschaft bürgerlichen Rechts (GbR)

Die GbR ist eine Personengesellschaft und ein Zusammenschluss von mindestens zwei Personen. Die Gründung erfolgt bereits durch konkludentes Handeln (wenn Sie zum Beispiel zusammen mit einem Bekannten auf die Eröffnung eines Cafés hinarbeiten). Ein großer Vorteil ist, dass für die Gründung kein Mindestkapital notwendig ist. Somit gibt es viele Teamgründungen, die im Rahmen einer GbR erfolgen. Ich glaube sogar, die meisten anfänglichen Teamgründungen, die ich begleitet habe, erfolgten als GbR. Auch der Aufwand der Gründung hält sich in Grenzen, da erst mal kein Notar et cetera benötigt wird.

Letztlich geht es darum, ein gemeinsames Ziel zu erreichen. Ob Sie sich dabei als Ziel setzen, für Bauer Müller innerhalb eines Tages alle

Erdbeeren seines Feldes zu pflücken oder den Rennhamster von Bernd bis zur Olympiade fit zu bekommen, spielt keine Rolle.

Da Sie die Unterschiede zwischen einem Gewerbetreibenden und einem Freiberufler mittlerweile im Schlaf aufsagen können, sei noch erwähnt, dass sowohl Gewerbetreibende als auch Freiberufler eine GbR gründen können.

Wie gesagt, auch die GbR ist eine Personengesellschaft. Die GbR entsteht durch das Aufsetzen eines Gesellschaftervertrages beziehungsweise durch konkludentes Handeln. Wichtig: Das muss nicht immer schriftlich erfolgen, Sie und Ihre Partner können das auch mündlich machen. Natürlich ist es in den meisten Fällen besser, diese Dinge aufzuschreiben, wer soll sich das sonst alles merken? Spaß beiseite: Verfassen Sie bitte einen Gesellschaftervertrag in schriftlicher Form!

Wichtig ist natürlich auch das Thema Haftung. Bei der GbR haften alle Gesellschafter, das heißt im schlimmsten Fall auch mit dem jeweiligen Privatvermögen.

Da ich ein Thema nicht mit einem negativ wertenden Schlusssatz beenden mag, sei an dieser Stelle erwähnt, dass die GbR die einfachste Form darstellt, mit mehreren Personen gemeinschaftlich selbstständig zu sein – und das lediglich mit einer einfachen Anmeldung oder dem Anzeigen beim Finanzamt.

Offene Handelsgesellschaft (OHG)

Bei der OHG handelt es sich um die offene Handelsgesellschaft. Um eine OHG zu gründen, ist wie bei der GbR kein Mindestkapital notwendig, was die Gründung vereinfacht. Allerdings muss ein Handelsgewerbe vorliegen.

Wichtig bei der OHG ist das Vorhandensein eines Gesellschaftervertrages. Es gibt zwar keine vorgeschriebene Form, aber Sie brauchen auf jeden Fall einen. Wie bei anderen Gesellschafterverträgen sind vor allem die jeweilige Einlagen der beteiligten Gesellschafter oder deren Stimmrechte wichtige Bestandteile. Sie wollen schließlich wissen, wer wie viel bekommt vom großen Kuchen.

Bei der OHG handelt es sich wie bei der GbR um eine Personengesellschaft. Auch hier können sich mehr als zwei Personen, aber auch Unternehmen zusammenschließen. Der Unterschied besteht darin, dass die OHG ins Handelsregister eingetragen werden muss. Die Eintragung erfolgt mithilfe eines Notars und verursacht somit auch Kosten. Auch in der OHG haften die Gesellschafter mit ihrer Einlage und darüber hinaus auch mit ihrem Privatvermögen. Das wissen viele GoGs leider nicht.

Kommanditgesellschaft (KG)

KG steht hier für Kommanditgesellschaft. Wie bei den beiden vorangegangen brauchen Sie kein Mindestkapital, um eine KG zu gründen. Auch die KG ist eine Personengesellschaft.

Der wichtigste Punkt ist, dass die Gesellschafter nach zwei Arten unterschieden werden können. Zum einen gibt es mindestens einen Kommanditisten. Der Kommanditist (ja, ich habe auch Schwierigkeiten bei der Aussprache) haftet mit der Höhe seiner Einlage. Zum anderen gibt es noch einen Komplementär, der persönlich haftet – also im Falle des Falles auch mit seinem Privatvermögen.

Warum es unterschiedliche Haftungen bei Existenzgründungen überhaupt gibt? Manchmal will oder soll ein GoG gegenüber einem Geldgeber nicht die gleiche Haftung haben. (Viele wählen diese Form auch, da sich manche Gesellschafter nicht in die Geschäftsführung einbringen, sondern »nur« Kapital zur Verfügung stellen wollen.) Eine persönliche Haftung des Komplementärs ist somit eine zusätzliche Sicherheit für einen Geldgeber wie eine Bank. Kommanditisten dürfen die Geschäftsführung im Unternehmen aber nicht übernehmen. Wie bei der OHG ist der Handelsregistereintrag Pflicht. Was das Ganze ein wenig aufwendiger macht, ist, dass die KG einen Jahresabschluss erstellen muss. Die Überschüsse, also die Gewinne, werden persönlich von den Gesellschaftern versteuert. Heißt: Sie als GoG zahlen Einkommensteuer auf das, was Sie mit der KG verdienen.

Da wir jetzt doch eine Menge über potenzielle Rechtsformen gesprochen haben, hier noch ein kleiner Überblick für Sie:

Rechtsform	Vorteile	Nachteile
GmbH	➤ Keine persönliche Haftung der Gesellschafter ➤ Eventuell bessere Außendarstellung ➤ Firmenname generell flexibel wählbar	➤ Mindesteinlage erforderlich ➤ Hohe Gründungskosten (u. a. durch Notar) ➤ Hoher Gründungsaufwand durch umfangreiche Auflagen
UG (haftungsbeschränkt)	➤ Stammkapital i. H. v. 1 Euro ausreichend ➤ Keine persönliche Haftung der Gesellschafter ➤ Firmenname generell flexibel wählbar	➤ Hoher Gründungsaufwand durch umfangreiche Formalitäten ➤ 25 Prozent des Gewinns muss angespart werden zur Aufstockung des Stammkapitals, bis 25.000 Euro erreicht sind

Einzelunternehmen	➤ Geringe Gründungskosten ➤ Vergleichsweise geringe Gründungsformalitäten ➤ Kein Mindestkapital	➤ persönliche Haftung ➤ Nur alleine möglich ➤ Ab bestimmten Umsatzgrenzen evtl. Zusatzpflichten
GbR	➤ Geringe Gründungskosten ➤ Vergleichsweise wenige Gründungsformalitäten ➤ Kein Mindestkapital ➤ Einfache Teamgründung	➤ Persönliche Haftung der Gesellschafter ➤ Erstellung eines Gesellschaftsvertrages ➤ Firmenname nicht frei wählbar
OHG	➤ Geringe Gründungskosten ➤ Kein Mindestkapital ➤ Eventuell höheres Ansehen bei Kreditinstituten	➤ Persönliche Haftung der Gesellschafter ➤ Verpflichtung zur Eintragung ins Handelsregister ➤ Erstellung eines Gesellschaftsvertrages
KG	➤ Geringe Gründungskosten ➤ Kein Mindestkapital ➤ Kommanditisten haften lediglich in Höhe ihrer Einlage	➤ Persönliche Haftung der Komplementäre ➤ Verpflichtung zur Eintragung ins Handelsregister ➤ Erstellung eines Gesellschaftsvertrages

Natürlich ist das nur ein Auszug, aber ich hoffe, er hilft Ihnen, die richtige Rechtsform zu wählen.

Ämter – Himmel oder Hölle?

Genau diese Frage stellen sich viele GoGs. Wenn ich eine statistische Auswertung vorlegen müsste, würde ich tippen, dass die meisten eher zu »Hölle« als zu »Himmel« tendieren.

Woran liegt das? Nun, Ämter stehen meist für Zulassungen, Auflagen oder Richtlinien, die Sie einholen oder erfüllen müssen. Sprich: Sie stehen im Weg und was im Weg steht, ist in der Regel nicht besonders beliebt. Hier funktioniert der Bulldozer aber leider nicht, außer Sie mögen kleine Räume mit Gittern vor den Fenstern.

In Deutschland wird Bürokratie großgeschrieben. Viele andere Länder beneiden uns sogar um die präzise und manchmal sehr kleinliche Arbeitsweise. Gerade der letztgenannte Punkt legt GoGs immer wieder Steine in den Weg. Die meisten Ämter können jedoch nichts dafür, dass sie dies tun. Es ist eben ihr Job. Sie wollen schließlich nicht in einem Restaurant essen, wo Sie beim Eintreten von diversen Insekten begrüßt werden oder ein Produkt kaufen, das durch seine tollen Zusätze dafür sorgt, dass Sie Atembeschwerden bekommen. Also frei nach Xavier Naidoo: Der anfängliche Weg der Existenzgründung wird kein leichter sein, er wird steinig und schwer – aber er lohnt sich.

Meist sehen wir Ämter aber aus einem anderen Blickwinkel, wenn wir bestimmte Genehmigungen brauchen. Wir könnten uns jetzt zwei Tage darüber unterhalten, ob die Welt besser wäre, wenn der Markt sich selber reguliert, oder ob wir staatliche Kontrolle brauchen. Jedoch wollen wir Ihre ja Gründung schnell vorantreiben. Also beschäftigen wir uns lieber damit, welche Ämter es gibt und welche Funktionen diese für Sie als GoG haben.

Gewerbeamt

Eine Anlaufstelle, um die viele GoGs nicht herumkommen, ist das Gewerbeamt. Meistens haben Sie nur zu Beginn Kontakt, die Beziehung ist also recht kurzfristig, aber dadurch nicht weniger intensiv. Zunächst brauchen Sie das Gewerbeamt, um Ihr Gewerbe anzumelden, sofern Sie Gewerbetreibender sind. Daher stammt auch der Name »Gewerbeamt«. Das Gewerbeamt ist eine kommunale Anlaufstelle und gehört also zur Gemeinde, um es mal einfach zu sagen.

Für Ihr erstes Date mit dem Gewerbeamt benötigen Sie Ihren Personalausweis. Ich weiß, bisher brauchten Sie den bei Ihren ersten Dates nicht. Jedoch möchte die Stadt genau wissen, wer ihr gegenübersitzt und sein Gewerbe anmelden möchte.

Wichtig ist, dass für einige Anmeldungen zusätzliche Dokumente notwendig sind. Man spricht hier von überwachungsbedürftigen Gewerben. Dazu gehören zum Beispiel Detekteien oder Partnervermittlungen. In diesen Fällen brauchen Sie noch ein polizeiliches Führungszeugnis und einen Abdruck aus dem Gewerbezentralregister – einem Register, in dem steht, ob Sie schon mal gegen die Gewerbeordnung verstoßen haben. Das Gewerbeamt will sich also absichern, dass Sie keine krummen Dinge vorhaben und selber auch kein schwarzes Schaf sind, um es mal auf den Punkt zu bringen.

Was ein Gewerbe kostet? Nun, die eine Stadt ist günstiger, die andere greift gerne tiefer in die Tasche der GoGs. Meine Erfahrung liegt hier im Bereich von 15 bis 90 Euro. Schon ein ganz schöner Unterschied, oder?

Die Anmeldung als solche ist aber einfach. Sie gehen zu Ihrem zuständigen Gewerbeamt, nehmen die angesprochenen Unterlagen mit und melden innerhalb weniger Minuten das Gewerbe an, sofern natürlich keine lange Schlange vor der Türe ist – dann müssten Sie sich noch vordrängeln.

Ordnungsamt

Das Ordnungsamt sorgt für Ordnung. Wenn Sie etwa im Bereich der Gastronomie gründen wollen, ist das Ordnungsamt eine Ihrer wichtigsten Anlaufstellen. Nirgendwo gibt es mehr Auflagen zu erfüllen, als wenn es ums Essen und Trinken geht. Viele GoGs verlieren dadurch schnell die Lust, weil Auflagen häufig auch mit Kosten verbunden sind und Kosten sind jetzt nicht so toll. Um es auf den Punkt zu bringen: Wenn bei Ihrer Gründung das Ordnungsamt eine Rolle spielt, dann setzen Sie ein Lächeln auf und versuchen Sie das auch zu halten, wenn niemand zurücklächelt. Die Damen und Herren können nämlich darüber entscheiden, ob Sie Ihr kleines Café überhaupt aufmachen dürfen oder nicht. Das betrifft etwa die Toilettenregelungen.

In manchen Gemeinden sind das Ordnungs- und das Gewerbeamt auch eine Einheit – quasi ein Doppelpack.

Finanzamt

Auch beim Finanzamt arbeiten nur Menschen. Den Satz habe ich bewusst so gewählt, da ich glaube, dass manche GoGs glauben, beim Finanzamt säßen nur Roboter. Sehen Sie das Finanzamt bitte nicht als Feind Ihres GoG-Seins. Viele Probleme mit dem Finanzamt sind selbstverschuldet. Ich betrachte es so: Das Finanzamt ist wie Mathe in der Schule. Wenn Sie wissen, wie der Hase läuft, dann ist es gar nicht so schwer. Wenn man es aber nicht weiß, gibt man oft dem Mathelehrer Schuld. Ergo, ob Sie wollen oder nicht: wie Schule ohne Mathe nicht denkbar wäre, so läuft es auch mit Ihrer Gründung und dem Finanzamt. Alles halb so wild, wenn man sich richtig vorbereitet.

Sie werden als GoG zwangsläufig Kontakt mit dem Finanzamt haben. An das Finanzamt übermitteln Sie Ihre Einkommensteuererklärung, die Umsatzsteuervoranmeldung und andere Dokumente. »Sie« bedeutet in Ihrem Fall eventuell auch Ihr Buchhalter oder der Steuerberater.

Arbeitsagentur

Eine Vielzahl der Existenzgründungen erfolgt aus der Arbeitslosigkeit, weil eine solche Veränderung manchmal dazu führt, über alles noch einmal nachzudenken. Ich finde es schade, dass Arbeitslosigkeit immer mit etwas Schlechtem verbunden wird. Und weiß natürlich, dass das leicht gesagt ist.

Die Arbeitsagentur ist die erste Anlaufstelle, wenn Sie arbeitslos werden, und – wenn Sie arbeitslos sind – auch die erste, um über das Thema GoG-Sein zu sprechen. Es gibt in Deutschland den sogenannten Gründungszuschuss, den arbeitslose Menschen, die Arbeitslosengeld I beziehen, beantragen können. Ich könnte Ihnen jetzt ellenlang erzählen, wie der aussieht, wie lang welche Fristen sind und so weiter, aber das mache ich nicht. Erstens, weil sich das Ganze bis nächsten Freitag wieder verändern könnte, und zweitens, weil alles gut sortiert auf der Seite der Arbeitsagentur zu finden ist. Bernd hat übrigens mit dem Gründungszuschusses gegründet. Das hat am Anfang seine Einnahmeseite erheblich verbessert und seiner Gründung zusätzliche Sicherheit gegeben.

Um es auf den Punkt zu bringen: Sie stellen, wenn Sie die Anspruchsvoraussetzungen erfüllen, Ihre Geschäftsidee bei der Agentur vor und reichen Businessplan, Antrag et cetera nach der Prüfung durch eine fachkundige Stelle ein und hoffen auf Zusage. Da das Ganze jedoch nur eine Kann-Leistung ist, gibt es leider keine Garantie.

Krankenkasse

Beim Thema Krankenkasse geht es meist um das Thema Krankenversicherung, von daher habe ich das galant in das Kapitel Versicherungen gepackt.

Berufsgenossenschaft

Häufig haben Sie als »normaler« Arbeitnehmer mit dem Thema Berufsgenossenschaft nicht viel zu tun. Trotzdem kann auch die Berufsgenossenschaft, ich nenne Sie mal BG, für Sie als GoG eine Rolle spielen.

Es gibt verschiedene BGs. Je nachdem, in welcher Branche Sie sich selbstständig machen, ist eine andere für Sie zuständig. Warum auch einfach, wenn es ein bisschen komplizierter geht? Eine Liste aller BGs finden Sie beim Verband der Deutschen Gesetzlichen Unfallversicherung (DGUV).

Generell können Sie als GoG eine Unfallversicherung über die BG oder über einen privaten Anbieter – also etwa eine Versicherung – abschließen. Sie können also freiwillig bei den BGs eine Unfallversicherung abschließen. Ob das besser ist als eine private Unfallversicherung, muss man im Einzelfall entscheiden. In manchen Branchen gilt diese Freiwilligkeit jedoch nicht. Unabhängig von einer Versicherungspflicht müssen Sie Ihr Unternehmen der zuständigen Berufsgenossenschaft melden.

Anders als bei Ihnen ist ein Mitarbeiter pflichtversichert in der gesetzlichen Unfallversicherung. Dafür müssen Sie also Beiträge zahlen. Hat zum Beispiel einer Ihrer Mitarbeiter einen Arbeitsunfall, wird er von der Berufsgenossenschaft betreut und Sie sind entsprechend abgesichert. Natürlich soll das nicht passieren, aber wenn doch, dann ist es besser, wenn Sie und vor allem Ihr Mitarbeiter abgesichert sind.

HWK – Handwerkskammer

Den Begriff »Handwerkskammer« werden die meisten von Ihnen schon gehört haben. Die HWK ist im Prinzip die IHK für Handwerksunternehmen. Da der Begriff IHK aber bisher nicht erläutert wurde, war das jetzt natürlich wenig hilfreich. In Deutschland gibt es eine Menge Handwerkskammern, die jeweils eine gewisse Region betreuen.

Für Handwerksunternehmen – egal welcher Rechtsform – ist die Mitgliedschaft verpflichtend. Anders als beim Fitnessstudio Ihrer Wahl können Sie sich hier nicht aussuchen, ob Sie Mitglied werden wollen oder nicht – Sie werden es.

Ob Sie überhaupt ein Handwerker sind? Na, das ist manchmal gar nicht so einfach. Wussten Sie, dass Friseure Handwerker sind? Wenn Sie darüber nachdenken, ist das auch logisch, weil Sie mit den Händen arbeiten. Ein Blick auf die Seite der HWK hilft.

Da im Leben nichts umsonst ist, kostet die Mitgliedschaft wie bei der HWK Geld und auch als GoG müssen Sie das leider bezahlen. Der Beitrag setzt sich aus einem Grundbeitrag und einem variablen Beitrag zusammen, je nachdem, wie viel Gewinn Sie machen. Für GoGs gibt es zumindest in der Anfangszeit gewisse Rabatte. Die HWK kann ein wichtiger Partner bei der Existenzgründung sein, weil es ein großes Angebot an Unterstützungen und Seminaren gibt.

IHK – Industrie- und Handelskammer

Was IHK bedeutet, steht schon im Titel, es erklärt sich also von selbst. Für Gewerbetreibende besteht eine Pflichtmitgliedschaft in der IHK. Freiberufler sind keine Pflichtmitglieder.

In Deutschland gibt viele IHKs – abhängig vom Unternehmenssitz –, die in ihrem Leistungsangebot nicht immer gleich sind. Jede IHK hat unterschiedliche Weiterbildungsangebote. Werfen Sie mal einen Blick in das Angebot Ihrer IHK. Da gibt es sicher auch was für Sie. Kurse für GoGs, Seminare zum Thema Marketing, Weiterbildungen im Bereich IT. Ich finde das wirklich hilfreich und habe am Anfang meines GoG-Seins ebenfalls solche Kurse belegt.

Auch die IHK kostet leider Geld. Es gibt für GoGs zu Beginn jedoch eine Art Rabatt. Die ersten zwei Jahre müssen erstmalige GoGs nämlich keinen Beitrag zahlen und für das dritte und vierte Jahr gibt es einen Rabatt. Eigentlich ganz nett, finden Sie nicht?

Special: Scheinselbstständigkeit

Haben Sie den Begriff »Scheinselbstständigkeit« schon mal gehört? Bestimmt, oder? Ich werde versuchen, Ihnen das zu erklären:

Was ist also Scheinselbstständigkeit? Nun, um es einfach zu sagen, ist Scheinselbstständigkeit, wenn Sie als Selbstständiger auftreten, aber eigentlich keiner sind. Ob Sie selbstständig sind, richtet sich vor allem danach, welche Tätigkeit Sie ausüben. Warum das überhaupt passiert? Nun, manche Arbeitgeber wollen sich Sozialabgaben sparen. Statt jemanden anzustellen, wird dieser »jemand« als Selbstständiger beschäftigt. Wir könnten uns jetzt länger mit dem Thema beschäftigen, aber ich möchte für Sie gerne etwas Greifbares haben.

Scheinselbstständigkeit liegt meist dann vor, wenn Sie nur für einen Auftraggeber tätig und Sie diesem meist auch noch weisungsgebunden sind. Ein weiterer Anhaltspunkt ist, wenn der Auftraggeber Arbeitnehmer beschäftigt, die eine ähnliche Tätigkeit wie er als Selbstständiger ausüben, diese keinen eigenen Firmenauftritt haben oder direkt in der Bekleidung des Auftraggebers herumhüpfen. Wenn Sie zu Beginn Ihrer Selbstständigkeit nur einen Auftraggeber haben, machen Sie sich aber bitte keine Gedanken, das ist schließlich normal.

Aufgabenplanung – kann ich das überhaupt?

Im GoG-Alltag fallen eine ganze Menge Aufgaben an. Um Ihnen eine Hilfe bei der Koordination zu geben, habe ich dieses kleine Kapitel gebaut. Auch hierzu könnte ich ein ganzes Buch schreiben – vielleicht kriegen wir auf diese Weise einen ganzen Schrank voll? Aber wir verfahren mal nach dem Prinzip: Was ist hier für mich als GoG wichtig?

Wenn ich das Thema Personal anspreche, meine ich damit nicht nur klassische, angestellte Mitarbeiter, sondern auch Dienstleister, die für Sie tätig sind. Meine eigenen Erfahrungen, Erfahrungen von GoGs, wissenschaftlich erwiesene Fakten oder doch etwas anderes? Ich glaube, wir schmeißen alle Informationen in einen Mixer und drücken auf »Mach«. Nun, wir befinden uns im Kapitel »Aufgabenplanung«, also geht es wohl darum, erst einmal irgendwas zu planen. Und diese Planung läuft bei GoGs anders ab als in einem seit Jahren bestehenden Unternehmen. Wie gehen Sie also vor?

Sie erstellen zunächst eine Liste mit allen Tätigkeiten beziehungsweise Aufgaben, die in Ihrem Unternehmen anfallen oder anfallen werden. Die Liste kann lang werden, sehr lang, glauben Sie mir. Schnappen Sie sich jetzt einen Zettel und wir machen das zusammen. Oder schreiben Sie, wie sonst auch, direkt ins Buch. Die Liste müssen Sie sicher ein paar Tage führen, Sie werden sehr schnell merken, dass es eine ganze Menge Aufgaben gibt. In der Zwischenzeit dürfen Sie natürlich weiterlesen.

Schritt 1: Was gibt es alles zu tun?

Suchen Sie nach Aufgaben wie Büro aufräumen, Kundendaten pflegen, Website pflegen et cetera. Werden Sie kleinteilig, krempeln Sie die Ärmel hoch und ziehen Sie in den Kampf. Ergänzen Sie die Liste jeden Tag um neue Aufgaben, die Ihnen einfallen. Auch wenn es nachher zehn Blätter sind, dann ist das eben so. Anne und Bernd machen übrigens das Gleiche.

Schritt 2: Ein bisschen Ordnung

Wenn Sie das Gefühl haben, fertig zu sein, dann packen Sie die einzelnen Punkte im zweiten Schritt bitte in Kategorien – wie Marketing, Produktion oder Steuern. Das dürfen gerne auch ein paar mehr sein. So bekommen Sie ein bisschen Ordnung in die ganze Sache. Können Sie mir folgen? Am Ende haben Sie dann eine Liste mit verschiedenen Kategorien und wissen, was in welchem Bereich getan werden muss. Das ist die Grundlage Ihrer Planung.

Schritt 3: Was können Sie selber und was nicht?

Jetzt nehmen Sie sich die Liste und überlegen, welche dieser Aufgaben Sie selber erledigen können und für welche Sie Hilfe benötigen. Hinter die, die ich selber erledige, male ich bei mir ein Gesicht, schreibe ein »F« (für Felix) dran oder mache einen Haken dahinter – je nachdem, was mir gerade lieber ist. Für die Handy-affinen GoGs unter Ihnen: Es dürfen auch gerne Smileys beziehungsweise Emoticons sein. Hinter die anderen Aufgaben mache ich logischerweise ein anderes Zeichen. Jetzt ist die Liste um eine Information reicher, nämlich die, was Sie selbst tun können. Manchmal hilft das auch zu erkennen, was Sie alles selber können. Mir jedenfalls hilft das sehr.

Es bleiben noch Aufgaben über, die Sie nicht erledigen können. Da gibt es solche, die Sie zwar nicht können, aber eigentlich gerne können würden. Bei diesen überlegen Sie sich, welche Sie sich beibringen oder erlernen können. Natürlich müssen Sie auch die Kosten und den Zeitaufwand dafür berücksichtigen, aber ein paar Aufgaben sind bestimmt dabei.

Schritt 4: Was tun Sie gerne und was nicht?

Neben dem »Was kann ich selber?« finde ich die Frage »Was will ich selber tun?« wichtig. Das sind nämlich zwei unterschiedliche Aspekte. Sie können manche Dinge, aber das heißt nicht, dass Sie sie gerne tun. Hinter die Aufgaben, die Sie gerne tun, machen Sie ein Plus-, hinter die anderen ein Minuszeichen. Sie können auch einen Kreis für »neutral« wählen. Ich hoffe, Sie können mir bei der ganzen Malerei noch folgen.

Schritt 5: Planen

Nun sieht unsere Liste doch schon hilfreich aus. Wir wissen, was es zu tun gibt, was wir selber machen können, und auch, was wir gerne und nicht gerne tun. Für Ihre Planung suchen Sie sich jetzt die Dinge heraus, die Sie können und auch gerne tun – also die mit dem »F« (oder wie immer Sie heißen) und dem Pluszeichen. Die schreiben Sie in Ihr »Das-sind-meine-Aufgaben-Buch«. Ich finde es motivierend, manchmal seine eigene Planung zu betreiben, das wirkt praktisch. Natürlich gibt es auch das, was unbedingt von mir getan werden muss. Dann führt kein Weg dran vorbei, das auch zu tun.

Nun gibt es noch die Aufgaben, die Sie nicht können und die Sie auch nicht gerne tun möchten. Da ich eher Optimist als Pessimist bin, suche ich mir zunächst die ganz fiesen Brocken raus, solche, die ich eigentlich gar nicht machen oder erlernen will, und überlege mir als Nächstes, wer das für mich tun könnte. Blödes Beispiel: Ich kann keine Fenster putzen, mache es nicht gerne, möchte es auch nicht lernen und Bernd oder Anne wollen mir auch nicht helfen. Also muss das jemand anders übernehmen. Neben den Aufgaben, die Sie nicht können und die Sie nicht gerne tun, suchen Sie sich solche, die Sie zwar können, aber definitiv nicht gerne machen. Für das Thema Buchhaltung habe ich etwa eine Buchhalterin, ich kann das zwar, aber mir fehlt jegliche Motivation dazu. In meinem Fall würde ich das sicher nicht gut machen. So habe ich doch fast alle Aufgaben verteilt. Ja, es bleiben leider noch welche übrig, leider können Sie meist nicht alles, was Sie selber nicht gerne tun, an andere übertragen. Manchmal müssen Sie halt doch in den sauren Apfel beißen. Ich bin mir bewusst, dass das eine recht einfache Art ist, Planung zu betreiben. Aber irgendwo müssen Sie anfangen und diese Methode hat vielen GoGs, die ich beraten habe, weitergeholfen. Probieren Sie es mal aus.

Generell steht jetzt die zweite Frage im Raum. Nämlich die, ob Sie das, was Sie nicht selber übernehmen, an jemanden in Ihrem Unternehmen übertragen – also jemanden anstellen – oder jemanden extern damit beauftragen. Bei vielen Aufgaben gibt es bei GoGs die Wahl zwischen beiden Methoden: Buchhalter extern beauftragen oder jemanden anstellen, der eventuell auch noch bei der Büroorganisation hilft.

Das Ganze ist natürlich davon abhängig, wie lang Ihre Liste mit den Aufgaben geworden ist und wie Ihre finanzielle Situation aussieht. Ja richtig, wir können so viel planen, wie wir wollen, wenn kein Geld da ist, müssen Sie trotzdem alles selber machen. Am Anfang meines GoG-Seins mit den grandiosen Rücklagen musste ich die Buchhaltung selber machen, meine Steuererklärung erstellen und sogar die Website selber programmieren – und die Fenster putzen! Und Sie wissen ja, wie gerne ich mich um meine Fenster kümmere.

Überlegen Sie also genau, ob es möglich ist, Aufgaben zu übertragen. Wenn Sie mit Ja beantworten können, welche der beiden Wege in Ihrem Fall besser ist, rechnen Sie sich aus, welche Kosten anfallen und was die Vor- und Nachteile der beiden Alternativen sind. Ja, wieder eine Liste. Aber genau diese Listen führen dazu, dass Sie Planung und Struktur in Ihre Gründung bekommen.

Ich weiß, das Kapitel nähert sich einer kritischen Grenze, aber zu einer Sache möchte ich Ihnen noch etwas sagen. Sie werden eventuell in die Situation kommen, dass Sie über das Thema Ausbildungsstellen schaffen nachdenken. Ich kann Sie hier nur ermutigen, das offensiv zu tun. Nicht nur weil Sie die Möglichkeit haben, jemanden langfristig an Ihr Unternehmen zu binden, sondern vor allem auch jungen Menschen die Möglichkeit bieten, in ihrem Wunschberuf einzusteigen. Wenn ich manche Jobausschreibungen lese, bekomme ich den Eindruck, man sollte 22 Jahre alt sein, zehn Jahre Berufserfahrung als Führungskraft haben und am liebsten jeden Tag zwölf Stunden arbeiten wollen. Bauen Sie sich mit Auszubildenden besser selbst langfristige Mitarbeiter auf, die in einem frühen Stadium die Unternehmensentwicklung miterlebt haben.

Büroorganisation – Ordnung muss sein

In der Überschrift habe ich eigentlich den relevanten Begriff schon aufgegriffen: Ordnung. Manch einer findet seine Ordnung im Chaos. Ich gehöre definitiv nicht dazu. Ich verliere ansonsten den Überblick. Darum ist es wichtig, ein paar Sachen zu planen, und seien sie auch noch so banal. Fangen wir mit etwas Simplem an. Viele GoGs fragen mich, wie viele und welche Ordner Sie überhaupt anlegen sollen. Die Frage klingt einfach, aber irgendwann in naher Zukunft werden Sie merken, dass Sie das gleich zu Beginn auf die Reihe bringen sollten. Ich empfehle am Anfang immer, folgende Ordner anzulegen:

➤ Kundenordner am besten mit alphabetischem Register
➤ Ordner für Ausgangsrechnungen, also solche, die Sie Ihren Kunden schreiben
➤ Ordner für Eingangsrechnungen, also solche, die Sie erhalten, am

besten gleich im zeitlichen Turnus Ihrer Umsatzsteuerabgabe
➤ Ordner für Ihre Kontoauszüge
➤ Ordner für sämtliche Bürounterlagen wie Mitgliedschaften, Verträge oder Ähnliches

Das ist die absolute Minimalausstattung. Legen Sie sich auch gleich entsprechende Ablagefächer an, in die Sie eventuelle Dokumente zwischenlagern. Sprechen Sie mit Ihrer Buchhalterin oder dem Buchhalter darüber, wie Sie Rechnungen am besten aufbereiten sollen. Wenn Sie erst einmal ein passendes System entwickelt haben, hilft Ihnen das später definitiv weiter.

Wenn Sie ein wirkliches Büro, eine Praxis oder ein Geschäft eröffnen, kommen Sie nicht um das Thema Einrichtung herum. Natürlich können Sie sehr puristisch vorgehen, aber ich glaube, ein bisschen Leben in der Bude ist ganz nett. Mein erstes Büro habe ich mit einem 250-Euro-Gutschein einer schwedischen Möbelkette eingerichtet. Klar, das Büro war sicher keine Augenweide, aber mir hat es gefallen. Mein Großvater hat mir später eine Schreibtischlampe zum selben Preis geschenkt. Machen Sie sich bei Ihrer Einrichtung vor allem Gedanken zu zwei Dingen: Zur Effizienz und zur Kundenansprache. Was hilft Ihnen ein Designerstuhl, der nicht bequem ist? Und wenn Sie Kunden in Ihren Räumlichkeiten empfangen, dann sind diese Räumlichkeiten Teil Ihres Unternehmens und spiegeln Sie und das Unternehmen wider. Wie wichtig das ist, habe ich Ihnen innerhalb des Themas Selbstmarketing im ersten Kapitel erklärt. Das haben Sie sicher noch voll und ganz im Kopf. Deshalb ist manchmal der Rat eines Freundes oder der Familie sinnvoll, die einem auch sagen, dass ein roter Pinguin im Eingangsbereich vielleicht nicht unbedingt passend für ein Beratungsunternehmen ist. Ich spreche hier aus Erfahrung.

Neben der Einrichtung sollten Sie sich mit dem Thema Erreichbarkeit beschäftigen. Als GoG ist Erreichbarkeit wichtig, denn ohne Erreichbarkeit gibt es bekanntlich keine Geschäfte. Klar, wenn bei Ihnen niemand abhebt oder da ist, können Sie auch nichts verkaufen.

Setzen Sie sich selber Fristen, in denen Sie auf E-Mails reagieren. Gleiches gilt auch für verpasste Anrufe. So finden Sie Ordnung. Denken Sie darüber nach, Ihren Kunden Ihre Mobilrufnummer zu geben? Dann denken Sie bitte gut darüber nach. Am Anfang meines GoG-Seins habe ich eigentlich jedem meine Mobilnummer gegeben, damit ich auf jeden Fall erreichbar bin, und das führte dazu, dass ich nur noch mobil angerufen wurde – eventuell wäre ich nicht im Büro, dann könne man doch gleich mobil anrufen. Das führte zu Anrufen zu sehr suspekten Zeiten. Manche Menschen haben einfach ein anderes Zeitgefühl. Mein persönliches Highlight war ein Anruf am Heiligabend um 18 Uhr, natürlich war es äußerst dringend – der Braten meiner Mutter und das Zusammensein mit meiner Familie waren es in dem Fall aber auch. Also? Erreichbarkeit ist gut, aber Erreichbarkeit hat Grenzen und diese Grenzen setzen Sie und nicht Ihre Kunden. Seien Sie achtsam mit sich. Viel zu leicht gibt man das Ruder aus der Hand und lässt andere das Schiff steuern.

Special: Homeoffice

Ein Thema, das mir immer wieder begegnet, ist das Arbeiten im Homeoffice.

Leider denken viele GoGs, dass ein Homeoffice ein Zeichen dafür ist, dass sie sich kein richtiges Büro leisten können. Das ist natürlich Unsinn. Viele große Unternehmen sind auf der Couch oder eben in der berühmten Garage entstanden. Wussten Sie zum Beispiel, dass der Automobilhersteller Ford in einer Garage gegründet wurde? Selbiges gilt übrigens auch für Google und Apple. Also sollten Sie vielleicht jetzt Ihre Garage aufräumen. Wer hat am Anfang schon das Kapital für die 25. Etage im Glasschloss? Ein Homeoffice kann nämlich eine ganze Menge Vorteile mit sich bringen und in mancher Hinsicht ist es sogar sinnvoller als ein »Kein-Homeoffice«.

Ein Homeoffice macht zuallererst flexibel. Sie sparen eventuelle Wege zum Büro beziehungsweise Sie können auch im Schlafanzug die Weltherrschaft an sich reißen. Natürlich können Sie den Schlafanzug auch im Kein-Homeoffice tragen, aber eventuell ist das kontraproduktiv. Natürlich müssen Sie das Homeoffice auch zu einem Office machen. Die Verlockungen zu Hause sind sehr groß. Auf einmal wird Aufräumen oder Bügeln zu der wichtigsten Aufgabe des Tages, die unbedingt erledigt werden muss. Sie sollten versuchen, genauso strukturiert zu arbeiten wie im klassischen Büro, auch wenn das schwerfällt. Mein Problem ist etwa, dass ich zu Hause immer Hunger bekomme, mich alle zwei Stunden mit dem Thema Essen beschäftige und die Pausen sehr arbeitnehmerfreundlich auslege. Gut dass ich mein eigener Chef bin, sonst hätte mich wahrscheinlich jemand gefeuert. Aber das muss Ihnen nicht genauso gehen.

Beim Abwägen der Vor- und Nachteile geht es natürlich nicht nur darum, ob das Arbeiten im Homeoffice auch klappt, manchmal ist das Homeoffice aufgrund der familiären oder finanziellen Situation die einzige Möglichkeit, ein GoG zu werden. Nicht jeder hat das entsprechende Kapital, um Räumlichkeiten anzumieten. Davon müssen Sie sich aber sicher nicht unterkriegen lassen. Sie müssen natürlich Regeln finden, was zum Beispiel die Familie angeht. Kinder müssen versorgt oder andere Dinge im Haushalt erledigt werden. Da ist es oft schwer, sich auf die Arbeit zu konzentrieren, wenn ein kleiner Mensch gerne die Aufmerksamkeit von Mama oder Papa hätte.

Für mich war das Homeoffice nach einiger Zeit nicht mehr möglich, und das lag in erster Linie an den Kunden. Am Anfang habe ich Kundentermine meist beim Kunden vereinbart, was nicht nur mit Spritkosten und Anfahrtszeit verbunden war. Es reduziert auch den eigenen Wohlfühlfaktor – weil ich nicht in meiner gewohnten Wohlfühlwelt war. So habe ich zunehmend Termine bei mir zu Hause vereinbart und meine Wohnung quasi dafür umgebaut. Letztendlich ist es aber eine Wohnung geblieben und ab einer gewissen Anzahl Kunden wird das Umsetzen eines Homeoffices wirklich schwierig. Der Wohnort verschmilzt zunehmend mit der Arbeit. Manchmal ist es gut, Grenzen zu setzen. Mir fiel es zunehmend schwer, zu Hause abzuschalten, da die Arbeit an der nächsten Ecke lauerte – aber jeder geht anders mit einer solchen Situation um.

Was ich hilfreich finde, ist, sich eindeutige Ziele zu setzen. Gerne auch Ziele für jeden Tag. Was will ich heute erreichen beziehungsweise schaffen? Dann spielt es keine Rolle, ob ich diese Ziele zu Hause oder im Büro erreiche, und ich kann auch abschalten, wenn ich diese Ziele erreicht habe. Vor allem ist die Zielerreichung ein zusätzlicher Motivationsschub. Wenn Sie merken, dass Sie Ihre Ziele im Homeoffice oder vielleicht wegen des Homeoffices nicht erreichen, sollten Sie Ihre Arbeitsweise aber überdenken. Manchmal ist das eine Frage der eigenen Disziplin. Ich kenne viele GoGs, die sehr gut im Homeoffice arbeiten können und die gewonnene Zeit durch die Einsparung von Fahrzeiten effektiv nutzen. Was sind Sie für ein Typ?

Geschäftskonto – brauche ich das?

Das Thema Geschäftskonto spielt eigentlich bei jedem GoG eine Rolle. Auch wenn das Konto am Anfang oft nicht vor Kapital überquillt, wollen wir uns kurz damit beschäftigen. Als GoG – abhängig von der Rechtsform – ist es auch möglich, das private Konto für geschäftliche Zwecke zu nutzen. Ich kenne einige GoGs, die das auch tun, aber bei einigen hat das nach kurzer Zeit schon zum Chaos geführt. Schauen Sie sich die Buchungen auf Ihrem privaten Konto einmal an und Sie werden sicher schnell merken: Da ist doch so einiges los. Und wenn Sie sich jetzt vorstellen, dass noch einmal eine ordentliche Schippe obendrauf kommt, wird das schnell zu viel. Sie wollen eine verbindliche Aussage? Gerne. Eröffnen Sie für Ihr GoG-Sein ein Geschäftskonto. Die Vorteile liegen auf der Hand. Wenn Sie gegenüber dem Finanzamt bestimmte Buchungen ausweisen oder nachweisen müssen, dienen Ihre Kontoauszüge als Beleg.

Wenn Sie eine Kapitalgesellschaft – also etwa eine GmbH oder eine UG – gründen, ist ein Geschäftskonto sogar Pflicht. Die Kosten für ein Geschäftskonto halten sich in Grenzen. Klar, Sie wollen sparen, wo es nur geht, aber hier wäre sparen definitiv nicht sinnvoll. Als erste Anlaufstelle für ein Konto empfehle ich Ihnen Ihre Hausbank. Erstens, weil Sie den Ansprechpartner eventuell kennen, und zweitens, weil Sie möglicherweise nur ein Onlinebanking brauchen und Überweisungen zwischen geschäftlichem und privatem Konto einfacher werden. Eigentlich hat aber fast jede Bank ein Geschäftskontomodell im Sortiment. Die Kosten sind nicht gleich, wenn auch sehr ähnlich. Ich würde Ihnen eine Bank mit einer wirklichen Anlaufstelle und keine Onlinebank empfehlen. Einfach damit Sie eventuelle Bareinzahlungen, Scheckeinreichungen oder auch Gespräche mit Ihrem Berater vor Ort führen können.

Um das Konto bei der jeweiligen Bank Ihrer Wahl zu eröffnen, brauchen Sie natürlich bestimmte Unterlagen. Dazu gehören Ihr Personalausweis oder Reisepass, meist Ihre Gewerbeanmeldung oder die Gründungsurkunde, was zum Nachweis der Gründung genügt, und je nach Rechtsform die notwendige Stammeinlage. Wenn über das Konto mehrere Personen verfügen sollen, gibt es Banken, die gerne diese Personen bei der Kontoeröffnung vor Ort antreten lassen. Wenn das Hunderte sind, findet man sicher auch eine andere Lösung – sonst sieht es aus wie ein Banküberfall. Informieren Sie sich idealerweise telefonisch oder vor Ort über die benötigten Unterlagen. So haben Sie beim Eröffnungstermin alles vollständig zur Hand und der Weg zur Weltherrschaft geht schneller.

Versicherungen – auf Nummer sicher gehen

Manche Risiken sollten GoGs absichern, um das junge Unternehmen auf einen »sicheren« Boden zu stellen – wackelig wäre in der Tat ein wenig blöd.

Warum Sie gewisse Dinge absichern sollten? Nun, manche Ereignisse können schnell dazu führen, dass Sie mit Ihrem Vorhaben baden gehen. Dann lieber vorher eine Rettungsweste anziehen. Leider kann ich Ihnen nicht alle Versicherungen vorstellen, weil Sie heutzutage fast alles absichern können, aber die wichtigsten kommen in den nächsten Abschnitten.

Krankenversicherung

Zu Beginn Ihres GoG-Seins haben Sie in der Regel die Möglichkeit, zwischen der gesetzlichen und der privaten Krankenversicherung zu wählen, wenn Sie vorher in sozialversicherungspflichtiger Anstellung waren. Dass es eine private und eine gesetzliche Versicherung gibt, wissen Sie auch ohne mich. Was wirklich wichtig ist: Wenn Sie sich für den Weg in die private Krankenversicherung entscheiden, haben Sie keine Möglichkeit mehr, in die gesetzliche Versicherung als Selbstständiger zurückzukehren. Beide Möglichkeiten haben Vor- und Nachteile, die ich Ihnen einmal kompakt vorstelle:

Vorteile der gesetzlichen Krankenversicherung

➤ Die Beiträge sind oft niedriger als in der Privatversicherung.
➤ Sie können Kinder und Ehepartner günstig mitversichern.
➤ Es gibt eine Beitragsbemessungsgrenze. Das heißt Ihre Beiträge steigen ab einem gewissen Einkommen nicht mehr an.

Nachteile der gesetzlichen Krankenversicherung

➤ Sie werden als »Kassenpatient« zeitweise nicht so versorgt wie ein Privatpatient.
➤ Häufig müssen Sie für besondere Leistungen extra zahlen.

Natürlich gibt es noch weit mehr Vor- und Nachteile. Hier sollten Sie definitiv mit einem Makler sprechen. Noch ein letzter kleiner Hinweis: Sie müssen den Schritt in das GoG-Sein Ihrer Krankenversicherung bitte unbedingt melden.

Meine Empfehlung: Sprechen Sie mit einem Experten umfassend über das Thema und berücksichtigen Sie Ihre Zukunftsplanung und potenzielle Einnahmen während Ihres GoG-Seins.

Betriebshaftpflicht

Vielleicht kennen Sie die Haftpflichtversicherung aus dem privaten Bereich? Genau wie dort ist sie im betrieblichen Bereich einer der wichtigsten Absicherungen. Ich kenne wenige – eigentlich keine GoGs –, die ohne auskommen. Aber wofür ist diese Versicherung überhaupt gut?

Die Betriebshaftpflichtversicherung ist eine Absicherung gegen Schäden, die durch die betriebliche Arbeit entstehen können. Ein Beispiel: Im Meeting kippen Sie Ihrem Kunden einen Kaffee über den Laptop. Das kann schnell mehr als 1,50 Euro kosten. Wichtig ist dabei auch, dass Sie Schäden in den Räumlichkeiten des Kunden mit absichern können. Wirft ein Gebäudereiniger im Büro seines Kunden eine teure Vase um, deckt die Betriebshaftpflicht diesen Schaden ab. Ich weiß zwar nicht, wie viele teure Vasen es gibt, aber manche sollten Sie besser nicht kaputt machen. Und: Einzelunternehmer haften bekanntlich mit ihrem Privatvermögen. Von daher kann die Vase schnell sehr teuer werden, wenn es keine entsprechende Versicherung gibt.

Meine Empfehlung: Bitte abschließen.

Berufsunfähigkeitsversicherung

Die Berufsunfähigkeit ist etwas, über das Sie bestimmt nicht gerne nachdenken. Wer möchte sich schon damit auseinandersetzen, dass er eventuell irgendwann arbeitsunfähig ist? Wenn Sie sich absichern wollen, müssen Sie sich versichern. Stellen Sie sich vor, dass Ihnen etwas passiert und Sie Ihre Tätigkeit nicht mehr ausüben können – ich weiß, es gibt schönere Vorstellungen –, wer sorgt dann für ein geregeltes Einkommen, wer zahlt die Miete et cetera? Sie können mit der Versicherungsgesellschaft eine monatliche Summe ausmachen, die im Fall der Fälle auf Ihr Konto wandert, wenn Sie entsprechend versichert sind. Das hängt auch direkt mit dem zu zahlenden Beitrag zusammen, den Sie entrichten müssen. Diese Versicherung ist in der Regel teurer als etwa eine betriebliche Haftpflichtversicherung und deshalb verzichten viele GoGs darauf. Je nachdem, in welchem Bereich Sie sich selbstständig machen, ist das Risiko einer Berufsunfähigkeit natürlich unterschiedlich hoch. Auch wenn die Vorstellung traurig ist, kann ich als Berater auch im Rollstuhl weiterarbeiten, ein Handwerker kann das sicher nicht.

Meine Empfehlung: Lassen Sie sich beraten und denken Sie über die eventuellen Folgen für Ihre Tätigkeit umfassend nach.

Rentenversicherung

Als GoG sind Sie in der Regel nicht in der gesetzlichen Rentenversicherung pflichtversichert. Ausnahmen bilden Berufe wie Pflegekräfte oder Handwerker – eine Auflistung versicherungspflichtiger Selbstständiger finden Sie im Internet. Dabei hängt die Beitragshöhe vom Alter und Einkommen ab. Ansprüche an die gesetzliche Rentenversicherung, die Sie als früherer Arbeitnehmer erworben haben, bleiben natürlich erhalten – wäre ja sonst auch ziemlich blöd. Vielleicht denken Sie noch nicht an die Absicherung im Rentenalter, denn erst einmal haben Sie wichtigere Sachen im Kopf. Aber irgendwann wollen Sie vielleicht auch auf dem Schaukelstuhl auf der Veranda sitzen und mit Ihrem Partner ein bisschen über das Leben schmunzeln. Sie können sich auch als GoG privat rentenversichern. Mit dem Beitrag steuern Sie selbst, welche Auszahlung Sie im Alter gerne hätten – also ob die Veranda zu einer Villa oder einem Schuppen gehört. Natürlich könnte ich Ihnen empfehlen, alle Versicherungen abzuschließen, aber ich bin ganz ehrlich: Die ersten paar Jahre habe ich selbst auch keine Rentenversicherung gehabt, da ich jeden Cent in mein Unternehmen gesteckt habe beziehungsweise auch nicht das Kapital dafür hatte. Aber das muss natürlich jeder selbst entscheiden.

Meine Empfehlung: Heute zwar an morgen denken, trotzdem muss ich aber auch heute überleben können.

Inhaltsversicherung

Ähnlich wie die Hausratversicherung für Privatpersonen ist die Inhaltsversicherung eine Absicherung für Gegenstandswerte des Unternehmers. Sie können damit Schäden durch Einbruch, Sachbeschädigung oder verrückte Wetterkapriolen absichern. Hier habe ich leider eine sehr traurige Erfahrung gemacht. Eines Tages klingelte bei mir das Telefon und am anderen Ende der Leitung war ein Polizeikommissar, der mir mitteilte, dass jemand mein Büro aufgebrochen und alles verwüstet habe. Die Nachricht war natürlich ein Schock. Vor allem, da ich eigentlich keine wertvollen Gegenstände im Büro hatte. Da habe ich mich natürlich gefragt, was der Hintergrund der ganzen Geschichte ist. Gott sei Dank besaß ich eine Inhaltsversicherung und konnte so den Schaden zumindest materiell begrenzen. Jeglicher »Bürorat« kann hier abgesichert werden: Akten, Programme, Gegenstände, Einrichtung, Vorräte et cetera.

Wenn Sie kein Büro und keinen Laden haben, brauchen Sie möglicherweise keine Inhaltsversicherung, da Ihr Laptop gegebenenfalls über die Hausratversicherung mitversichert ist. Sprechen Sie auf jeden Fall mit einem Experten darüber.

Meine Empfehlung: Für Büro und Praxisinhaber mit wertvollem Inventar empfehlenswert.

Rechtsschutzversicherung

Was eine Rechtsschutzversicherung ist, muss ich Ihnen nicht erklären. Leider gibt es immer wieder Fälle, in denen sich Dinge nicht zwischenmenschlich erledigen lassen und Sie ein Gericht oder zumindest Anwälte zur Klärung brauchen. Dann ist es sinnvoll, mit einer Rechtsschutzversicherung abgesichert zu sein. Gerichts-, Prozess- und Anwaltskosten können schnell einen großen Rahmen sprengen. Ein Beispiel: Einer Ihrer Mitarbeiter möchte gegen Ihre Kündigung vorgehen und zieht Sie vor Gericht oder Sie haben Schwierigkeiten mit dem Finanzamt, was die Festsetzung der Gewerbesteuer angeht. Es gibt viele Fälle, die eintreten können, und daher gibt es auch spezielle Rechtsschutzversicherungen. Sie können sich ähnlich einem Baukasten die Dinge zusammenstellen, die bei Ihnen wirklich ein Risiko darstellen.

Meine Empfehlung: Denken Sie vorher darüber nach, was passieren kann, und schließen Sie dann eventuell gezielt ab.

Mir ist bewusst, dass das nur ein kleiner Auszug ist. Jeder GoG sollte zu Beginn seiner Selbstständigkeit den Rat eines unabhängigen Versicherungsexperten heranziehen – am besten von mehreren. Lieber zu Beginn ein bisschen Energie in diese Richtung lenken, als später böse überrascht zu werden, oder?

Steuern – kaum eingenommen, schon wieder weg

»Nur zwei Dinge auf Erden sind uns ganz sicher: der Tod und die Steuer«, meinte Benjamin Franklin. Um die Steuer kümmern wir uns hier – wir wollen uns ja nicht mit dem Tod beschäftigen. Mir ist klar, dass Sie jetzt staubtrockene Fakten erwarten, aber dem wird nicht so sein. Versprochen.

Wenn Sie an das Thema Steuern denken, was passiert dann mit Ihnen? Bekommen Sie eine Gänsehaut wie bei einem gruseligen Horrorfilm oder lässt Sie das Thema völlig kalt? Die meisten GoGs bekommen wohl eher eine Gänsehaut. Sie stehen vor einem Berg an Informationen und sind schnell überfordert, was davon für Sie wichtig ist und was nicht. Welche Steuern sind für Sie überhaupt erheblich? Manchmal habe ich das Gefühl, es gibt mehr Steuer- als Vogelarten.

Der nette Autor hat sich auf den Weg gemacht und die relevantesten Steuern für GoGs zusammengetragen – die Umsatz-, die Einkommen-, die Gewerbe-, die Kapitalertrag- und die Körperschaftsteuer. Darum nehmen wir uns die der Reihe nach vor.

Umsatzsteuer

Die Umsatzsteuer werden Sie wahrscheinlich auch ohne mich kennen – außer natürlich, Sie haben noch nie etwas gekauft, aber das wäre sicher ungewöhnlich. Die Umsatzsteuer finden Sie auf den meisten Rechnungen. Zurzeit beträgt diese in Deutschland 19 Prozent für die meisten Produkte und Dienstleistungen. Was wichtig ist: Es gibt auch Leistungen, auf die »nur« 7 Prozent Umsatzsteuer entfällt, wie die meisten Lebensmittel, Bücher oder Kunstgegenstände. Und sogar solche, auf die gar keine Umsatzsteuer entfällt, wie Briefmarken. Also merken: 0, 7, 19. *PS: Lustig ist zum Beispiel, dass auf Trüffel nur 7 Prozent Umsatzsteuer erhoben wird – sonst könnte sich die natürlich niemand leisten. Hingegen sind es bei Apfelsaft 19 Prozent – verrückte Welt.*

Auf Produkte oder Dienstleistungen, die Sie verkaufen, müssen Sie Umsatzsteuer ausweisen. Das heißt, wenn Anne ein T-Shirt für 50,00 Euro verkaufen will, muss Sie 9,50 Euro Umsatzsteuer aufschlagen und so 59,50 Euro verlangen. Sie bezahlen bei eigenen Einkäufen ebenfalls Umsatzsteuer, hier spricht man von Vorsteuer – zum Beispiel, wenn Anne Dekoration für den Laden anschafft. Umsatzsteuer und Vorsteuer werden miteinander verrechnet und es wird für einen bestimmten Zeitraum ein Strich daruntergezogen. Wenn Anne also in einem Monat 100 Euro Umsatzsteuer in Ihren Rechnungen ausgewiesen hat und selber 50 Euro Vorsteuer gezahlt hat, muss sie dem Finanzamt 50 Euro überweisen. Sobald sie aber mehr Ausgaben an Vorsteuer als an Umsatzsteuer auf eigenen Rechnungen hat, wird der entsprechende Betrag vom Finanzamt zurückgezahlt.

Lesen Sie dazu unbedingt auch das Special »Kleinunternehmerregelung«.

Einkommensteuer

Für Einkommen zahlen Sie Steuern – das ist bei GoGs nicht anders, wäre zwar toll, aber ist leider nicht der Fall. Der Einkommensteuersatz richtet sich nach der Höhe Ihres Gewinns. Im ersten Jahr geben Sie für das Finanzamt den erwarteten Gewinn an. Diese Einschätzung teilen Sie dem Finanzamt gleich zu Beginn Ihrer Gründung auf dem Fragebogen zur steuerlichen Erfassung mit. Mit der Steuererklärung am Ende des Jahres oder eher am Anfang des nächsten Jahres wird dann schnell klar, wie viel Gewinn Sie wirklich gemacht haben, und damit dann auch, was Sie an Einkommensteuer nachzahlen beziehungsweise zurückerstattet bekommen. Außerdem wird auf den eigentlichen Steuersatz noch der Solidaritätszuschlag in Höhe von fünf Prozent des Steuerbetrags aufgeschlagen. Darauf sollten Sie sich als GoG gut vorbereiten.

Gerade das erste Jahr kann viele Tücken mit sich bringen. Warum? Wenn Sie etwa ein überaus gutes erstes Jahr haben, kann es sein, dass Sie nach Abgabe der Einkommensteuererklärung eine Menge nachzahlen müssen. Ich vergleiche die Einkommensteuer immer mit der Zahlung der monatlichen Stromabschläge, die Sie vielleicht von Ihrer Wohnung oder Ihrem Haus kennen. Vorher wird ein ungefährer Verbrauch kalkuliert und am Ende zum Zeitpunkt der Ablesung wird abgerechnet. Dann erfahren Sie, ob Sie nachzahlen müssen oder eventuell etwas zurückbekommen. Zurückbekommen ist schöner, aber danach sollten Sie Ihr Unternehmerdasein nicht ausrichten. Sie sollten aber auf jeden Fall vorher so gut es geht planen, was Sie am Ende erwartet.

»Na gut, aber wie viel Einkommensteuer muss ich denn jetzt überhaupt bezahlen?« Wie gesagt, die Einkommensteuer richtet sich nach Ihrem Gewinn, den Sie hoffentlich gemacht haben. Auch hier gibt es einen Freibetrag, der tendenziell immer ansteigt, da auch die Kosten zum Leben ansteigen. Bis zu diesem Freibetrag müssen Sie keine Einkommensteuer zahlen. Wichtig ist, ob Sie alleine oder eventuell gemeinsam mit einem Partner veranlagt werden. Wichtig, weil Sie dann den doppelten Freibetrag haben. Sie müssen ja schließlich auch zwei oder noch mehr Personen ernähren.

Je mehr Gewinn Sie machen, desto mehr Steuer zahlen Sie also. Ihre Steuerabgabe steigt also prozentual. Der Spitzensatz liegt bei 45 Prozent – dann ist Sense. Sollten Sie also fünf Millionen Euro Gewinn machen, gehen 2,25 Millionen an Einkommensteuer Richtung Finanzamt. Schon happig, oder? Andererseits bleiben ja noch ein paar Millionen für Sie.

Gewerbesteuer

Unternehmen aus Handel, Dienstleistung und Handwerk müssen Gewerbesteuer zahlen, weil sie ein Gewerbe haben. Heißt also auch:

Wenn Sie Freiberufler sind, müssen Sie keine Gewerbesteuer zahlen, weil Sie kein Gewerbe betreiben – auch wenn Sie Dienstleistungen erbringen. Also müssen sowohl Kapitalgesellschaften als auch andere Gewerbetreibende Gewerbesteuer bezahlen.

Die Gewerbesteuer ist eine Gemeindesteuer und wandert an die Gemeinde, in der Sie wohnen – wohlgemerkt auch eine der Haupteinnahmequellen. Somit ist auch klar, dass der Steuersatz/Hebesatz je nach Gemeinde unterschiedlich ist.

Es gibt eine Freigrenze, die bei einem Gewinn von 24.500 Euro liegt. Diese gilt nur für Einzelunternehmen und Personengesellschaften. Wenn also Ihr Gewinn unter dieser Grenze liegt und Sie zu der genannten Gruppe gehören, müssen Sie keine Gewerbesteuer für das jeweilige Jahr zahlen.

Aber wie berechnen Sie jetzt diese seltsame Gewerbesteuer? Nun, auch das ist nicht so schwierig. Von Ihrem Gewerbe-Gewinn wird eventuell der Freibetrag abgezogen. Die dann entstandene Differenz wird mit der sogenannten Gewerbesteuermesszahl 3,5 und dem Hebesatz der jeweiligen Gemeinde multipliziert. Klingt kompliziert? Sie bekommen ein Beispiel:

Anne hat als Einzelunternehmerin einen Gewerbe-Gewinn von 50.000 Euro im vergangenen Jahr gemacht. 50.000 Euro reduziert um 24.500 Euro Freibetrag ergibt nach Adam Riese 25.500 Euro. Das mit 3,5 Prozent und einem beispielhaften Hebesatz von 450 Prozent multipliziert hat als Ergebnis eine festzusetzende Gewerbesteuer von 4.016,25 Euro. Ja, es gibt in der Berechnung noch ein paar Besonderheiten, aber das drückt die eigentliche Kalkulation schon gut aus.

Die Gewerbesteuererklärung geben Sie mit den anderen Steuererklärungen wie der Einkommensteuererklärung beim zuständigen

Finanzamt ab. Den Hebesatz Ihrer Gemeinde erfragen Sie beim Gewerbeamt.

Körperschaftsteuer

Die Körperschaftsteuer ist natürlich keine Steuer für den Körper, sondern vielmehr die Einkommensteuer für Kapitalgesellschaften wie GmbHs, UGs und so weiter. Jetzt mögen Sie vielleicht denken: Super, Einkommensteuer gespart! Dem ist aber leider nicht so. Einkommensteuer müssen Sie etwa bei der Ausschüttung der Gewinne an sich trotzdem zahlen. Die Gewinne, die Sie machen, sofern Sie eben eine Kapitalgesellschaft sind, werden wie bereits gesagt mit der Körperschaftsteuer besteuert. Ihr Unternehmen ist also der Körper und wenn der zu dick wird, will das Finanzamt ein Stück abschneiden.

Die Körperschaftsteuer beträgt derzeit 15 Prozent. Das heißt, wenn Bernds UG im letzten Jahr einen Gewinn von 50.000 Euro gemacht hat, dann muss er darauf 7.500 Euro Körperschaftsteuer zahlen. Und auch hier kommen noch einmal fünf Prozent Solidaritätszuschlag zum eigentlichen Steuerbetrag dazu.

Wenn Sie eine Personengesellschaft gründen, müssen Sie sich mit dem Thema nicht auseinandersetzen.

Abgeltungssteuer

Eine Steuer noch, dann sind wir durch. Auf Einnahmen wie Fonds, Aktien oder Sparbücher müssen Sie Abgeltungssteuer zahlen. Sie müssen also Ihre zusätzlichen Einnahmen versteuern. Ihre Bank behält die Steuer gleich ein und führt diese an das Finanzamt ab. Auch hier gibt es einen Freibetrag. Wenn Sie diesen nutzen wollen, müssen Sie einen »Freistellungsauftrag« stellen.

Warum das für GoGs überhaupt eine Rolle spielt? Nun, im ersten Jahr zahlen Sie oft noch keine Einkommensteuer voraus und müssen diese erst im folgenden Jahr nachzahlen. Das Geld können Sie etwa auf einem Sparbuch parken und auf die Zinsen zahlen Sie eben genau diese Abgeltungssteuer. Natürlich können Sie das Geld auch ausgeben oder ins Ausland flüchten, aber das ist meistens die falsche Taktik.

Special: Kleinunternehmerregelung

Ich hatte ja versprochen, noch einmal etwas zum Thema Kleinunternehmerregelung zu sagen, darum mache ich dazu ein kleines Special.

Viele GoGs stoßen bei ihrer Planung auf diese Regelung, die die Möglichkeit bietet, von der Umsatzsteuer befreit zu werden. Das Ganze hat aber nicht nur Vorteile im Sinne von »Hey GoG, für dich gilt die Umsatzsteuer nicht«. Aber erst mal zu den Voraussetzungen:

Voraussetzung, um die Regelung überhaupt in Anspruch nehmen zu können, ist, dass der Umsatz im laufenden Jahr 17.500 Euro und im folgenden Kalenderjahr 50.000 Euro nicht übersteigt – wohlgemerkt der Umsatz. Sie wissen ja, das ist nicht das Gleiche wie der Gewinn. Wenn Sie diese Voraussetzung erfüllen, können Sie sich für die sogenannte Kleinunternehmerregelung entscheiden. Die Betonung liegt in diesem Fall auf »können«. Auf Ihren Rechnungen steht dann keine Umsatzsteuer. Sie können dann selbstverständlich auf der anderen Seite auch nicht die Vorsteuer geltend machen. Natürlich können Sie nicht hellsehen, wie viel Umsatz Sie machen werden. Deshalb geht es erst einmal um Ihren planerischen Wert. Generell sollten Vor- und Nachteile abgewogen werden.

Zunächst ist der größte Vorteil natürlich der, dass Sie sich mit dem ganzen Thema Umsatzsteuer überhaupt nicht herumschlagen müssen. Das ist vor allem für ganz kleine Gründungen oder solche im Nebenerwerb interessant. Darum heißt das Ding auch Kleinunternehmerregelung, weil es für »kleine« Unternehmen ist. Sie müssen keine

Umsatzsteuervoranmeldungen abgeben. Somit haben Sie eventuell nur einmal im Jahr – nämlich bei der Abgabe der Steuererklärung – Kontakt mit dem Finanzamt. Ein zweiter Vorteil liegt vielleicht bei Ihren Kunden. Wenn Sie größtenteils an Privatkunden verkaufen, brauchen diese keine Umsatzsteuer zu zahlen, die sie auch nicht geltend machen könnten. So haben Sie eventuell einen Vorteil gegenüber Konkurrenten, die Umsatzsteuer auf ihren Rechnungen ausweisen und so mehr vom Kunden verlangen müssen. Ich hoffe, Sie können mir folgen.

Sie müssen auf Rechnungen übrigens angeben, dass Sie die Kleinunternehmerregelung in Anspruch nehmen, damit es für Ihre Kunden auch ersichtlich ist. Der Kunde weiß also, dass Sie die Grenzen der Kleinunternehmerregelung nicht überschreiten, also im Endeffekt, dass Sie eher klein als groß sind. Mancher Kunde wird sich dieses Wissen eventuell zunutze machen und ausnutzen. Das ist sicher einer der Nachteile. Wenn Sie hohe Anfangsinvestitionen tätigen müssen, können Sie die anfallende Vorsteuer ebenfalls nicht geltend machen – das wäre dann Nachteil Nummer zwei.

Sie entscheiden, ob Sie die Regelung in Anspruch nehmen oder nicht.

Mein Tipp:

Berechnen Sie zunächst Ihren möglichen und vor allem auch den für Sie notwendigen Umsatz, um zu ermitteln, ob Sie die Umsatzgrenzen überhaupt unterschreiten könnten. Dann werfen Sie einen Blick auf Ihre Zielgruppe. Wenn Sie überwiegend für Privatkunden arbeiten oder wirklich nur eine ganz kleine Gründung planen, kann die Kleinunternehmerregelung für Sie infrage kommen.

Der Jahresabschluss – Gefahr in Verzug

Nachdem wir jetzt Steuerexperten sind und bald unsere eigene Kanzlei aufmachen, sollten wir einen Blick auf das Thema Jahresabschluss werfen. Ich weiß, die Themen sind ein wenig trocken.

Je nachdem, für welche Rechtsform Sie sich entscheiden, müssen Sie den jeweils passenden Jahresabschluss erstellen. Kapitalgesellschaften müssen eine Bilanz und eine Gewinn- und Verlustrechnung erstellen und Personengesellschaften haben die Möglichkeit, eine Einnahmenüberschussrechnung (EÜR) als Abschluss des Geschäftsjahres vorzulegen. Freiberufler sind von der Bilanzierungspflicht komplett ausgeschlossen.

Die meisten Einzelunternehmer, GbRs und Freiberufler entscheiden sich dafür, eine EÜR zu erstellen, und die ist auch gar nicht so kompliziert. Im Endeffekt brauchen Sie dafür nur ein Blatt Papier, auf die linke Seite schreiben Sie »Einnahmen« und auf die Rechte »Ausgaben«. Nachdem das Jahr vorbei ist, schreiben Sie alle Einnahmen und Ausgaben auf das Blatt und ziehen einen Strich darunter. Wenn ein positiver Betrag herauskommt, haben Sie Gewinn gemacht, und wenn der Betrag negativ ist, dann eben Verlust. Nun gut, eventuell kommen Sie mit einem Blatt nicht aus, sondern brauchen einen ganzen Block. Aber um eine Vorstellung davon zu bekommen, finde ich das hilfreich. Auf den Gewinn werden anschließend die Einkommens- und eventuell die Gewerbesteuer berechnet.

GmbHs und andere Kapitalgesellschaften erstellen eine Bilanz, die auch veröffentlicht wird – das passiert mit den EÜRs übrigens nicht. Die Bilanz ist eine Gegenüberstellung von Aktiva und Passiva. »Oh Gott, was ist das denn schon wieder? Ich mache mich doch nicht mehr selbstständig, viel zu viele verrückte Begriffe!« Keine Sorge, auch das ist weniger kompliziert, als Sie denken. Und wenn doch, dann gibt es den hoffentlich versierten Steuerberater. Am Anfang der Gründung müssen Sie eine sogenannte Eröffnungsbilanz erstellen, dann jährlich eine Jahresbilanz und wenn die GmbH vielleicht irgendwann abgemeldet wird, eine Abschlussbilanz.

Aber noch mal kurz zu Aktiva und Passiva. Aktiva stehen links und Passiva rechts. Einfach zu merken: A kommt vor P im Alphabet. Auf der Aktivseite steht das Vermögen. Hier unterscheidet man Anlage- und Umlaufvermögen. Also Anlagen, Maschinen und Grundstücke und Vermögen, das rumlaufen kann, also Vorräte und Wertpapiere. Maschinen sind ja meistens ein bisschen zu schwer zum Herumlaufen. Auf der Passivseite stehen Kapital, Rückstellungen und Verbindlichkeiten.

Entschuldigen Sie bitte, wenn ich dieses Thema etwas ironisch betrachte. Aber: Wenn Sie kein Experte im Thema Steuern sind, lassen Sie die Bilanz bitte vom Steuerberater machen.

Buchhaltung – alles in Ordnung halten

Nachdem wir uns bereits mit dem Thema Steuern beschäftigt haben, bleibt die Frage, ob GoGs einen Buchhalter und/oder einen Steuerberater brauchen. Wie auch immer: Versuchen Sie diese Themen zumindest ein bisschen zu verstehen. Es ist letztendlich Ihr Unternehmen. Ob Sie sich Unterstützung ins Boot holen, hängt von verschiedenen Faktoren ab. Zunächst stellt sich natürlich die Frage, wie gut Sie sich mit den Themen Steuern und Buchhaltung auskennen. Daneben spielt aber auch der Zeitfaktor eine große Rolle. Sie müssen das Ganze nicht nur können, sondern im Idealfall auch die Zeit dafür haben. Ein Steuerberater oder eine Buchhalterin könnte Ihnen viel Arbeit abnehmen. Dazu gehören die monatlichen Umsatzsteuermeldungen, die Lohnbuchhaltung Ihrer Mitarbeiter, die Erstellung des Jahresabschlusses und natürlich auch Ihre private Steuererklärung.

GoGs stellen mir immer wieder die Frage, ob Sie die Buchhaltung und den Jahresabschluss selber machen sollen. Ich rate dann immer:

Wägen Sie selber ab, wie lange Sie dafür brauchen und ob Sie das auch mit einer entsprechenden Qualität leisten können. Nur wenn sich der Zeitaufwand in Grenzen hält und Sie entsprechende Qualität gewährleisten können, sollten Sie das Thema selber übernehmen. Ich hoffe, das hilft Ihnen als Entscheidungsgrundlage.

So, da wir das geklärt haben, kommen wir nun zu der Frage, wie Sie den richtigen Steuerberater für sich finden. Ganz einfach: Wie bei der Wahl eines neuen Zahnarztes die Freunde nach Erfahrungen oder Tipps gefragt werden, können Ihnen andere GoGs sicher auch einen guten Steuerberater empfehlen.

Was mit oder ohne Unterstützung wichtig ist: Sammeln Sie alle Belege wirklich sorgsam und entwickeln Sie ein Prinzip, das Ihre Organisation unterstützt. So behalten Sie den Überblick.

Rechnungsstellung – schwups, schwups, alles drauf

Wenigstens kurz möchte ich mich diesem Thema widmen, da ich immer wieder feststelle, dass viele Rechnungen, die mich erreichen, nicht vollständig sind. Wir leben nun mal in einem Staat, in dem Recht und Ordnung in der Rangliste der Wichtigkeiten ziemlich weit oben stehen. Dabei ist es wirklich nicht schwer, die entsprechenden Informationen in eine Rechnung zu packen. Damit wir es hier schön griffig haben, für Sie die Liste der Angaben, die unbedingt in Ihren Rechnungen auftauchen müssen:

➤ Name und Anschrift Ihres Unternehmens
➤ Name und Anschrift des Empfängers
➤ Das Rechnungsdatum
➤ Ihre Steuernummer oder Umsatzsteueridentifikationsnummer
➤ Die fortlaufende Rechnungsnummer
➤ Ihre Leistung – also was Sie für den Kunden gemacht haben

➤ Das Leistungsdatum – also wann die Leistung erbracht wurde
➤ Die Angaben zur Umsatzsteuer – Umsatzsteuersatz und Betrag

Klingt erst mal viel, ist es aber eigentlich gar nicht. Erstellen Sie sich eine Vorlage, dann vergessen Sie auch nichts. Viele Unternehmen schicken Ihnen bei fehlenden Angaben die Rechnung nämlich zurück und dann müssen Sie länger auf die Begleichung warten. Und das wollen wir doch am besten verhindern.

Kapitel IV: Markt, Zielgruppe und Wettbewerb – was müssen Sie kennen wie Ihre Westentasche?

Kurz eingeworfen, bevor ich anfange: Das mit der Westentasche aus der Kapitelüberschrift musste ich selber nachschlagen. Ich trage nur selten Westen und Taschen haben Westen, soweit ich weiß, auch nicht. Es geht jedoch darum zu wissen, was in dieser Westentasche ist und was Sie kennen sollten: Das stelle ich Ihnen hier vor.

Ich will Ihnen von einer Erfahrung aus meiner Kindheit berichten, die als Einstieg sehr hilfreich ist – hoffentlich: Ich dachte, ich hätte den perfekten Plan. Ein heißer Sommertag, was braucht man da mehr als eiskalte, frische und selbst gemachte Limonade? In meiner jugendlichen Unbeschwertheit war die Antwort natürlich klar: Nichts ist besser als eiskalte Limonade. Auch die Schlussfolgerung war klar: Ich werde reich.

Um schon mal vorwegzugreifen: Wurde ich reich? Nicht wirklich. Aber woran lag das? Nun, ganz einfach: Ich habe die Marktanalyse vernachlässigt. Na ja, was heißt »vernachlässigt«? Ich habe keine gemacht. Natürlich ist das als Kind auch nicht einfach, aber ein paar Informationen hätten mir sicher weitergeholfen. Um ehrlich zu sein, hätte ich auch nicht gewusst, was es bedeutet, wenn jemand gesagt hätte: »Lieber Felix, warum hast du denn keine Marktanalyse gemacht? Heute gibt es leider dann auch kein Abendbrot für dich.« Damals waren Begriffe wie »Dreiradfahren« und »Bolzplatz« eher in meinem Kopf als Branchen- und Wettbewerbsstrukturanalysen.

Das Ende vom Lied: Ich habe leidlich fünf Gläser verkauft und drei davon an die Verwandtschaft und ich glaube, die haben die Limonade nicht mal getrunken. Stattdessen wurde der Junge zwei Straßen weiter reich – reich natürlich im kindlichen Maßstab. Damals waren ja schon 20 Mark viel Geld. Der andere Junge hat ebenfalls Limonade verkauft und sich genau vor dem Fußballplatz positioniert, während ich vor unserem Haus auf Kundschaft wartete. Zusätzlich hat er Flyer im Stadion verteilt und da er zusammen mit seinen Bruder viel mehr Limonade produzieren konnte als ich, war sein Preis natürlich auch dementsprechend geringer. Wirklich clever. Touché.

Mit meinem heutigen Halbwissen würde mir das natürlich (oder hoffentlich) kein zweites Mal passieren. Aber ich denke, dass Sie anhand meiner kleinen Geschichte verstehen, wie wichtig es ist, den Markt, die Zielgruppe und die Konkurrenz zu kennen. Natürlich ist das ein kleines Beispiel, aber ich mache immer wieder die Erfahrung, dass viele GoGs diese Informationen einfach nicht haben. In meinem Fall hätte ich auch herausfinden können, dass es bereits Konkurrenz gibt, wo sich die Zielgruppe befindet und ob der Markt überhaupt meine Limonade braucht.

Ausreichende Marktinformationen können entscheidend für den unternehmerischen Erfolg sein – Scheuklappen sind hier wenig Erfolg versprechend. Von folgenden drei Aspekten sollten Sie sich ein sehr genaues Bild machen:

➤ Ihrem Markt
➤ Ihrer Zielgruppe
➤ Ihrer Konkurrenz

Alle drei Bereiche schauen wir uns genauer an, das ist wahrscheinlich wenig verwunderlich. Sie können natürlich auch auf Risiko gehen, keine Informationen sammeln und einfach spekulieren. Aber wie sagt man so schön: Wette beim Golf niemals mit einem unbekannten, braun gebrannten Spieler am ersten Loch – das Risiko ist einfach zu groß, dass der ziemlich gut Golf spielen kann. Wenn Sie nicht wissen, was Sie erwartet, sollten Sie sich das Spiel im wahrsten Sinne des Wortes erst einmal von außen ansehen.

Der Markt – gibt es den überhaupt?

Was ist überhaupt dieser Markt? Wie sieht der aus? Gibt es Entwicklungen und Trends, die eine Rolle spielen? Welche Größe hat er und woher kriege ich die ganzen Informationen? Gehen wir der Reihe nach vor. Ist ein Markt für Ihr Produkt oder Ihre Dienstleistung vorhanden? Eine schwierige Frage. Wie können Sie das herausfinden? Nun, eine potenzielle Käufergruppe muss ein Bedürfnis nach Ihrem Produkt haben und diese Käufergruppe hat im Idealfall ein paar Euro in der Geldbörse, um sich das Produkt auch kaufen zu können. Um es ein bisschen griffiger zu machen:

Das Beispiel des Limonadenstandes zeigt: Ja, es gab einen Markt. Es war heiß und die Menschen brauchten kühle Getränke. Ebenso waren sie – wie Sie am Erfolg der Konkurrenz ablesen können – bereit, dafür Geld auszugeben. Generell war also Bedarf vorhanden. Das mit dem »Geld ausgeben« ist manchmal so eine Sache. Manchmal wollen Sie ein bestimmtes Produkt, aber kaufen es nicht, weil Sie nicht genug Geld zum Ausgeben haben. Außer Sie sind natürlich ziemlich reich und könnten sich eigentlich alles kaufen.

Sie sollten also zunächst herausfinden, ob ein Bedürfnis nach Ihrem Produkt besteht. Wie Sie das machen können? Mit Gesprächen. Reden Sie mit so vielen Menschen darüber, wie Ihnen möglich ist. Ja, ich weiß, dass Sie Ihre Idee vielleicht nicht verraten wollen, aber glauben Sie mir: Ich kenne mehr GoGs, die daran scheiterten, weil sie vorher mit niemanden darüber geredet haben, als solche, deren Idee nachher von anderen geklaut wurde. Neben den angesprochenen Gesprächen sollten Sie mit offenen Augen durch die Straßen und das Internet schlendern beziehungsweise surfen. Auch hier können Sie ein Gefühl dafür bekommen, ob ein Bedürfnis nach Ihrem Produkt bestehen könnte. Sofern Sie auf ein etabliertes Produkt setzen, können Sie auch jede Menge Statistiken heranziehen. Als letztes Hilfsmittel finde ich Google Trends sehr hilfreich. Dieses kleine Online-Tool hilft Ihnen herauszufinden, ob bestimmte Begriffe zunehmend häufiger gesucht werden und sich hier vielleicht gerade ein Markt entwickelt. Probieren Sie das mal aus.

Kurz eingeworfen: Ob Kaufkraft besteht, hängt natürlich von einer Vielzahl von Faktoren ab. Dazu gehören die wirtschaftliche Entwicklung, die Arbeitslosenquote, aber vor allem auch Ihr Marketing. Ja, das Marketing beeinflusst die Kaufkraft immens – zumindest die für Ihr Produkt. Stellen Sie sich Folgendes vor: Ihnen steht eine gewisse Kaufkraft zur Verfügung, wir nennen es mal Euro im Portemonnaie. Wenn Sie nun das Bedürfnis nach bestimmten Produkten und Dienstleistungen befriedigen wollen, so bedienen Sie doch zunächst die Bedürfnisse, die für Sie elementar sind – etwa das Bedürfnis nach einem Dach über dem Kopf und dem nach ausreichend Nahrung. Wenn wir jetzt davon ausgehen, dass ein paar Euro übrig bleiben, welchen Bedürfnissen widmen Sie sich dann als Nächstes? Richtig, wahrscheinlich solchen, die in Ihrer eigenen Rangliste auf den nächsten Positionen folgen. Und genau das sollte Ihr Ziel sein: Sie müssen versuchen, aufgrund eingeschränkter Kaufkraft in dieser internen Rangliste Ihrer Konsumenten weiter nach oben zu klettern, damit diese dann die verbliebenen Euro für Ihr Produkt und nicht für ein anderes ausgeben. Aber jetzt genug davon, das gehört eigentlich auch schon ins Kapitel V: »Marketing«.

Wenn Sie die Frage nach dem Bedürfnis für Ihre Geschäftsidee nach dieser ersten Recherche positiv beantworten können und auch eine gewisse Kaufkraft für solche oder ähnliche Produkte besteht, dann können Sie Ihren Markt definieren. Beschreiben Sie ihn zunächst allgemein mit eigenen Worten. Meiner war der Markt für Kaltgetränke.

Sie können Ihren Markt eng, aber auch breit fassen. Ich habe meinen Markt bewusst breit gefasst, statt ihn »Markt für Zitronenlimonade im stationären Einzelhandel – durchgeführt durch Minderjährige mit Schielbrille« zu nennen. Dadurch habe ich mir die Möglichkeiten offengelassen, dass ich später auch andere Kaltgetränke anbiete. Eine Cola hätte ich vielleicht nicht hinbekommen, aber vielleicht einen Pfirsich-Eistee. Diese strategische Entscheidung hat immensen Einfluss auf die weitere Entwicklung Ihres Unternehmens und sollte gut gewählt werden – nicht nur bezogen auf generelle Marktinformationen natürlich. Wie sieht Ihr Markt aus? Wie definieren Sie diesen? Schreiben Sie das jetzt auf und denken Sie an meinen Hinweis, es eng und breit zu fassen. Dann merken Sie schnell, dass das einen großen Unterschied ausmacht.

Nachdem Sie den Markt begrifflich definiert haben, erfolgt die Analyse. Dabei geht es darum, Informationen über Marktpotenzial, Marktvolumen und Marktanteile zu sammeln. Oftmals können Sie diese Größen nur schätzen. Hier brauchen Sie manchmal Ihren Daumen, um überhaupt einen Schätzwert abgeben zu können, aber irgendeinen Sinn muss dieser schließlich auch haben. Vielleicht haben Sie sich schon gefragt, welche Funktion der Daumen überhaupt hat?

Ein paar elementare Begriffe möchte ich Ihnen an dieser Stelle gerne erläutern, damit Sie auf dem nächsten Netzwerktreffen oder neudeutsch »Businessmatchingevent« glänzen können.

»Marktpotenzial, was ist das?« Nun, im Endeffekt ist das Marktpotenzial die Menge eines Produkts, die rein theoretisch abgesetzt werden kann. Das bedeutet, dass jeder Kunde, der Bedarf hat – das haben Sie ja oben gelernt –, das entsprechende Produkt kauft. Das passiert natürlich im wirklichen Leben nicht. Im Gegensatz dazu ist das Marktvolumen die tatsächliche Absatzmenge des jeweiligen Produktes in diesem Markt – also das, was die Kunden tatsächlich kaufen. Wenn ich also einen gelben Designerpulli mit pinken Blümchen darauf suche und den bei Anne und anderen Händlern nicht bekomme, dann besteht Potenzial für den Verkauf. Aber da ich diesen tollen Pullover eben nicht bekomme, fällt mein nicht getätigter Kauf auch nicht ins Marktvolumen. Schwer? Eigentlich nicht wirklich, oder?

Anhand dieser zwei Werte sollten Sie ein Gefühl über die Marktgröße bekommen, auf dem Sie gerne Ihre Produkte anbieten wollen. Jetzt wollen Sie wahrscheinlich wissen, wie groß das Marktvolumen oder -potenzial in Ihrem Markt ist. Leider kann das nur schwer beantwortet werden, weil es einfach zu viele Märkte gibt. Darum steht da »(…) sollten Sie ein Gefühl bekommen (…)«. Es ist in vielen Märkten schwer, messbare Zahlen zu ermitteln. Hier können Sie jedoch bewährte Marktforschungstools einsetzen. Wenn ich beispielsweise nach Informationen über bestimmte Märkte suche, dann nutze ich in erster Linie folgende Informationsquellen:

➤ Eigene Einschätzung
Ja, das ist meine Nummer eins. Natürlich kann Ihre Einschätzung weit danebenliegen. Aber die eigene Einschätzung ist der erste Ansatz, um ein Gefühl über die Größe und das Potenzial zu bekommen. Was wissen Sie über den Markt? Wie viele Menschen aus Ihrem Umfeld nutzen gleiche oder ähnliche Produkte? Wie sieht die Nutzungshäufigkeit generell aus? Ist Ihr Produkt ein Massenprodukt oder etwas für eine bestimmte Nische?

➤ Sekundärforschung
Ich bringe Ihnen gleich noch eine wichtige Vokabel bei: Sekundärforschung bedeutet, dass Sie auf bestehende Informationen zurückgreifen. Sie suchen in Suchmaschinen, besuchen Statis-

tikportale, lesen spezielle Branchenbriefe oder fragen Verbände nach schon bestehenden Informationen über Ihren Markt. So bekommen Sie weitere hilfreiche Informationen über Ihren Markt.

➤ Primärforschung
Wo es etwas Sekundäres gibt, da gibt es meist auch Primäres. Bei der Primärforschung ermitteln Sie selber die notwendigen Informationen, diese liegen also noch nicht vor. Sie führen also beispielsweise Befragungen oder Beobachtungen durch, um das Gesuchte herauszufinden. Das ist natürlich die aufwendigste Variante, aber auch diejenige, bei der Sie zum Teil die besten Informationen bekommen, weil diese eben genau zu Ihrem Fall passen.

Ich würde Ihnen gerne zu der Thematik Marktforschung noch ein paar Informationen geben, aber bekomme von Anne und Bernd den Hinweis, dass wir sonst nicht mit allen Themen durchkommen.

Ich hoffe, Sie konnten meinen Gedanken zur Marktgröße und zu Einschätzungsmethoden ein wenig folgen. Der eigene Marktanteil ist letztlich Ihr Anteil am Kuchen Marktvolumen. Den Marktanteil können Sie ausrechnen, indem Sie den eigenen Umsatz durch das Marktvolumen dividieren, sofern Sie eine Angabe in einer beliebigen Währung errechnen wollen. Natürlich geht das auch mit der Einheit »Produkt«. Dividieren bedeutet in dem Zusammenhang also teilen. Kennen Sie bestimmt noch aus der Schule, oder?

Natürlich kann ich den Marktanteil auch auf eine bestimmte geografische Region beziehen. Schauen wir uns noch einmal den Limonadenmarkt an. Ich werde wahrscheinlich einen Marktanteil im Millibereich gehabt haben, wenn ich mich mit allen Kaltgetränkeherstellern der Welt vergleiche. Wenn ich den Markt aber als »Verkauf von selbst gemachter Limonade an mobilen Verkaufsständen in meiner Heimatstadt« definiere, liegt mein Marktanteil vielleicht sogar bei 5 Prozent, je nachdem, wie viel Limonade der fiese Konkurrent am Fußballplatz verkauft hat. Das klingt doch viel eher nach Weltherrschaft. Eigentlich hätte ich also weiter Getränke verkaufen sollen …

Sie merken, es gibt viele Variablen, die eine Rolle spielen können, wenn Sie Ihren eigenen Markt definieren beziehungsweise genau analysieren wollen. Mir ist bewusst, dass Sie in vielen Fällen große Schwierigkeiten haben werden, das Marktvolumen und erst recht das Marktpotenzial zu definieren. Das geht übrigens fast allen GoGs so. Versuchen Sie zumindest, ein Gefühl dafür zu bekommen, wie groß der Markt ist und ob dieser zukünftig eher wächst oder schrumpft. Sammeln Sie so viele Informationen wie möglich. Das wäre ein guter Anfang.

Märkte verändern sich aber natürlich, weil sich unter anderem auch Einstellungen verändern. Als ich letztens für einen Vortrag in Wien war, habe ich an der Ampel gestanden und dabei sind mir die ungewöhnlichen Ampelmännchen aufgefallen. In Wien gibt es mittlerweile Ampeln, auf denen zwei Ampelmännchen zu sehen sind, und auch solche mit gleichgeschlechtlichen Paaren – das nenne ich mal fortschrittliche Entwicklung. Jetzt hat vielleicht jemand ein Gleichgeschlechtliche-Ampelmännchen-Ampel-Monopol.

Die Zielgruppe – wer kauft meine Produkte?

Ihre Zielgruppe und Ihre Konkurrenten haben einen großen Einfluss auf Ihr Unternehmen, denn viele wichtige Entscheidungen hängen von diesen beiden netten Grüppchen ab. Also sollten Sie so viele Informationen wie möglich über die beiden sammeln. Nur der gut informierte GoG kann langfristig bestehen – das Wort zum Sonntag.

Was ich oft in Businessplänen lese: »Jeder braucht mein Produkt.« Machen Sie diesen Fehler bitte nicht – nichts ist wirklich für jeden. Klar könnte rein physisch gesehen so gut wie jeder Mensch Achterbahn fahren – aber wollen das alle? Nein. Deswegen ist die genaue Bestimmung Ihrer Zielgruppe sehr wichtig. Natürlich bedeuten zusätzliche Analysen auch zusätzliche Arbeit, aber die Arbeit lohnt sich.

Da ich mich entschlossen habe, Sie nicht nur mit Theorie zu quälen, schauen wir uns die Situation von Bernd ein wenig genauer an. Warum ich das mache? Nun, das liegt nicht daran, dass ich Ihnen Theorieverständnis nicht zutraue oder Sie unterschätze. Nein, ich bin nur der Ansicht, dass beim GoG-Sein das Lesen eines Ratgebers nicht kompliziert sein sollte. Komplizierte Dinge gibt es genug. Starten wir doch einfach.

Bernd hat also vor Kurzem seinen Gewürzladen eröffnet, also so einen kleinen Laden, in dem Sie allerhand Gewürze aus der ganzen Welt kaufen können. Leider hat er momentan noch nicht viele Kunden und möchte zukünftig gezielt bestimmte Zielgruppen ansprechen, damit sich das ändert. Er will sich zunehmend von der Konkurrenz abheben. Das sind die Fakten. Also fangen wir an, Bernd zu helfen. Also Ärmel hoch und los geht's.

Sie sollten die Zielgruppe genau beschreiben, um die Bedürfnisse der Konsumenten auch zu kennen und die Produkte darauf abzustimmen und mit Ihrer Werbung den Nerv der Zielgruppe zu treffen. Einfach gesagt: »Wen ich nicht kenne, dem kann ich nur schwer etwas verkaufen.« Was mir hier hilft: Ich stelle mir vor, ich müsste ein Produkt einem Fremden und einem Freund verkaufen. Einem Freund etwas zu verkaufen ist für mich wesentlich einfacher. Warum? Weil ich meine Freunde kenne. Ich kenne Ihre Probleme und Sorgen und weiß, was sie wirklich brauchen. Das alles weiß ich von einem Fremden nicht. Also: Machen Sie Ihre Zielgruppe zu Freunden. Wie Sie das machen? Dazu kommen wir noch im Kapitel V: »Marketing«. Keine Sorge, Sie müssen noch keine Geburtstagsgeschenke kaufen gehen. Ich zitiere ja gewöhnlich nur mich, aber Martin Walser finde ich in diesem Fall auch sehr passend: »Der Mensch ist ja nicht der, der er ist, sondern der, der er sein will. Wer ihn an seinen Wünschen packt, hat ihn.«

Zu Beginn definieren Sie also die Zielgruppe und entwickeln anschließend eine Strategie zur Ansprache – das nennt der nette Berater dann Marktsegmentierungsstrategie. Ein verflucht langer Begriff, der aber letztendlich überhaupt nicht kompliziert ist. Es geht darum, Gemeinsamkeiten zwischen potenziellen Kunden zu finden, die in einer Schublade stecken und die Sie mit Honig dann aus dieser herauslocken. Ob das Honig sein muss? Sicher nicht. Schokoladenaufstrich oder frische Mettwurst sind genauso geeignet, wenn es der Zielgruppe schmeckt. Darum heißt es übrigens auch Zielgruppen, weil es eben »Gruppen« sind. Gruppen haben Gemeinsamkeiten, und diese sollten Sie kennen.

Aber wie findet Bernd heraus, wer zu seiner Zielgruppe gehört und welche Merkmale diese aufweist? Für Gewürze besteht immer Bedarf.

Eine Segmentierung – also die Zielgruppeneinteilung – erfolgt nach verschiedenen Merkmalen. Diese Merkmale helfen Ihnen also zu erkennen, welche Schubladen es überhaupt gibt. Dazu gehören geografische (zum Beispiel der Wohnort), soziodemografische (das Alter, der Bildungsstand, der Beruf, der Familienstand et cetera) und psychografische (die Interessen, die Vorlieben, der Lebensstil et cetera) sowie verhaltensbezogene Merkmale (Lesegewohnheiten, Einkaufsverhalten et cetera) der Kunden. Überlegen Sie sich also genau, welche Gemeinsamkeiten Ihre Zielgruppe nach diesen Merkmalen hat.

Was ich außerdem hilfreich finde, ist, wenn Sie sich gezielt Fragen zu Ihrer potenziellen Zielgruppe stellen oder in unserem Fall Bernd das tut:

> Welches Alter und welchen Status haben seine potenzielle Kunden?
> Wer kauft vorrangig qualitativ hochwertige und teure Gewürze?
> Kaufen eigentlich nur Frauen Gewürze?
> Welche Zeitungen lesen die Gewürzkäufer?

Das Ziel besteht darin, dass Bernd Gemeinsamkeiten zwischen den potenziellen Kunden erkennt, um die daraus entstehenden Gruppen gezielter anzusprechen. Ja, das habe ich schon gesagt, aber bitte schreiben Sie sich den Begriff »Gemeinsamkeiten« auf ein großes Blatt. Diese Gemeinsamkeiten sorgen nämlich dafür, dass Sie Gruppen und nicht nur Einzelpersonen ansprechen. Diese Gruppen sollen über Sie und Ihre Produkte sprechen. So entstehen übrigens auch virale Effekte. Was das nun schon wieder ist? »Viral« kommt hier von Virus. Auch wenn die Vorstellung nicht schön ist, geht es darum, dass sich Ihre Produkte oder zumindest das Reden über sie wie ein Virus verbreitet und alle Menschen oder zumindest eine Menge befällt.

Bernd identifiziert verschiedene Gruppen als potenzielle Kunden. Da wären zum einen Menschen, die einfach gerne kochen. Zum anderen solche, die gerne scharf, gut gewürzt, aber auch gesund essen. Dabei legen seine Kunden vor allem Wert auf Qualität. Er konnte durch die bisherigen Kunden weitere Erfahrungen sammeln. So glaubt er, dass mehr Frauen als Männer seinen Gewürzladen besucht haben. Zu guter Letzt schätzt er selber, dass sein Einzugsgebiet im Münchener Norden vielleicht fünf Kilometer groß ist. Dass der Laden in München ist, hatte ich hoffentlich schon gesagt. Warum das jetzt fünf Kilometer sind? Dafür gibt es leider keine mathematische Formel. Fragen Sie sich einfach selber, wie weit Sie für ein bestimmtes Produkt oder eine bestimmte Dienstleistung bereit wären zu fahren, zu gehen oder sogar zu fliegen. Für gute Gewürze würde ich ein bisschen Weg auf mich nehmen, die Tageszeitung bekomme ich hingegen direkt um die Ecke. Die digital-affinen Leser werden jetzt einwerfen, dass Sie doch alles im Internet bestellen können und sich gar

139

nicht mehr bewegen müssen. Ja, das stimmt. Aber dem halte ich Folgendes entgegen: Nehmen Sie mal eine Prise frisches Currypulver aus Indien zwischen die Finger, schließen Sie die Augen und atmen Sie tief durch die Nase ein – das Gefühl oder besser diese Geruchsexplosion finde ich bei keinem Onlineshop dieser Welt.

Aber jetzt genug vom Essen: Neben dieser klassischen Einteilung können potenzielle Kunden auch in sogenannte Sinus-Milieus eingeteilt werden. Es handelt sich einfach um Personengruppen, auf die bestimmte Merkmale zutreffen und die so eine gemeinsame Gruppe bilden. Das hat also glücklicherweise nichts mit Sinus, Kosinus und Tangens aus der Schule zu tun.

Natürlich packen wir jetzt nicht alle Menschen in Schubladen – dann werde ich nachher noch an den Pranger gestellt. Wichtig ist einfach, welche Schubladen Sie aufmachen sollten. Es müssen nicht zwangsläufig Kriterien wie das Alter oder das Geschlecht sein, die Ihre Zielgruppen bilden, sondern es kann auch um Einstellungen und Werte gehen. Ein Beispiel: Wenn Sie einen Onlineshop für Nahrungsergänzungsmittel im Bereich Sport planen, ist Ihre Schublade wahrscheinlich mit Körperbewusstsein, körperlicher Fitness oder Abnehmen beschriftet. Wichtig ist, dass es nicht darum geht, welcher dieser Gruppen Sie angehören, sondern wo sich Ihre potenziellen Kunden einordnen würden. *PS: Mit Nahrungsergänzungsmittel im Bereich Sport meine ich natürlich Eiweißshakes oder Ähnliches und keine Anabolika.*

Das Thema Sinus-Milieus könnten wir noch umfassender ausführen, aber mir ist wichtiger, dass Sie ein Gefühl dafür bekommen, wer Ihr Kunde ist beziehungsweise sein wird. Versuchen Sie sich in die Lage der Kunden zu versetzen. Wie sieht der Tagesablauf aus? Welche Zeitschriften liest Ihr Kunde? Lebt er in einer Partnerschaft oder ist er Single? Fährt er ein schickes Auto oder eher Fahrrad? Von diesen Fragen könnten wir Hunderte aufzählen. Ich könnte jetzt immer

Kunde und Kundin sagen, aber hier benutze ich ausnahmsweise nur die männliche Form. Bitte vergeben Sie mir, ich versuche das an anderer Stelle auszugleichen. Skizzieren Sie Ihre Kunden genau und geben Sie Ihnen gerne Namen. Nur so können Sie diese wahrnehmen und letztendlich für Ihre Produkte begeistern. Und das sollte doch Ihr Ziel sein, oder?

Gründertalk:

> **GoG:** *»Meine Zielgruppe ist riesig. Letztendlich braucht eigentlich jeder mein Produkt.«*
>
> **Der nette Autor:** *»Eigentlich sind nur Fragen erlaubt, aber ich gebe meinen Senf trotzdem gerne dazu. Es ist toll, wenn ein Produkt oder eine Dienstleistung eine große Zielgruppe hat. Aber genauso kann ein spezielles Produkt für eine kleine Marktnische der Weg zum Ziel sein. Ein großer Markt ist eventuell durch viele Konkurrenten besetzt, während ein kleiner vielleicht noch wenig beachtet ist. Schauen Sie sich genau an, ob wirklich ›jeder‹ in Ihre Zielgruppe fällt. Das ist nämlich ganz häufig nicht der Fall.«*

Was ich im Bereich Zielgruppe noch sehr wichtig finde: Manchmal entspricht der Käufer nicht dem Verwender. Ein Beispiel: Viele Krawatten werden von Frauen gekauft, der Verwender ist jedoch meist männlich. Nicht, dass nicht auch Frauen eine Krawatte tragen dürfen, aber meistens tragen doch Männer Krawatten. Gibt es bei Ihnen auch eine solche Unterscheidung? Das spielt für die weitere Marketingplanung eine große Rolle. Ähnlich ist es zum Beispiel auch mit Kinderkleidung. Die wenigsten Dreijährigen gehen in eine Kinderboutique, um sich selbst die feschen Sachen auszusuchen. Einerseits haben diese wenig Zeit, weil sie sich am Verkauf von Zitronenlimonade im Vorgarten üben, andererseits übernehmen ihre Mütter meistens viel lieber diese Aufgabe.

Wettbewerbsanalyse – die Konkurrenz im Auge haben

Ich hoffe, Sie haben ein Gespür für Ihre Zielgruppe bekommen. Wie am Anfang schon erwähnt, gibt es noch eine zweite mysteriöse Gruppe, die Sie sich genauer anschauen sollten: die Konkurrenz. Genau das machen wir jetzt.

Ein Vergleich der Stärken und Schwächen der Konkurrenz gibt Bernd, um bei unserem Beispiel zu bleiben, Informationen darüber, wie er seine Strategie ausrichten soll. Wenn Sie wissen, was die Konkurrenz gut oder eben nicht gut kann, können Sie das mit Ihren eigenen Stärken und Schwächen abgleichen und erkennen vielleicht Stärken, die die Konkurrenz nicht hat. Für Sie bedeutet das also, dass Sie sich am besten ein Blatt schnappen und die Stärken und Schwächen potenzieller Konkurrenten aufschreiben und das Gleiche auch mit Ihren eigenen tun. Welche Verbindungen können Sie erkennen? Was können Sie, was die anderen nicht können? Das mache ich oft mit meinen GoGs, weil es ungemein hilft, das eigene Bild zu schärfen. Also, legen Sie los!

Daneben gibt es natürlich noch andere Faktoren, die eine Rolle spielen. Bernd hat sich Folgendes überlegt und ein Drei-Punkte-Programm erstellt, um die Konkurrenzanalyse zu vereinfachen:

Zuerst recherchiert er, wer seine Konkurrenten sind und wo diese ihren Standort haben. Da hilft ihm vor allem das Internet. Da Bernd den direkten Kontakt schätzt und sich möglichst vor Ort nähere Details verschaffen möchte, schaut er sich die Konkurrenten direkt an. Er spielt also ein bisschen Detektiv. Das heißt nicht, dass Sie sich jetzt verkleiden müssen, wenn Sie das natürlich wollen, ist das selbstverständlich erlaubt. Die meisten Erkenntnisse sammeln Sie auch ohne Lupe, Trenchcoat und Laserkugelschreiber.

Somit erhält er einen prägenden Eindruck und kann einen Vergleich zu seinem eigenen Unternehmen ziehen. Das müssen GoGs mehr tun als alle anderen. Je näher Sie der Konkurrenz sind, desto besser können Sie sich selber positionieren. In Robert Greenes *Die 48 Gesetze der Macht* lautet das zweite Gesetz: »Vertraue deinen Freunden nie zu sehr – bediene dich deiner Feinde.« Der zweite Teil beschreibt das, was ich Ihnen sagen will.

Welche Konkurrenten sollte Bernd analysieren? Da wären zum einen große Kaufhäuser und Supermarktketten, die ebenfalls Gewürze anbieten. Diese haben jedoch nicht die gleiche Qualität und das Aroma der Gewürze von Bernd, die direkt aus den Herstellungsländern geliefert werden. Zum anderen gibt es spezielle Feinkostläden, die eine große Vielfalt an feinen Produkten haben. Die Qualität ist hier vergleichbar. Meist haben diese Feinkostläden aber nicht die gleiche Auswahl, weil sie auch andere Produkte im Sortiment führen. Konkurrenz ist also definitiv vorhanden. Ja, das Internet gibt es auch, aber da steht Bernd noch am Anfang.

Nachdem Bernd nun also weiß, welche Konkurrenten es überhaupt gibt, schaut er sich im zweiten Schritt die Marktanteile der Konkurrenten an. Dabei decken die Supermarktketten ein großes Marktfeld ab. Klar, die meisten Menschen kaufen Gewürze im Supermarkt. Also, so klar ist das nicht, das ist nur eine subjektive Einschätzung von mir, die aber mit hoher Wahrscheinlichkeit zu trifft. Anne und Bernd nicken: Wenn das mal keine repräsentative Umfrage ist! Natürlich wäre es schön, für seinen regionalen Markt die Marktanteile ermitteln zu können, aber das ist in den meisten Fällen unmöglich. Wir könnten uns für den kleinen Gewürzmarkt anschauen, welchen Marktanteil die großen Supermärkte haben. Dann finden wir vielleicht heraus, dass die meisten Menschen bei Aldi, Lidl, Edeka oder Rewe einkaufen gehen, und aus der Information schließen wir, dass hier vielleicht auch die meisten Gewürze verkauft werden. Gewagte These, aber dennoch ein Ansatzpunkt. Vielleicht hängen wir dann gegenüber den anderen Supermärkten ein Plakat auf, auf dem wir darauf hinweisen, dass unser Curry besser ist – gewagt. Bevor ich hier noch verklagt werde: Ich kenne mich mit hochwertigen Currygewürzen nun wirklich nicht aus. Bitte seien Sie nachsichtig.

Der dritte Schritt ist der wichtigste, denn da geht es um die Stärken und Schwächen der Konkurrenz. Wie ist die Qualität der angebotenen Produkte? Welche Kommunikationskanäle werden benutzt? Wie sind die Preise und der Service? Um geeignete Wettbewerbsstrategien herauszuarbeiten und ein Unterscheidungsmerkmal zu den Wettbewerbern zu finden, muss Bernd eine möglichst genaue Analyse erstellen. Nur so kann er die Schwäche der Konkurrenten für sich nutzen. Wenn ich weiß, was die Konkurrenz nicht gut macht, dann weiß ich auch, was ich besser machen kann. Letztlich kann sich nur einer die Weltherrschaft unter den Nagel reißen. Also muss Bernd – und später auch Sie – besser sein als der Rest. Dabei weiß er, dass sein Vorteil darin liegt, dass er im Gegensatz zu den großen Kaufhausketten eine hohe Qualität bietet, die orientalische Atmosphäre positiv wahrgenommen sowie der freundliche Service in seinem Gewürzladen sehr geschätzt wird. In der ganzen Stadt ist er der Einzige, der einen direkten Kontakt zu den Herstellern seiner Gewürze im Ausland hat. Das nennt man dann übrigens Direct Trade, weil Sie direkt mit dem Hersteller handeln und nicht noch 100 andere Zulieferer dazwischenstehen. In meinem Lieblingscafé in Düsseldorf bekomme ich auch immer Direct-Trade-Kaffee. Ich sehe sogar, von welcher Kaffeeplantage der Kaffee kommt, eigentlich ganz nett, so viel Transparenz.

Ich fasse Ihnen die drei Schritte gerne zusammen:

1. Generelle Konkurrenzerfassung
2. Zuordnung von Marktanteilen
3. Stärken- und Schwächen-Vergleich

So wissen Sie, welche Konkurrenten es gibt, welche Marktanteile diese haben, und auch, wie sie aufgestellt sind.

Ich hoffe, Sie haben gemerkt, dass es wichtig ist, Informationen über die Konkurrenz zu sammeln. Damit mir niemand vorwirft, wir hätten uns nur mit dem Thema Gewürze beschäftigt, wollen wir das Thema Konkurrenz zusätzlich in einer anderen Branche vertiefen. Sie merken, wie wichtig mir das Thema ist.

Nehmen wir nach Mode und Gewürzen etwas aus dem Bereich Handwerk und beschäftigen uns exemplarisch mit einem Friseursalon. Auch hier ist eine Wettbewerbsanalyse wichtig, vielleicht sogar noch wichtiger, schließlich gibt es ein paar Friseure, oder? Wie sollen wir jetzt also vorgehen? Braucht jeder GoG überhaupt eine Wettbewerbsanalyse?

Die Antwort auf die letzte Frage ist ganz einfach: immer. Eine Wettbewerbsanalyse sollten Sie immer machen, nicht nur, wenn der Markt vor Wettbewerbern überquillt wie vielleicht bei Friseuren. Gerade wenn der Markt noch recht neu ist oder es »scheinbar« wenige Anbieter gibt, sollten Sie besonders darauf achten, eine Wettbewerbsanalyse durchzuführen, da der erste Eindruck leicht täuscht. Und hinter jeder Ecke können auch fremde Detektive lauern, die nur darauf warten, in Zukunft in Ihren Markt einzudringen.

GoGs fragen mich immer, was denn diese Wettbewerbsanalyse sei. Ist das eigentlich das Gleiche wie eine Konkurrenzanalyse? Sind Konkurrenten und Wettbewerber das Gleiche? Ich hoffe, Sie können mir noch folgen. Am besten schauen wir uns das Modell von Porter an, die sogenannten »Five Forces« – ja, wieder ein Anglizismus. Aber ich weiß nicht, ob ich einfach den Namen in »Fünf Einflussfaktoren« ändern dürfte, ohne in das Marketinggefängnis zu kommen. Dazu habe ich Ihnen eine Grafik gebastelt:

Das sieht hoffentlich nicht allzu kompliziert aus. Lieferanten sind auch Wettbewerber, aber keine Konkurrenten. Klingt vielleicht im ersten Moment suspekt. Genauso sind auch Kunden Wettbewerber, weil sie sich ebenfalls im Markt, in dem Sie sich bewegen, befinden. Konkurrenz wäre für unser Friseurbeispiel klassischerweise der Friseur, der direkt gegenüber auf der anderen Straßenseite seinen Laden hat.

Mit diesem Wissen und dem oben genannten Ziel im Kopf können Sie sich an die Arbeit machen: Sie müssen sich anhand des Modells von Porter überlegen, welche Wettbewerber sich in Ihrem Markt befinden, auf dem Sie Ihr Geschäftsvorhaben verwirklichen wollen. In unserem Beispiel spielen Lieferanten eine große Rolle, wenn diese etwa bestimmte Salons exklusiv beliefern und der Kunde die neuen und in der Werbung angekündigten Produkte nur gegenüber bekommt.

Gründertalk:

> **GoG:** *»Und was ist mit anderen Produkten, die eigentlich gar nichts mit meinem eigenen Produkt zu tun haben?«*
>
> **Der nette Autor:** *»Sie meinen wahrscheinlich Produkte, die eigentlich keine direkte Konkurrenz darstellen? Nun, manche Produkte von anderen Unternehmern stellen zwar auf den ersten Blick keine Konkurrenz dar, können aber aus Kundensicht sehr wohl eine Alternative zu Ihrem Produkt oder Ihrer Dienstleistung sein. Zum Beispiel: Sie sind Anbieter von Nuss-Nougat-Creme. Ihre direkte Konkurrenz wären natürlich die anderen Anbieter dieses sehr leckeren Aufstriches. Jedoch stellen Alternativprodukte auch eine Konkurrenz dar. In diesem Fall: Erdnussbutter, Haselnusscreme und auch Marmelade et cetera. Diese Alternativprodukte, die als Ersatz für Ihr Produkt gekauft werden könnten, nennt man übrigens Substitutionsprodukte.«*

Die Verhandlungsmacht der Kunden spielt durch die vielen Konkurrenten und die teilweise niedrigen Preise auf dem Friseurmarkt ebenfalls eine Rolle. Die Kunden sind sich darüber bewusst, dass sie eine große Auswahl an Friseuren haben, und können diese vermeintliche Macht natürlich nutzen, um den Preis zu drücken. Wie ist das in Ihrem potenziellen Markt?

Auch die Bedrohung durch potenzielle neue Konkurrenten ist hoch, da jährlich viele neue Friseure Läden eröffnen, die dann wiederum neue Produkte, neue Dienstleistungen und andere Vorteile anbieten könnten. Neue Konkurrenten können die Preise kannibalisieren. Das Wort passt ziemlich gut. Ein neuer Konkurrent sorgt wie ein Kannibale dafür, dass das eigene Geschäft schnell wieder verschwindet, wenn er sich etwa entscheidet, mit einem sehr geringen Preis in den Markt einzusteigen – also jetzt nicht in dem Sinne, dass er Sie aufisst.

Zu guter Letzt gibt es noch die Bedrohung durch Ersatzprodukte. Jetzt könnten Sie sagen: »Haare wird es immer geben, also gibt es auch immer Friseure«. Na ja, vielleicht stimmt das auch, aber sicher nur zu einem gewissen Teil. Früher gab es mal für den Staubsauger einen Aufsatz, mit dem Sie sich frisieren konnten. Klingt verrückt? Suchen Sie mal im Internet. Sie werden überrascht sein. Ich glaube, es ist nicht vermessen, wenn ich sage, dass sich das Produkt nur bedingt im Markt etabliert hat. Aber technische Innovationen können immer dazu führen, dass neue Produkte vermeintlich zur Verdrängung bestehender führen. Oder wenn der gesellschaftliche Trend dazu führen würde, dass alle Menschen eine Glatze tragen, hätten bestimmt alle Menschen einen Haarschneider zu Hause und würden nicht mehr zum Friseur gehen. Dann haben die Friseure keine Kunden mehr und treten in den Streik und protestieren so lange, bis die Leute sich wieder entscheiden, die Haare wachsen zu lassen – ein Teufelskreis.

Der Fokus bei der Wettbewerbsanalyse liegt bei den eigentlichen Konkurrenten beziehungsweise der Rivalität unter den bestehenden Friseursalons. Die Rivalität könnte kaum größer sein. Allein in Ihrem näheren Umkreis gibt es doch bestimmt eine Vielzahl an Friseursalons, die versuchen, durch Zusatzleistungen zu glänzen. Preislich handeln sich alle gegenseitig durch Rabattaktionen und Gutscheine immer weiter herunter. Das nennt der nette Autor dann eine Super-Preisspirale. Wenn sich das Ganze immer weiter dreht, werden vielleicht bald Haarschnitte kostenlos. Dann ist daran nicht wirklich mehr etwas »super«.

Die Wettbewerbsanalyse kann also auch das Ergebnis haben, dass es schwierig für Sie sein kann, in einem bestimmten Markt Fuß zu fassen, weil die Kunden eine große Macht haben und die Gefahr neuer Konkurrenten enorm ist. Aber durch diese Gefahren oder Einflüsse sollten Sie sich nicht abschrecken lassen, sondern vielmehr lernen, damit umzugehen. Viel schlimmer wäre es doch, Sie gründeten ohne Wettbewerbsanalyse und würden wie Hans Guckindieluft den Abhang runterfallen. Entschuldigen Sie mein drastisches Beispiel. Ich stehe dann selbstverständlich unten und fange Sie auf.

Lieferanten – woher bekommt man alle wichtigen Bestandteile?

Fast jeder GoG muss oder sollte sich mit dem Thema Lieferanten auseinandersetzen. Die erste Frage, die Sie sich in diesem Themenbereich stellen sollten, ist, ob Sie etwas selber herstellen oder über einen Lieferanten beziehen. Welche der beiden Möglichkeiten die richtige ist, hängt von verschiedenen Faktoren ab. Zunächst natürlich davon, ob Sie das Stück, das Produkt beziehungsweise die Dienstleistung überhaupt selber erbringen können. Ich würde mir zum Beispiel gerne ein Smartphone selber bauen, leider bin ich aufgrund nicht vorhandenen technischen Wissens in diesem Bereich dazu nicht in der Lage. Und wenn Sie Ihre Stärken/Schwächen aus dem Kapitel zuvor sauber aufgelistet haben, werden Sie sicher schnell entscheiden können, was Sie selbst können und was nicht.

Neben der Tatsache, ob Sie bestimmte Dinge etwa herstellen können, spielt der Faktor Zeit natürlich eine entscheidende Rolle. Wie langen bräuchten Sie, um das Ganze selber zu machen? Ich könnte mir meinen Bürostuhl selber bauen, aber wenn ich daran zwei Tage sitze und mir auch keine Heinzelmännchen über Nacht helfen, ist das wahrscheinlich unsinnig, oder? Dann gehe ich doch lieber in ein Möbelgeschäft. Auch der Preis, den ich dafür zahle, ist ein weiterer

Faktor. Als Kleinabnehmer bekommen Sie eventuell Einzelteile nur zu einem völlig überhöhten Preis. Auch dann macht die Eigenproduktion wenig Sinn. Also behalten Sie immer die Faktoren Zeit und Kosten im Gedächtnis.

Wenn Sie die Frage, ob Sie etwas beziehen oder herstellen, beantworten möchten, müssen Sie auch wissen, welche Bestandteile überhaupt notwendig sind. Ob das jetzt der Stuhl für das Café, das Firmenschild oder die Suchmaschinenoptimierung für Ihre Website ist. Sie müssen wissen, welche Leistungsbestandteile es überhaupt gibt, und dann die Frage nach Eigenproduktion oder Fremdbezug beantworten.

Für manche Bestandteile oder Leistungen gibt es eine Vielzahl an Lieferanten. Dabei sollten Sie sich für den richtigen entscheiden. Sie sollten dabei die Faktoren in den Vordergrund stellen, die für Sie eine besondere Rolle spielen. Ist für Sie der Preis ausschlaggebend? Benötigen Sie eine besondere Qualität? Wollen Sie bestimmte Lieferzeiten? Diese Ansprüche sollten Sie sich aufschreiben und die potenziellen Lieferanten hinsichtlich dieser Kriterien überprüfen. Ja, ich schreibe immer alles auf. Meine kognitiven Eigenschaften sind wirklich eingeschränkt.

Hier spielt auch Ihre Positionierung eine Rolle. Aber als Beispiel: Wenn Sie herausstellen wollen, dass Sie eine besondere Qualität in Ihrem Café bieten, dann sollte Ihr Lieferant auch eine entsprechende Qualität liefern können. Oder andersherum: Wenn ich beispielsweise einkaufen gehe, achte ich bei Fleisch absolut auf Qualität, beim WC-Reiniger ist mir die Marke jedoch egal.

Aber nur, weil Sie einen bestimmten Lieferanten identifizieren, bedeutet das nicht, dass dieser Sie auch zwangsläufig beliefert. Viele Lieferanten haben Mindestabnahmemengen oder beliefern nur ausgewählte Abnehmer. Aus dem Grund spielt häufig die Beziehung zum jeweiligen Lieferanten auch eine große Rolle. Sollten Sie Ihren

Lieferanten gefunden haben, pflegen Sie diese Beziehung und sehen Sie ihn nicht als reinen Dienstleister. Sie wollen doch schließlich auch gut behandelt werden, oder?

Zusammenfassend überlegen Sie also im ersten Schritt, welche Bestandteile für Sie notwendig sind; im nächsten Schritt, welche Sie unter der Berücksichtigung von Zeit, Kosten und der generellen Möglichkeit selber beibringen oder herstellen können. Und für die übrig gebliebenen sollten Sie dann im letzten Schritt eine Lieferantenanalyse erstellen – also erfassen, wer unter der Berücksichtigung Ihrer Ansprüche wie Qualität oder Lieferzeit als Lieferant infrage kommt. Eigentlich wieder ein Drei-Punkte-Programm.

SWOT-Analyse – vier Buchstaben bedeuten die Welt

Eigentlich bin ich weder ein Fan von Anglizismen noch von Abkürzungen, aber manchmal geht es nicht anders. Und in diesem Fall haben wir sogar eine Kombination aus beidem.

Fangen wir mit der Erklärung der Abkürzung an. Ähnlich wie das Ihnen vielleicht bekannte SWAT-Team der Polizei auch Risiken mit den eigenen Stärken bekämpft, kümmert sich die SWOT-Analyse unter anderem um Stärken und Schwächen. Also los geht der Einsatz:

S: Strengths (Stärken)
W: Weaknesses (Schwächen)
O: Opportunities (Moglichkeiten)
T: Threats (Risiken)

Die Analyse dieser vier Bereiche hilft Ihnen, bestimmte Dinge im Vorhinein zu identifizieren. Wobei »Analyse« komplizierter klingt, als es letztendlich ist. Aber jetzt los. Schauen wir uns diese vier Teilbereiche ein bisschen genauer an:

Strength

Das S der Analyse bezieht sich auf die Stärken, die Sie als GoG mit in die Existenzgründung bringen. Sie schauen sich Ihre unternehmerischen Stärken an – und das bitte objektiv. Wo haben Sie Stärken, die die Konkurrenz vielleicht nicht hat und die Grundlage eines späteren Erfolges sein könnten?

> ➤ Haben Sie besondere Erfahrung in der Branche?
> ➤ Haben Sie ausreichend Finanzreserven auch für schlechte Zeiten?
> ➤ Können Sie das Produkt zu einem geringeren Preis herstellen?

Die Liste könnte ich noch lange weiterführen. Aber wir haben ja noch drei andere Buchstaben.

Weaknesses

Das W zu erläutern, fällt jetzt leicht. An welchen Stellen haben Sie Nachteile gegenüber der Konkurrenz, wo sind Sie vielleicht schlechter aufgestellt? Hier finden Sie als GoG sicher ein paar Punkte, einfach weil Sie noch am Anfang stehen und keine entsprechende Erfahrung mitbringen. Aber lassen Sie sich davon nicht abschrecken. Diese Schwächen sollten Sie kennen, nur dann können Sie sich verbessern oder lernen, damit umzugehen. Ich war zum Beispiel noch recht unerfahren, als ich mich selbstständig gemacht habe. Geld hatte ich auch nicht, auch keinen tollen Firmenwagen oder ein bestimmtes Image. Also gab es sicher mehr Schwächen als Stärken. Aber das war mir egal!

Opportunities

Das O ist eindeutig mein Lieblingsbuchstabe, weil bei dem Gedanken an Möglichkeiten mein Kopf zu sprudeln anfängt. Bei den zwei letzten Buchstaben richten Sie Ihren Blick jetzt vom eigenen Unternehmen weg nach außen. Wo die ersten beiden eine Unternehmensanalyse sind, sind die letzten beiden somit eine Umweltanalyse. Können Sie mir folgen?

Dabei richten Sie den Blick sowohl auf das Hier und Jetzt als auch auf die Zukunft. Ja, niemand kann in die Zukunft schauen, aber viele Trends lassen sich frühzeitig erkennen. Werfen Sie einen Blick auf die Branche, in der Sie aktiv werden wollen oder schon sind. Was passiert dort aktuell und eventuell zukünftig? Daneben gibt es natürlich auch Trends, die alle Branchen betreffen. Dass die Welt sich in den letzten Jahren verändert hat, wissen Sie auch ohne mich. Eigentlich ist das sogar Quatsch, weil die Welt sich immer verändert und nicht erst in den letzten Jahren. Aber man hat doch den Eindruck, dass die Eisenbahn immer schneller fährt, oder? Demografischer Wandel, technische Entwicklung – da fallen Ihnen sicher ein paar Punkte ein, die auch Einfluss auf Ihre Existenzgründung haben.

Threats

Ja, Risiken gibt es leider auch. Denken Sie nur an die Entwicklungen, die manchen Unternehmen den Kopf gekostet haben. Vielleicht erinnern Sie sich an Kameras, bei denen Sie einen Film einlegen müssen, oder daran, nicht zu wissen, wann die Bahn kommt, weil es keine Anzeigetafeln gab. Welche Entwicklungen kann es geben, die auch für Ihr Business ein Risiko darstellen? Gehen Sie in sich und machen Sie sich in Ruhe Gedanken dazu, scheuen Sie keinen kritischen Blick. Lieber jetzt die Risiken erkennen, als wieder Hans Guckindieluft zu sein.

Wenn Sie sich diese vier Punkte genau angeschaut haben, haben Sie sowohl eigene Stärken und Schwächen als auch unternehmensexterne Möglichkeiten und Risiken beisammen und sind wieder ein Stück weiter in Ihrer eigenen Planung.

STEP – und noch mal eine Abkürzung

Jetzt haben Sie gerade eine Abkürzung gelernt und ich komme direkt mit der nächsten um die Ecke. Bitte vergeben Sie mir, es ist nur zu Ihrem Besten.

Also, weiter geht's mit der STEP-Analyse. Da das mit SWOT gerade so gut geklappt hat, bauen wir das Ganze genauso auf und schauen uns zunächst an, wofür die einzelnen Buchstaben überhaupt stehen. Man nennt die STEP-Analyse auch noch PEST-Analyse. Aber ich finde STEP besser, PEST klingt so traurig. Starten wir mit der Erklärung:

S: sociological (soziokulturell)
T: technological (technologisch)
E: economic (ökonomisch)
P: political (politisch)

Was machen wir jetzt mit dem Buchstabensalat? Die STEP-Analyse ist eine Umweltanalyse und dient dazu, Einflussfaktoren auf Ihr Unternehmen zu identifizieren, und diese Einflussfaktoren sind in diese vier Bereiche eingeteilt. Mit Einflussfaktoren meine ich solche Faktoren, die Ihr Geschäftsvorhaben positiv sowie negativ beeinflussen können:

Sociological

Starten wir mit den Einflüssen aus dem soziokulturellen Bereich. Damit sind vor allem Werte, Lebensstile oder demografische Entwicklungen gemeint. Sprich: Wenn sich die Einstellung der Menschen generell zum Thema Internet oder Beziehungen ändert, dann ist das ein soziokultureller Einflussfaktor, aber natürlich nur dann relevant, wenn er auch einen Einfluss auf Ihre Existenzgründung jetzt oder zukünftig hat. Nehmen wir als Beispiel Beziehungen. Ohne jetzt ein gesellschaftskritisches Exposé zu verfassen, hat sich in diesem Bereich eine Menge geändert. Wenn ich meine Großeltern betrachte, haben die vor ein paar Jahren goldene Hochzeit gefeiert. Bei der Generation danach habe ich das Gefühl, dass die Silberhochzeit schon ein Ritterschlag ist, und in meiner Generation kenne ich nicht viele Beziehungen, die länger als zehn Jahre halten. Das mag jetzt eine sehr subjektive, wenn auch nicht weniger traurige Einschätzung sein, aber letztendlich hat es in dem Bereich Veränderungen gegeben. Welche Einflüsse auf Ihr Vorhaben kennen Sie? Anne identifiziert in diesem Bereich, dass sich Ihre Kunden immer mehr damit auseinandersetzen, woher die Mode kommt, Nachhaltigkeit wird also zunehmend wichtiger. Das will sie bei ihren Produkten berücksichtigen.

Technological

Ich glaube, in keinem Bereich hat der Zug mehr Fahrt aufgenommen als in der technologischen Entwicklung. Im Prinzip gibt es jeden Tag neue Erfindungen und bis die Maschinen die Weltherrschaft an sich reißen, sind es offenbar auch nur noch ein paar Wochen. Es sei denn, Arnold Schwarzenegger kehrt doch nochmals als Terminator zurück und beschützt alle vor dieser Gefahr.

Nehmen wir als Beispiel Mobilität. Ich stand zuletzt vor der Frage, wie ich zu einem Vortrag zur Düsseldorfer Universität komme. Und ob Sie es glauben oder nicht, ich war überfordert von der Vielzahl an Möglichkeiten. Zum einen hätte ich natürlich mein eigenes Auto nehmen können. Daneben wäre aber auch die Bahn, die direkt vor der Tür abfährt, eine Möglichkeit gewesen. Auch ein Fahrrad stand für den nicht weiten Weg zur Verfügung – sowohl ein eigenes als auch ein Mietrad direkt nebenan. Natürlich hätte ich auch ein Carsharing-Modell in Anspruch nehmen können, oder wie wäre es mit dem Bus? Nein, auch wenn schon vor Jahren viele Möglichkeiten bestanden, so hat etwa Carsharing einen besonderen Einfluss auf die Parkplatzsuche oder die Nutzung anderer Transportmöglichkeiten. Überprüfen Sie also genau, was es Neues in Ihrem Bereich gibt und was vielleicht absehbar erfunden oder entwickelt werden könnte.

Economic

Stellen Sie sich vor, Sie lebten nicht mehr im demokratischen Kapitalismus, sondern im Sozialismus, und alle Menschen hätten genau 500 Staatseuro im Monat zum Leben. Dies hätte sicher eine große Auswirkung darauf, wenn Sie für 2.000 Staatseuro goldene Schuhe verkaufen wollten. Nämlich die, dass wahrscheinlich keiner mehr die Schuhe kaufen würde. Ich weiß, das Beispiel ist vielleicht etwas einfach gewählt, aber ich glaube, Sie verstehen, worum es hier geht. Arbeitslosenquote, Einkommensverteilung, wirtschaftliche Entwicklungen spielen eine große Rolle – auch für Sie als GoG.

Political

Stellen Sie sich vor, die Regierung erlässt ein Gesetz, laut dem fortan nur Autos auf den Straßen fahren dürfen, die nicht älter als vier Jahre sind. Was würde dann passieren? Jeder müsste sich früher oder später – spätestens aber nach vier Jahren – ein neues Auto kaufen. Dass das Einfluss auf den Automobilmarkt beziehungsweise die finanzielle Situation der Bürger hat, ist leicht erkennbar. Welche Einflussfaktoren kann es hier für Sie geben? Denken Sie nur einmal an vergangene Änderungen: Subventionen für Solar, Provisionsregelungen für Immobilienmakler, Vorschriften für Onlineshops – der Staat greift öfter ein, als Sie denken.

Es gibt natürlich noch weit mehr Analysemöglichkeiten, um sich einen Markt genauer anzuschauen. Aber wenn Sie diese beherzigen, haben Sie einiges an relevanten Informationen gesammelt. Diese Informationen über den Markt, die Zielgruppe und den Wettbewerb brauchen Sie, wenn Sie Ihr Marketing nicht nur schön, sondern vor allem erfolgreich gestalten wollen. Raten Sie mal, womit wir uns als Nächstes beschäftigen.

Kapitel V: Marketing –
Fremde zu Freunden machen

Extra für Sie habe ich die Kapitelüberschrift noch einmal angepasst und unsere Gedanken aus dem Kapitel IV: »Markt« noch einmal aufgegriffen.

Erfolgreiches GoG-Sein ist wie zwei Seiten einer Medaille. Auf der einen steht ein gutes Produkt, auf der anderen die richtige Vermarktung. Ich weiß, die Medaille hatten wir schon, aber nun haben wir zwei davon.

Wir können gerne darüber diskutieren, was wichtiger ist. Ein gutes Produkt vermarktet sich meist nicht von allein, eine gute Vermarktung kann sicher auch ein schlechtes Produkt verkaufen und erfolgreich machen – zu Beginn klappt das sicher. Halten wir also fest, dass gute Vermarktung der Antrieb für den Erfolg Ihres Unternehmens ist.

Marketing ist dabei viel mehr als Werbung. Ich glaube, das war eines der ersten Dinge, die mir mein Marketingprofessor beigebracht hat. Dazu gehören nämlich auch der Preis, die Verkaufskanäle, die Strategie und noch ungefähr 100 andere Dinge. Also werden wir im folgenden Kapitel eine ganze Menge Themen besprechen, die für Sie wichtig sind.

Marketingplanung – sieben Schritte zum Erfolg

Weil Marketing mehr ist, ist es als GoG wichtig, vorab richtig zu planen – also zu überlegen, wie Sie die Millionen Euro des Marketingbudgets verpulvern können. Vergeben Sie mir meine Ironie, aber die meisten GoGs haben keine Millionenbeträge zur Verfügung, deshalb ist die Planung doppelt wichtig. Denn Fehlplanungen können leider schnell zum Ende des GoG-Seins führen, und das wollen Sie ja nicht, oder?

Wie gehen Sie also vor bei der ganzen Sache? Erstellen Sie Ihr eigenes Kommunikationskonzept.

Sie beginnen zunächst damit, sich ein Bild von der derzeitigen Situation zu machen. Machen Sie schon Werbung? Welche Werbung macht Ihre Konkurrenz? Welche Informationen über den Markt sind für Ihre Kommunikation wichtig? Sie durchleuchten sowohl sich als auch den Markt und die Konkurrenz hinsichtlich kommunikationsrelevanter Informationen.

Diese Phase nenne ich: Analyse

Wenn Sie diese Informationen kennen, können Sie damit arbeiten. Der zweite Schritt ist, ein Ziel festzulegen, das Sie mit der Kommunikation verfolgen wollen. Also, was soll die ganze Werbung eigentlich einbringen? Wollen Sie Ihre Marke im Markt bekannt machen oder doch direkt Umsätze erzielen? Wollen Sie ein Image aufbauen oder möglichst zeitnah Gewinne machen? Und was noch wichtig ist: Wann wollen Sie dieses Ziel erreichen und was ist vielleicht eine fassbare Kennzahl dafür – also etwa 5 Prozent Bekanntheit in der relevanten Zielgruppe?

Diese Phase nenne ich: Zielplanung

Jetzt wissen Sie, wohin es gehen soll. Nun müssen Sie sich damit auseinandersetzen, welche Zielgruppe Sie mit Ihrem Ziel überhaupt erreichen wollen. Wer soll durch Ihre Kommunikation angesprochen werden? Sie definieren also Ihre Zielgruppe. Wie das geht, haben wir schon besprochen. Wichtig: Manchmal gibt es eben mehr als nur eine »Gruppe«.

Diese Phase nenne ich: Zielgruppendefinition

Um die Zielgruppe anzusprechen, brauchen Sie als Nächstes eine Strategie – einen Leitfaden, wie Sie vorgehen wollen. Wie positionieren Sie sich im Markt? Welches Corporate Design passt zu Ihnen? Brauchen Sie einen Slogan? Wer oder was ist auf Ihren Plakaten zu sehen? Das gehört alles in Ihre Strategie.

Diese Phase nenne ich: Strategieentwicklung

Ziel, Zielgruppe und Strategie stehen fest? Sehr gut, über das liebe Geld haben wir kurz gesprochen. Sie müssen festlegen, zu welchem Zeitpunkt Ihnen wie viel Geld für Marketing zur Verfügung steht. Was setzen Sie vielleicht vor dem eigentlichen Produktlaunch ein, um bereits frühzeitig Interesse zu wecken? Definieren Sie auch als GoG frühzeitig Budgets. Wenn ich shoppen gehe, dann sollte ich vorher wissen, wie viel ich ausgeben darf – ob ich mich daran halte, ist etwas anderes.

Diese Phase nenne ich: Budgetierung

Wenn Sie wissen, wie viel Geld Sie ausgeben »dürfen«, können Sie sich damit beschäftigen, welche Kommunikationsmaßnahmen Sie umsetzen wollen. Welche Maßnahmen sind für Sie sinnvoll? Wo können Sie Ihre Zielgruppe am besten erreichen? Welche Werbung hat die besten Chancen, Kunden zu gewinnen? Hier nutzen Sie vor allem auch die Informationen, die Sie in der Analysephase gesammelt haben.

Diese Phase nenne ich: Maßnahmenplanung

Natürlich wollen Sie wissen, welche Maßnahmen erfolgreich waren und welche Sie sich zukünftig sparen. Es ist ja wichtig zu sehen, für welche Maßnahmen die Millionen Ihres Budgets verbraten wurden. Nur so können Sie Dinge in der Zukunft besser machen oder andere weiter ausbauen. Sie vergleichen also Anspruch und Wirklichkeit.

Diese Phase nenne ich: Kommunikationscontrolling

Mit diesen sieben Schritten, Ihre eigene Kommunikation ein wenig zu planen, haben Sie einen kleinen Leitfaden, wie Sie vorgehen können. Keine Sorge, Sie kriegen noch mehr Informationen zum Thema Marketing. Ich hätte das Ganze auch »Die sieben goldenen Schritte der Kommunikationskoordination« nennen können, aber das klingt wieder so schwerfällig.

Positionierung – von Anfang an

Der wunderschöne Begriff »Positionierung« ist schnell erklärt. Wie Sie erkennen, enthält er das Wort »Position«, und damit ist im Endeffekt gemeint, welche Position Sie im Markt mit Ihrem Produkt oder Ihrer Dienstleistung einnehmen wollen. Was wichtig ist: Die Positionierung ist nicht nur eine Floskel, sondern etwas, das Sie halten sollten. Wenn Sie *der* Qualitätsanbieter sein wollen, dann müssen Sie und Ihre Mitarbeiter das wirklich gewährleisten. Nur mit einer Fahne herumlaufen, auf der steht: »Wir haben tolle Qualität«, kann jeder. Wirkliche Positionierung ist gelebte Philosophie.

Jetzt könnten wir eigentlich das Kapitel abschließen, Sie wissen schließlich, was Positionierung bedeutet. Aber da wir kein Lexikon sind, sondern Mehrwert produzieren wollen, schauen wir uns an, welche Möglichkeiten es gibt, sich als GoG zu positionieren. Um es fassbarer zu machen, werde ich Ihnen jetzt sechs Möglichkeiten vorstellen, wie Sie sich im Markt positionieren können. Es gibt natürlich eine Menge mehr, aber so haben Sie einen Ansatz, wohin die Reise gehen kann.

Der Preis – einmal durch die Preisspirale

Viele GoGs versuchen, sich zu Beginn Ihrer Reise über den Preis zu positionieren. Natürlich können Sie versuchen, bestehende Produkte günstiger im Markt zu platzieren. Wenn Sie sich manche Branchen anschauen, gab es in den letzten Jahren eine regelrechte Preisspirale. Meistens ist das aber alles andere als förderlich gewesen und hat zum massiven Aussterben von Unternehmen geführt, die diesen Preiskampf nicht mehr mitgehen konnten. Es gibt Branchen, bei denen – aufgrund fehlender Konkurrenz – kein wirklicher Preiskampf entsteht und Sie, sofern es der Marktzugang erlaubt, mit einem geringeren Preis Marktanteile erkämpfen können. Aber machen Sie sich ausgiebig Gedanken darüber, ob ein geringerer Preis Ihnen wirklich zum erhofften Unternehmenserfolg verhilft. Dafür sollten Sie zunächst den Preis kalkulieren, den Sie aufrufen wollen. Wie das geht, dazu kommen wir noch. Gleichzeitig bedeutet die Positionierung über den Preis auch, dass der Kunde häufig mit Ihrem Produkt eine mindere Qualität verbindet. Natürlich ist das in vielen Fällen Quatsch. Aber fragen Sie sich, wie oft Sie ein vielleicht gleichwertiges Produkt gekauft haben, nur weil Sie von einer besseren Qualität aufgrund des höheren Preises ausgegangen sind. Ironie an: Niemals natürlich.

Natürlich können Sie mit einem geringen Preis häufig schneller Marktanteile erobern, indem Sie mehr Produkte durch den geringeren Preis verkaufen. Aber das geht einher mit einer geringeren Marge und führt dazu, dass Sie auch mehr verkaufen müssen. Und schon befinden Sie sich in der Preisspirale und Spiralen führen meist nach unten, aber Sie wollen ja eigentlich nach oben.

Aber es kann durchaus sinnvoll sein, sich bestimmte Branchen und die Preiszusammensetzung der Produkte dort genauer anzuschauen. So können Sie eventuell eine Branche finden, in der auch bei einer Preisreduktion noch genügend Marge übrig bleibt – Preisführerschaft also.

Das Image – die omnipräsente Vollbestäubung

Um sich über ein bestimmtes Image ein Plätzchen auf dem Markt zu sichern, brauchen Sie natürlich erst mal eins. Kein Image ist leider keine Taktik.

Damit der Kunde Ihr Image überhaupt wahrnimmt, sollte es vor allem eindeutig und erkennbar sein. Wenn Sie einen Onlineshop für nachhaltige Produkte planen, sollten Sie von Anfang an darauf achten, diese Nachhaltigkeit entsprechend zu kommunizieren. Damit meine ich nicht nur, dass es im Text der Website steht, sondern sich durch alle kommunikativen Maßnahmen zieht. Der Slogan, das Logo, die Bilderwahl und die Verpackung Ihrer Produkte. Das Image, das Sie transportieren wollen, ist nur dann erkennbar, wenn Sie es dem potenziellen Kunden überall vor Augen führen. Das nenne ich omnipräsente Vollbestäubung.

Neben der Nachhaltigkeit gibt es weitere Faktoren, mit denen Sie Ihr Image schärfen können. Dazu gehört soziale Verantwortung oder technischer Vorsprung. Hier hilft auch ein Blick in andere Branchen. Welches Image versuchen die Marktteilnehmer dort zu transportieren? Wo nehmen Sie das wirklich wahr und was können Sie daraus lernen?

Ein wirkliches Image zu entwickeln kostet viel Arbeit und in der Regel auch viel Geld. Aber machen Sie sich unabhängig vom Punkt Positionierung Gedanken dazu, welches Image Sie bei der Zielgruppe aufbauen wollen. Denken Sie etwa an Mercedes-Benz Die Marke ist fest in unseren Köpfen mit dem Begriff Qualität verbunden. Da hat definitiv jemand etwas richtig gemacht, und das trotz des berühmten Tests, bei dem die A-Klasse auf die Seite gelegt wurde.

Ein persönlicher Nachtrag zum Thema Nachhaltigkeit: In diesem Bereich gibt es leider viele Unternehmen, die sich aufgrund der gesellschaftlichen Entwicklung Begriffe wie Nachhaltigkeit auf die Fahne schreiben, obwohl sie eigentlich gar nichts damit zu tun haben – Greenwashing nennt man das. Hier dürfen Sie gerne kurz alles, was mit Marketing zu tun hat, vergessen. Es geht nicht darum, ein Bild nach außen zu erzeugen, sondern darum, eine Philosophie zu leben. Es gibt auch im Marketing Grenzen. Umso schöner ist es zu sehen, dass es auch bei »Die Höhle der Löwen« Unternehmen gab, denen diese Werte mehr wert sind als der reine Profit.

Der Service – an allen Ecken und Kanten

Der Service – was ist das überhaupt? Ich glaube, der Begriff »Service« steht in den Top Ten der meistverwendeten Begriffe aller Businesspläne, die ich bisher so gelesen habe. Aber Service ist mehr als ein Wort, sondern ein Versprechen. Service propagieren kann jeder, Service leben und an jeder Stelle des eigenen GoG-Seins umsetzen, das tun nur sehr wenige. Machen Sie sich Gedanken, welche andere Unternehmen Sie mit ausgezeichnetem Service verbinden. In Schritt zwei überlegen Sie, warum das so ist. Was macht den besonderen Service bei diesen Unternehmen aus? Sie müssen nicht immer alles neu erfinden, sondern können auch von anderen lernen, die auch irgendwann mal als GoG gestartet sind. Die Vorstellung hilft übrigens ungemein: Alle anderen Unternehmen waren einmal genauso klein wie Ihres. Jedes Unternehmen der Welt war eigentlich irgendwann ein Start-up – verrückt, oder?

Manchmal hilft ein Blick in einen Bereich, der vom Service lebt – die Gastronomie. Eigentlich gibt es keine Branche, die sich dafür besser eignet. Klar spielen Produkte hier auch eine große Rolle, wenn es nicht schmeckt, komme ich vielleicht nicht wieder. Aber um ehrlich zu sein: Mir fehlt der Gaumen, um zwischen den vielen guten Restaurants und Cafés das auszuwählen, das besser ist. Nur die ganz schlechten kann ich erkennen. Vielleicht geht das nur mir so, aber viele Cafés zum Beispiel sind sich doch recht ähnlich. Das, was in den meisten Fällen für mich zum Ausschlag führt, ob ich zu A oder B gehe, ist der Service. Fangen wir mit kostenlosem WLAN an, kommen zum kostenlosen Wasser zum Kaffee und hören bei der Kuscheldecke für den Außenbereich auf. Das nenne ich personallosen Service. Der Begriff ist selbst gewählt und nicht unbedingt wissenschaftlich eruiert. Anne ergänzt an der Stelle, dass sie etwa für besondere Kunden abends ein Personal-Shopping anbietet und den Laden dann auch zu ungewöhnlichen Uhrzeiten öffnet.

Neben dem personallosen Service spielt das Personal natürlich eine übergeordnete Rolle. Gerade in meinem Lieblingscafé muss das mehr als nur freundlich sein – wirklich aufmerksam und vorausschauend, und weil es das eben ist, komme ich jeden Tag wieder.

Also, wenn Sie den Service Ihres Unternehmens in den Vordergrund Ihrer Kommunikation stellen, dann muss der Service auch wirklich gut sein.

Das Design – schön und wahrnehmbar

Ich liebe gutes Design. Ich habe zwar keine Ahnung, was »gut« ist, aber das, was ich mag, ist auch gleichzeitig gut für mich. Schöne Möbel, tolle Läden, schicke Hemden, die Liste könnte ich endlos fortführen.

Aber wie soll ich mich als GoG mithilfe des Designs positionieren? Beginnen wir doch mit dem Design, das der Kunde wahrnehmen kann. Wenn Sie ein Café eröffnen wollen, gibt es viele Wege, es einzurichten. Wenn Sie Stühle verkaufen wollen, können die ebenfalls von besonderem Design sein. Viele Menschen lieben schöne Dinge. Selbiges kann auch zutreffen, wenn Sie einen Onlineshop aufbauen und ein außergewöhnliches Design wählen. Vielleicht ist Ihr Design nicht nur schön, sondern so besonders, dass Sie im Kopf des Kunden bleiben.

Machen Sie sich Gedanken, was das Design Ihrer Produkte transportieren soll. Was soll der Kunde wahrnehmen, wenn er etwas zu sehen bekommt? Das lässt sich wundervoll auf Dienstleistungen übertragen. Ein Beispiel aus meiner eigenen Beraterzeit: Als ich zu meinen ersten Beratertreffen ging, war ich eigentlich immer der Jüngste. Das führte teilweise dazu, dass die werten Kollegen bei mir ihre Getränke bestellten. Na ja, damals konnte ich nicht darüber lachen, so wie ich es heute kann. Ich hatte das Gefühl, dass mich keiner ernst nimmt, in Kombination mit meiner geringen Erfahrung mit solchen Situationen, also eher suboptimal und demotivierend. Also habe ich mir etwas überlegt: Um bei diesen Treffen aufzufallen, brauchte ich ein Erkennungsmerkmal, etwas, das mich zwischen all den anderen Beratern mit ihren feinen Anzügen auffallen lässt. Was habe ich also gemacht? Ich habe mir bei einem Modehaus um die Ecke ein paar knallrote Hosenträger gekauft – glauben Sie mir, die fallen auf. Ich habe Sie heute noch und manchmal ziehe ich sie auch noch an. Ob ich jetzt dadurch erfolgreicher war, weiß ich nicht, aber aufgefallen bin ich in jedem Fall. Erfahrung, ein schickes Auto, viele Mitarbeiter oder eine tolle Adresse waren für mich keine Merkmale, mit denen ich glänzen konnte – die roten Hosenträger schon.

Die Qualität – den Anspruch kennen und verkörpern

Was macht für Sie Qualität aus? Langlebigkeit, hochwertige Materialien oder Fehlerfreiheit? Die Definition des Begriffs an sich ist schon schwierig. Also sollten Sie herausfinden, was Ihr potenzieller Kunde bezogen auf Ihr Produkt mit Qualität verbindet. Das ist nämlich nicht immer gleich.

Nur wenn Sie das wissen, können Sie dem Kunden auch die Qualität liefern, die er sucht. Dann ist es möglich, diesen Ansprüchen gerecht zu werden oder sie im Idealfall zu übertreffen. Wie lange sollen Ihre Produkte halten? Produktion in Asien aufgrund von Kosteneinsparungen oder im alteingesessenen Familienunternehmen in Baden-Württemberg? Im Studium habe ich Philip Kotler verschlungen. »Um der Konkurrenz voraus zu sein, müssen Sie den Kunden nicht nur zufriedenstellen, sondern ihn mit Ihrer Leistung begeistern«, sagt er. Genau dieses Zitat sollte auch auf den Qualitätsanspruch zutreffen.

Das Qualitätsverständnis Ihrer Kunden kann sehr unterschiedlich sein. Der eine trinkt seinen Kaffee gerne lauwarm, der andere kochend heiß. Der Kunde hat häufig eine genaue Vorstellung, was das Produkt können sollte. Wenn Sie langfristig im Kopf des Kunden bleiben wollen, kann es also ein Ansatz sein, dieses »Soll« mit einem »Wow« zu übertreffen. Schaffen Sie das?

Der Vorsprung – nicht nur durch Technik

Sie fragen sich sicherlich, was Positionierung über den Vorsprung bedeutet. Ich gebe Ihnen ein Beispiel:

Als ich sechs Jahre alt war, habe ich ein Keyboard geschenkt bekommen. Da ich musikalisch völlig talentfrei bin, war das nicht wirklich ein sehr sinnvolles Geschenk. Aber gut, ausgefuchst, wie man als Sechsjähriger ist, habe ich mir das Geschenk zunutze gemacht.

Auf dem Keyboard gab es eine »SpielmireinLied«-Taste. Natürlich hieß die Taste nicht so, aber wenn man draufgedrückt hat, hat das Keyboard ein Lied abgespielt – das war natürlich eine Sensation. Ich habe mich mit dem Keyboard direkt vor die Sparkasse unserer kleinen Stadt gestellt, einen Hut auf den Boden gelegt und dann auf die

Zaubertaste gedrückt. Schon wurde das feine Liedchen abgespielt. Natürlich habe ich dabei so getan, als würde ich selber spielen. Viele nette ältere Menschen haben dem kleinen süßen Jungen ein paar Mark in den Hut geworfen. Ich habe sogar mehr verdient als mit meiner Limonade.

Was ich Ihnen damit sagen will? Nun, nicht nur, dass ich ein böser Mensch bin, sondern vor allem, dass viele Leute diese Funktion auf dem Keyboard nicht kannten beziehungsweise in meinem kleinen Dorf wahrscheinlich niemand ein Keyboard mit dieser Funktion hatte. Der technische Vorsprung war somit auf meiner Seite.

Ob Sie nun ein Kosmetikinstitut mit einem neuartigen Mikroderm-abrasionsgerät eröffnen oder eine besondere Vermessungstechnik von Zweikanalrohren entwickelt oder importiert haben, spielt keine Rolle. Wenn sich ein Vorsprung kommunizieren lässt, dann dient dieser häufig dazu, sich darüber auch zu positionieren. Wichtig ist, dass der Vorsprung auch wirklich erkennbar ist, nur so kann er auch wahrgenommen werden.

Sie müssen das nicht zwangsläufig selber entwickeln. Manchmal reicht es auch, sich als Erster in einer bestimmten Branche oder in einer bestimmten Region eine neue Technologie zunutze zu machen.

Special: Der Elevator Pitch

Willkommen in der hippen Marketingwelt, wo ein Anglizismus die Weltherrschaft bedeuten kann. Der Elevator Pitch beschreibt im Prinzip eine Fahrstuhlfahrt, auf der Sie einem Unbekannten Ihre Idee, Ihr Unternehmen und/oder Ihre Person vorstellen. Dafür haben Sie aber leider nicht besonders viel Zeit. Wie lange genau? Das hängt davon ab, in welches Stockwerk Sie gerne wollen. Versuchen Sie es doch zunächst mal mit 30 Sekunden. Warum Sie Fremden das alles erzählen sollten? Dazu komme ich gleich.

Also 30 Sekunden, um eine Vielzahl an Informationen weiterzugeben. Jetzt können Sie extrem schnell reden, dann kriegen Sie vielleicht alle Informationen unter. Aber die Informationen sollen im Idealfall hängen bleiben, und das ist gar nicht einfach.

Zunächst sollten Sie versuchen, Ihre Idee, Ihr Produkt, das, was Sie überhaupt machen wollen, auf den Punkt zu bringen. Das fällt vielen GoGs sehr schwer. Manche Ideen sind erklärungsbedürftiger als andere. Friseursalon vs. patentierte mikrobiologische Regenerationsgewinnung – ob es das gibt, weiß ich nicht.

Nehmen Sie sich einen Augenblick und fassen Sie Ihre Idee in Worte. Sie werden häufig wenig Zeit haben, um sie vorzustellen, da ist es hilfreich, auf den Punkt zu kommen. Eigentlich lässt sich das Ganze vergleichen mit dem Kennenlernen in einer Bar. Da halten Sie zu Beginn auch keinen zweistündigen Monolog, in dem Sie all Ihre positiven Eigenschaften vorstellen, sondern fangen mit dem Namen und anderen wichtigen Infos an. Nicht, dass das jetzt meine Taktik wäre, aber das Beispiel passt doch sehr gut.

Welche Informationen sind am Anfang wichtig? Welche Vorteile wollen Sie Ihrem Gegenüber vermitteln? Was könnte ihn oder sie interessieren? Wenn Sie einen kleinen Leitfaden für sich entwickelt haben, spielen Sie das ein paarmal durch. Glauben Sie mir, das hilft wirklich. Ich kenne Politiker, die haben bestimmte Floskeln auswendig gelernt und wissen, was sie in welchen Situationen sagen müssen. Natürlich sollen Sie sich nicht in eine Maschine verwandeln, aber wenn Sie in einigen Situationen wissen, was Sie sagen können, gibt Ihnen das Sicherheit – und Sicherheit macht Sie in dem Fall stark.

Das war doch gar nicht so schwer, oder? Und wieder eine schlaue Sache, mit der Sie auf der nächsten Party oder im Fahrstuhl glänzen können.

Marken – als Cowboy auf Reise

Um beim Thema »Wissen, mit dem Sie glänzen können« zu bleiben, beschäftigen wir uns einmal mit der Frage, woher Marken überhaupt stammen. Also irgendjemand muss sich das Ganze doch ausgedacht haben.

Dieser jemand waren die Cowboys in Amerika. Das mag im ersten Moment etwas seltsam klingen. Doch jeder Cowboy hatte seine eigene Kuhherde und weil es natürlich mehr Spaß macht, mit den Jungs über die Felder und Berge zu ziehen als alleine, haben sich diese ganzen Kühe miteinander vermischt.

Nun saßen die Cowboys jeden Abend am Feuer und fragten sich, wie sie ihre 1000 Kühe wieder voneinander trennen könnten. Niemand kann sich schließlich jede Kuh merken und meistens hören Kühe nicht auf irgendwelche Spitznamen. Also hatte einer dieser Cowboys die glorreiche Idee die Kühe zu kennzeichnen. Die Cowboys haben die Kühe mit einem Zeichen versehen. Die Kühe wurden also »gebrandet«. Und die englische Bezeichnung für Marke ist »Brand«.

Eine Marke hat also in erster Linie die Aufgabe, sich von anderen durch bestimmte Merkmale zu unterscheiden und so Wiedererkennung zu gewährleisten. Ich hoffe, ich habe die Entstehung einigermaßen wissenschaftlich korrekt wiedergegeben. Aber ich glaube, wir kennen uns gut genug, dass Sie wissen, was ich mit der kleinen Geschichte bezwecken wollte.

Wenn Sie also eine Marke für Ihre Produkte schaffen wollen, geht es darum, dass Ihr Konsument diese auch als solche wahrnehmen kann. Das ist heutzutage ein bisschen schwerer als bei den Cowboys damals, da es mittlerweile nicht nur Tausende Cowboys, sondern Millionen Kühe gibt. Aber ein Cowboy zu sein ist eigentlich ganz cool, oder? Sie dürfen das Beispiel aber auch gerne auf viele Prinzessinnen und Tausende von Fröschen übertragen.

Es ist also nicht einfach, eine Marke aufzubauen, die bei der potenziellen Zielgruppe im Gedächtnis bleibt. Dazu hilft mir eine kleine Übung, die ich gerne mit Ihnen machen möchte. Keine Sorge: Sie brauchen sich jetzt nicht vom Bauern nebenan die nächstbeste Kuh zu leihen. Sie benötigen nur ein Blatt Papier und einen Stift oder ein unfassbar gutes Gedächtnis.

Bitte schreiben Sie die ersten zehn Marken auf, die Ihnen jetzt einfallen. Los geht's. 10, 9, 8, 7, 6, 5, 4, 3, 2, 1.

Fertig? Meine Marken kennen Sie fast alle. Und was ist mit Ihren? Welche Marken haben Sie aufgeschrieben? Damit mir nicht jemand die nötige Ernsthaftigkeit aberkennt, wollen wir uns anschauen, welche Marken wir aufgeschrieben haben, und noch wichtiger, warum. Da ich leider noch nicht hellsehen kann, kann ich Ihnen nur von meinen Erfahrungen erzählen, aber vielleicht erkennen Sie darin etwas wieder.

Bei mir finden sich viele Marken wieder, die mir täglich in Geschäften, im Radio oder TV begegnen. Dazu gehören zum Beispiel ein großer Mobilfunkanbieter und eine Automarke. Um diese Marken kommen Sie nicht herum, außer Sie laufen den ganzen Tag wie Hans Guckindieluft durch die Straßen – ich glaube, von dem habe ich schon erzählt. Neben diesen »auffälligen« Marken gibt es andere Marken von Unternehmen, die wesentlich kleiner sind. Warum hab ich auch diese aufgeschrieben?

Weil diese Marken mir nicht auffallen durch die Millionen, die in die Werbung gesteckt wurden, sondern besonders am Herzen liegen. Also, ich habe mich jetzt nicht in die Marke verliebt – das wäre doch suspekt –, aber ich habe eine gewisse emotionale Bindung aufgebaut. Warum ich das gemacht habe? Nun, nicht nur, weil ich vielleicht den Namen oder das Logo mag, sondern weil mir das dahinterstehende Produkt gefällt. Aber worum geht es hier? Wir brauchen eine Lehre aus der Übung.

Es geht darum, dass es Ihnen wahrscheinlich mit Werbung nicht möglich sein wird, die Weltherrschaft an sich zu reißen, sondern dass Sie, ähnlich wie die kleinen Marken, eine Bindung zum Konsumenten aufbauen müssen. Das ist leichter gesagt als getan, darüber ist der Autor sich im Klaren. Der Weg ist lang und nicht nur steinig, sondern irgendjemand hat ein paar Mauern hochgezogen. Die Frage ist eben, ob Sie genug Energie haben, trotzdem loszulaufen oder mit dem Bulldozer diese Mauer einzureißen.

Marken machen ist also nicht einfach. Eine gute Marke sollten Sie wiedererkennen wie einen hübschen Mann, der Ihnen das zweite Mal über den Weg läuft. Oder von mir aus auch ein besonders netter oder eine Frau. Nicht dass mir hier jemand Sexismus vorwirft! Und genau wie mit dem hübschen Mann sollte die Marke Begehrlichkeiten wecken. Sie kommen nicht umhin, ihn anzusprechen, und im Idealfall bekommen Sie auch nicht genug von ihm.

Eine Marke muss aber nicht immer hip, trendy und modern sein, sondern kann auch bodenständig, ehrwürdig oder konservativ wirken. Es geht darum, ein klares Bild zu erzeugen. Alles kann niemand sein – auch der hübsche Mann auf der anderen Straßenseite nicht.

Manche Marken haben es so weit gebracht, dass sie für eine ganze Produktkategorie stehen. Beispiele? Gerne. Denken Sie etwa an den Tesafilm, der symbolisch für Klebeband steht. Oder an Tempos, die wohl gebräuchlichste Abkürzung für ein Taschentuch. Wenn Sie so weit kommen: Herzlichen Glückwunsch!

Budgetierung – die Rakete starten

Werbung ist meistens sehr schön anzuschauen, lässt uns lachen und hat eine große Wirkung auf unser Kaufverhalten – hat aber meist auch einen großen Nachteil: Sie kostet Geld. Und GoGs am Anfang der Mission Weltherrschaft ziehen zumeist ihre Schwimmbahnen noch nicht direkt im eigenen Geldspeicher wie Dagobert Duck. Ich hatte zu Beginn ein paar nette Flyer, die mir meine Schwester gestaltet hatte, und einen Aufkleber mit meinem Firmenwagen auf dem Auto.

Je kleiner das Budget, umso wichtiger ist die Planung. Wie viel wird investiert? Welche Maßnahmen sind sinnvoll? Ich hatte kurz überlegt, »Euro« wegzulassen, weil es seit gefühlten zehn Jahren eine Eurokrise gibt. Aber wir gehen ein bisschen auf Risiko, sonst bitte den Begriff durch Mark, Drachme oder Gulden ersetzen.

GoGs fragen mich oft, wie hoch sie ihr Marketingbudget ansetzen sollen. Gar nicht mal so einfach, oder? Meist ist die Antwort: »So viel, wie Sie entbehren können.« Ja, ich mache es mir einfach, aber das ist in dem Fall nicht falsch. Die Vermarktung Ihrer Produkte ist der Schlüssel zum Erfolg, und der ist besser aus Stahl als aus Plastik.

Natürlich gibt es auch Kalkulationsgrundlagen. Sie wollen eine davon haben? Gerne. Viele Unternehmen setzen einen Wert von 5 bis 10 Prozent des Umsatzes für Ausgaben im Bereich Marketing an. Es folgt ein schwerwiegendes Rechenbeispiel:

> Sie kalkulieren für das laufende Jahr mit einem Umsatz von 50.000 Euro? Dann sollte Ihr Marketingbudget bei 10 Prozent 5.000 betragen. Um ehrlich zu sein, geben die meisten GoGs bei einem ähnlichen Umsatz weit weniger aus.

Was mir wichtig ist: Wenn Sie am Anfang stehen, planen Sie genug Budget für Ihre Maßnahmen ein. Marketing ist teuer und kostet häufig mehr, als Sie vorher kalkuliert haben. Wenn Sie für Ihr Vorhaben 250.000 Euro benötigen, sind Marketingausgaben von 2.000 Euro sicher zu wenig. Natürlich kann man das nicht pauschalisieren, aber meine Erfahrung hat gezeigt, dass hier eher geknapst als geklotzt wird. Begehen Sie diesen Fehler bitte nicht! Um ein Geschäftsvorhaben langfristig erfolgreich zu machen, braucht es Geld für die Vermarktung.

Ich erkläre das in meinen Vorträgen gerne mit dem Beispiel einer Rakete. Um eine Rakete in den Weltraum zu bekommen, braucht es eine Menge Energie. Erst wenn sie sich in der Umlaufbahn befindet, ist vermeintlich weniger Energie vonnöten, um sie weiterfliegen zu lassen. Gerade für diesen Start brauchen Sie also Energie in Form von Kapital, damit auch Ihre Rakete in die Umlaufbahn kommt.

Corporate Design – Clown oder Wikinger

Würden Sie als Clown verkleidet zu Ihren Kunden fahren? Mit Wikinger-Helm auf dem Kopf? Oder als Barbie-Figur? Nein, natürlich nicht. Sie wollen, dass alle Menschen, mit denen Sie zusammenarbeiten, ein einheitliches Bild von Ihnen bekommen. Ein Bild, das Ihnen gefällt und das Sie wiedererkennbar macht.

Genau wie jeder Mensch hat jedes Unternehmen ein Erscheinungsbild, eine Identität, die wahrgenommen wird, egal ob gewollt oder nicht. Wie Sie persönlich eine Identität haben, gibt es auch eine Unternehmensidentität. Vermenschlichen Sie hier gerne Ihr Unternehmen, ich finde, das hilft beim Verständnis des Themas.

Zum dem Erscheinungsbild gehören Ihr Logo, Briefpapier, Broschüren oder Ihre Internetseite. Ihr Kunde soll Ihr Unternehmen als einheitliches Objekt wahrnehmen, und dazu brauchen Sie ein klares Bild. Eine ganz schöne Herausforderung, oder?

Da meist der erste Eindruck entscheidend ist, ist es gerade für GoGs von besonderer Bedeutung, in einem guten Licht zu erstrahlen. So wie Sie sich und Ihr Unternehmen nach außen präsentieren, so werden Sie auch wahrgenommen. Eine tolle Verpackung lässt meist auch auf einen guten Inhalt schließen, oder? Einen Brief mit schickem Kouvert und persönlicher Widmung in eleganter Schriftart und geschickt designten Farben öffnen Sie doch lieber als die blassen grauen Umschläge, die sonst oftmals den heimischen Briefkasten füllen. Entsprechend erwarten wir bei toller Verpackung auch aufregenden und guten Inhalt.

Genau für diese tolle und hoffentlich wiedererkennbare Verpackung ist das Corporate Design zuständig. Dabei ist vor allem die Wiedererkennung ein entscheidender Faktor. Auch wenn das jetzt ein wenig salopp dahergesagt klingt: Nur etwas, das Sie erkennen, können Sie auch wiedererkennen. Lesen Sie sich den Satz gerne ein paarmal durch, denn der Inhalt ist entscheidend. Wenn Ihre Freunde Ihre Geschenke anhand der tollen Verpackung nächstes Jahr wiedererkennen, ist das doch etwas Tolles. Ich verpacke meine Geschenke immer in Zeitungspapier – das ist meine Wiedererkennungsstrategie. Machen Sie nicht den gleichen Fehler, sondern haben Sie immer ein bisschen Geschenkpapier im Unternehmen.

Bei der Umsetzung sollten Sie sich von einem Profi beraten lassen. Der Profi weiß, welche Farben, Schriften und Motive gut zu kombinieren sind und was diese bei der Zielgruppe hervorrufen. Natürlich können Sie alles selber machen, aber Profis sehen schnell, was die Arbeit von Profis ist, und ich persönlich möchte nur mit Profis zusammenarbeiten. Was GoGs mir oft sagen: »Aber das kostet alles so viel Geld.« Das kann ich absolut verstehen und das stimmt auch. Aber hier gilt: Entweder mache ich es richtig oder ich lasse es.

Einer der wichtigsten Bestandteile für GoGs ist sicher das Logo. Schauen Sie sich mal eine Reihe von Logos aus einer gewissen Entfernung an. Was jetzt eine gewisse Entfernung ist? Nun, das hängt von Ihrer Sehstärke ab. Ich denke, drei bis vier Meter sind ausreichend. Wenn Sie dann gewisse Logos auf einem Plakat erkennen und andere eben nicht, haben Sie den wichtigsten Faktor der Logoentwicklung ermittelt. Ein Logo müssen Sie erkennen können. Viele Logos sind zu verspielt oder der Ersteller hat versucht, Hunderte verschiedene Merkmale zu integrieren. Schauen Sie sich die Logos großer Konzerne an. Nike, Mercedes, BMW oder Adidas greifen simple Formen auf, liefern aber eine Einfachheit, die im Kopf bleibt. Das Witzige daran ist, dass die meisten Menschen gar nicht wissen, was gewisse Symbole in Logos überhaupt bedeuten. Dass das BMW-Logo einen Flugzeugpropeller auf blauem Grund – also dem Himmel – zeigt, ist vielen unbekannt. Wussten Sie das?

Natürlich kostet gute Arbeit ihren Preis. Vielleicht machen Sie sich auf die Suche nach der bekannten Nadel im Heuhaufen. Es gibt auch gute Grafiker, frische Absolventen von Universitäten, die gute Arbeit für bezahlbaren Lohn anbieten. Das Milliardenunternehmen Nike hat damals weniger als 50 Dollar für das Logo bezahlt!

Kommunikation – erfolgreich Werbung machen

Als ich in Düsseldorf einen Vortrag über das Thema Marketingkommunikation gehalten habe, kam danach die Diskussion über den Erfolg von Werbung auf. Ein Teilnehmer war der Überzeugung, dass Werbung zum größten Teil herausgeschmissenes Geld ist. »Sie sind ein nettes Kerlchen, aber Werbung ist Unsinn, das braucht kein Mensch.« Meine Antwort: »Leider haben Sie da unrecht. Werbung ist kein rausgeschmissenes Geld und ein nettes Kerlchen bin ich noch weniger.« Sein Schmunzeln war der Einstieg in eine sympathische Diskussion. Die Einstellung kann ich absolut nachvollziehen. Natürlich verpufft ein Teil des Budgets in Maßnahmen, die nichts gebracht haben, die Schwierigkeit ist nur, dass Sie oft nicht wissen, welcher Teil das ist.

Anne betreibt mit ihren 23 Jahren seit einem Jahr die kleine Modeboutique in Köln. Ihre Kunden sind bisher größtenteils Freunde und Kunden, die sie aufgrund ihrer ausgefallenen Designstücke weiterempfehlen. Nachdem ihr Geschäft nun »schwarze« Zahlen schreibt und die positiven Rückmeldungen ihr Gewissheit geben, auf dem richtigen Weg zu sein, strebt sie ihr nächstes Ziel an, den Absatz zu erhöhen und ihre Bekanntheit weiter zu steigern – ihr Handwerkszeug ist nun die Werbung. Natürlich hat sie auch vorher schon Werbung gemacht, aber sie möchte nun ihr persönliches Level 2 erreichen, und das heißt weitere Absatzsteigerung. Weltherrschaft ist für Anne kein Ziel, dafür ist sie viel zu lieb.

Um dieses Ziel zu erreichen, gibt es unterschiedliche Kommunikationsinstrumente, die ihr zur Verfügung stehen. Neben klassischer Werbung gibt es Sponsoring, Verkaufsförderung, Public Relations, Messen und Ausstellungen sowie Direktmarketing und noch 100 andere Wege. Diese große Auswahl ist ein Fluch und ein Segen zu gleich. Sie können auf der einen Seite aus einer Vielzahl an Möglichkeiten auswählen, auf der anderen Seite führt diese große Auswahl auch zu einer großen Ratlosigkeit darüber, was die richtige Möglichkeit ist.

Wir haben bereits über die Ziele, die Ihre Kommunikation verfolgen kann, gesprochen. Eine Eisdiele, die eine neue Eissorte für den Sommer bekannt machen möchte, strebt eher eine momentane Werbewirkung an, mit dem Ziel, die potenziellen Kunden über die neue Eissorte Ingwer-Acai-Beere-Joghurt zu informieren. Die zuverlässige Beraterbank möchte jedoch langfristig den Kunden an sich binden und sich gegenüber der Konkurrenz profilieren. Sie sollten so oder so das Ziel für Ihre Werbung definieren. Neben dem Ziel sollten Sie dabei immer Ihre Zielgruppe im Blick halten. Annes Zielgruppe sind moderne, selbstbewusste junge Menschen, die ihren eigenen Stil entwickeln wollen und sich für Mode interessieren.

Für welches Medium Sie sich bei der Zielgruppenansprache entscheiden, ist von vielen Faktoren abhängig. Dazu gehört in erster Linie Ihr Budget. Aber auch die Erreichbarkeit der Zielgruppe über das gewählte Medium spielt eine Rolle.

Gründertalk:

> *GoG: »Brauche ich einen Slogan oder ist das eigentlich unnötig?«*
>
> *Der nette Autor: »Wie viele Slogans kennen Sie? Versuchen Sie einmal, fünf Stück aufzuschreiben. Gar nicht so einfach, oder? So geht es den meisten GoGs. Ein Slogan kann Ihre Positionierung unterstützen, aber ist – wenn überhaupt – nur ein ganz kleiner Mosaikstein.«*

Danach ist Kreativität gefragt, denn es geht darum, mithilfe der Werbestrategie die Zielgruppe zu ködern und unseren Leitsatz »Fremde zu Freunden machen« zu verfolgen. In diesem Fall ist es empfehlenswert, kurz einmal die eigene Brille gegen die der Kunden einzutauschen, um die Welt aus der Sicht der Zielgruppe zu sehen.

Anne entscheidet sich dafür, auf einer sehr persönlichen Ebene ihre potenziellen Kunden anzusprechen, für reichweitenstarke Werbung hat sie sowie kein Geld. Sie verteilt Flyer aus Stoff, bemalt den Eingangsbereich ihrer Filiale mit Straßenkreide und setzt auf die Weiterempfehlung ihrer bisherigen Kunden.

Online-Marketing – online erfolgreich sein

Ich glaube, es gibt keinen Bereich, der innerhalb des Marketings eine solche Entwicklung genommen hat wie das Online-Marketing. Online-Marketing ist für jeden GoG von enormer Bedeutung, weil es eine Menge an Möglichkeiten gibt. Dazu gehören die eigene Website, Suchmaschinenoptimierung oder Werbung in Suchmaschinen.

Vorteilhaft an dem gesamten Bereich ist, dass eine Vielzahl der Werbemöglichkeiten hinsichtlich ihrer Effizienz überprüft werden können. Und alles, was ich überprüfen kann, kann ich auch fortlaufend optimieren, oder? Neben den Flyern, die mir meine Schwester zu Beginn meines GoG-Seins erstellt hat, war meine eigene Website die zweite Möglichkeit, Werbung für mich und mein Unternehmen zu machen.

Es gibt also eine große Auswahl an Möglichkeiten, diese sind mehrheitlich überprüfbar und viele Maßnahmen kosten auch weniger, als es klassische Werbung tut. Doch diese Argumente bedeuten nicht zwangsläufig, dass im Online-Marketing alles erfolgreicher ist. Nicht, dass mich nachher jemand von Ihnen verteufelt, wenn er oder sie sein ganzes Geld ins Online-Marketing gesteckt hat. Aber jetzt genug Einführung, auf geht's ins Online Marketing.

Die eigene Website – eine Runde spazieren gehen

Der Auftritt eines Unternehmens im Internet gehört mittlerweile zu den Standard-Marketingmaßnahmen. Na gut, ein paar Unternehmen bleiben lieber unentdeckt, aber das trifft auf Sie wahrscheinlich nicht zu, sonst könnten Sie sich auch einen Tarnanzug kaufen. Das Internet ist quasi ein eigener kleiner süßer Ort mit vielen Schaufenstern und bietet die Möglichkeit, dass Kunden einen Blick auch in Ihr Schaufenster werfen können. Ich finde die Vorstellung sehr hilfreich. Stellen Sie sich Folgendes vor: Die Menschen schlendern durch diesen Ort und laufen an einer Vielzahl von Schaufenstern vorbei. Bei dem einen oder anderen können die »Spaziergänger« etwas kaufen, auf manche sind Sie eher zufällig gestoßen und andere präsentieren ihre Produkte und Dienstleistungen in leuchtenden Farben. Die Leute stehen also vor Ihrem Schaufenster. Was interessiert den Besucher? Was können Sie herausstellen? Welche Punkte sind besonders wichtig? Was wird besonders beleuchtet?

Natürlich könnten wir ein eigenes Buch darüber schreiben, was bei einer Internetseite alles berücksichtigt werden sollte, aber das würde zu viel Zeit in Anspruch nehmen. Doch ein paar Hinweise zur Schaufenstergestaltung wären ganz sinnvoll.

Eine gute Website sollte zwei Faktoren berücksichtigen. Zum einen sollte der Inhalt der Seite dem entsprechen, was der potenzielle Kunde im Internet sucht. Das bedeutet, dass Ihr Auftritt an die Wünsche des Kunden angepasst ist. Abermals geht es also um den Kundenblick – richten Sie Ihren Blick in diese Richtung. Dies spielt für Ihr Produkt oder Ihre Dienstleistung eine große Rolle. Der Kunde will finden, was er sucht – Kundensicht vor Unternehmenssicht. Aber was ist das, was der Kunde sucht? Auch hier hilft eine kleine, eigene Marktforschung. Sprechen Sie mit anderen und vor allem mit verschiedenen Menschen. Was ist diesen wichtig? Was würden diese gerne auf Ihrer Seite finden? Worauf achten sie beim Schlendern durch unseren fiktiven Ort?

Zum anderen sollte Ihre Seite mittels Suchmaschinenoptimierung so optimiert werden, dass sie bei bestimmten Suchkombinationen schnell gefunden wird. Wenn ich mir einen schönen Porsche kaufe, will ich doch, dass meine Nachbarn das wissen, und lasse das gute Stück nicht immer nur in der verschlossenen Garage stehen. Nein, ich habe weder eine Garage noch einen Porsche. Aber ich hoffe, Sie wissen, was ich meine. Ich finde viele Seiten sind schön gestaltet, haben tolle Produkte, aber niemand findet die Seite. Vor dem Schaufenster ist quasi ein Vorhang und niemand kann hereingucken, was schade ist.

Aber zunächst zum Punkt »Inhalt des Schaufensters«. Natürlich gibt es einige Dinge, die auf einer Seite so oder so nicht fehlen dürfen. Dazu gehören etwa die Kontaktdaten. Wer seine Kontaktdaten irgendwo versteckt, wirkt für mich nicht authentisch und hat keine Lust auf Kontakt und auf den habe ich dann auch keine Lust. Ich mag keine Seiten, auf denen ich ewig danach suchen muss. Sie sollten sich immer Folgendes vor Augen führen: Ihre Seite ist häufig nur der erste Schritt zum Endziel Auftrag, Verkauf oder Umsatz – sofern wir jetzt nicht über einen Onlineshop reden. Das heißt, Sie sollten versuchen, aus diesem vermeintlich unpersönlichen, digitalen Kontakt einen persönlichen zu machen. Also den Besucher dazu animieren, mit Ihnen in Kontakt zu treten, quasi in Ihr Geschäft einzutreten. Deshalb sollten Sie die Möglichkeit der Kontaktaufnahme prägnant und mehr als einmal offensichtlich in den Vordergrund stellen. Das »Mehr« an Information bekommen die Besucher im Laden und nicht draußen.

Was spielt neben den reinen Kontaktdaten noch eine Rolle? Öffnungszeiten, Produktinformationen, Preise, Anfahrt, Unternehmensbeschreibung – die Auswahl ist groß. Wie oben bereits gesagt, hilft hier eine Miniumfrage oder der Blick auf die Websites derselben Branche. Auch hier können Sie eine Konkurrenzanalyse durchführen, selbst wenn es nur indirekte Konkurrenten sind. So bekommen Sie ein Gefühl dafür, was diese Unternehmen in den Vordergrund stellen oder besonders betonen. Das bedeutet bitte nicht, dass Sie das kopieren sollen, sondern dass Sie eine zusätzliche Informationsquelle haben. Schlendern Sie also selber durch den kleinen Ort und werfen Sie einen Blick in die Schaufenster der Konkurrenz.

Wenn Sie wollen, können Sie den Besucher mit Informationen totschlagen, aber das wäre wenig sinnvoll. Achten Sie bei Ihrer Seite darauf, sich auf das Wesentliche zu konzentrieren. Niemand kann sämtliche Informationen abspeichern – außer Sie sind natürlich ein Supercomputer. Anne wirft gerade ein, dass sie glaubt, dass ihren Kunden vor allem simple Dinge wie Öffnungszeiten und Anfahrt wichtig sind. Daneben informieren sich die Kunden auf ihrer Seite über neue Produkte und das derzeitige Sortiment. Das Schaufenster sollte nicht zu voll sein, sonst wandert der Blick nur hin und her und bleibt nirgendwo hängen.

Wenn Ihre Produkte in direktem Zusammenhang mit Ihnen stehen, dann sollten Sie etwas über sich selbst sagen. Sie wollen schließlich Vertrauen aufbauen. Der Besucher will Sie kennenlernen. Das ist eine große Herausforderung, weil sich kurz und einprägsam darzustellen oft nicht einhergeht mit einer umfassenden und offenen Darstellung. Auch hier zählt der erste Eindruck: Ein nettes Bild und ein freundlicher Text öffnen dem Spaziergänger nicht nur den Vorhang, sondern möglicherweise auch die Ladentür. Ich liebe diese Profilbilder, auf denen der Fotografierte einen Telefonhörer in der Hand hält. Ich frage mich dann immer, ob diese Leute nicht die Zeit hatten, für das Foto den Hörer aus der Hand zu legen. Wir leben wirklich in einer stressigen Welt.

Stellen Sie in den Vordergrund, was Sie machen, und erklären Sie es so, dass der Besucher es versteht. Manchmal habe ich das Gefühl, ich brauche ein Lexikon neben dem Bildschirm, um bestimmte Dinge zu verstehen. Vielleicht kenne ich nicht genug Fachbegriffe, aber der Besucher will abgeholt werden. Niemand fühlt sich wohl, wenn er nichts versteht.

Was auf einer guten Internetseite natürlich nicht fehlen darf, sind ansprechende Bilder. Aber wie definieren wir jetzt »ansprechend«? Nun, zuerst einmal müssen Sie Stellen finden, an denen Bilder auch Sinn machen. Jetzt überall halb nackte Frauen oder Sportwagen zu platzieren, würde vielleicht den einen oder anderen auf der Seite binden, aber die angebotenen Leistungen wären dann egal. Ich stehe also nur vor dem Schaufenster, um ein bisschen Bilder zu gucken, aber genau diese Bilder sollten mich hereinlocken. Bei Bildern können Sie leider eine Menge falsch machen. Aber da wir positiv ausgerichtet sind, beschäftigen wir uns damit, wie Sie es richtig machen. Es gibt Menschen, die können gut mit einer Kamera umgehen, und viele, die es nicht können – zu denen gehöre auch ich. Also, wenn Sie eigene Bilder für die Seite erstellen, dann ist das toll, aber diese müssen auch hochwertig sein. Es gibt viele gute Bilderdatenbanken, in denen Sie hervorragende Bilder finden. Schauen Sie sich da ebenfalls um.

Da wir in der technologischen Entwicklung mittlerweile über das reine Fotografieren hinaus sind, können Sie natürlich auch Videos einbinden. Ein Anwendungsvideo, ein Video über Sie als Person oder ein klassisches Produktvideo – Möglichkeiten gibt es eine ganze Menge. Ich habe selber ein paar Videos, die zugegebenermaßen schon etwas älter sind. Ich hatte auch ein sehr professionelles Imagevideo, bei dem ich 100 Personen die Hand geschüttelt oder auch professionell telefoniert habe. Glauben Sie mir, ich bin froh, dass ich die DVD nicht mehr finde. Welche Videos können einen Mehrwert für Ihren Besucher darstellen? Ich weiß, »Mehrwert« ist mein Lieblingswort, aber das Wort muss bei jedem GoG tief im Bewusstsein eingebrannt sein.

Was ich bei Websites von GoGs mag, ist, wenn Sie aktuell sind. Wenn Sie für viel Geld eine Internetseite aufsetzen und dann passiert Wochen, Monate oder Jahre auf dieser Seite nichts mehr, dann ist das schade. Wenn Sie sich also den Porsche kaufen, dann fahren Sie hoffentlich auch ab und an damit in eine Waschstraße. Einen kleinen Blog einbinden, ab und an ein paar News posten oder sich zu einem Thema äußern, hält die Seite frisch – und das mag nicht nur ich. Ja, mir ist bewusst, dass das Arbeit ist, aber die Arbeit lohnt sich. Dieser vermeintlich zusätzliche Inhalt liefert abermals Mehrwert für den Besucher und ist vielleicht der entscheidende Grund dafür, warum er den Laden betritt. Ich nenne es gerne die »Ziehmöhre«.

Bernd fragt mich gerade, ob ich nicht so etwas wie einen Handlungsleitfaden aufsetzen könnte, an dem er sich orientieren kann, wenn er eine neue Website plant. Ich versuche es:

Schritt 1: Analyse

Zunächst sollten Sie sich Konkurrenzseiten anschauen. Was fällt Ihnen hier auf? Daneben sollten Sie andere Personen danach fragen, was diesen auf einer Seite Ihrer Branche wichtig ist. Hier spielen auch die Informationen, die Ihnen die Analyse im Sinne der Suchmaschinenoptimierung liefern wird, eine Rolle – dazu kommen wir gleich noch. Diese ganzen Informationen kombinieren Sie zu einem ersten Eindruck. Natürlich spielt auch Ihre eigene Einschätzung eine Rolle. Alles aufschreiben.

Schritt 2: Inhaltliche Konzeption

Wenn Sie also die ersten Informationen an der Hand haben, geht es an die Planung. Wie bauen Sie die Seite auf? Welche Menüpunkte sind sinnvoll? Wie können Sie die Besucher zu einem Kontakt oder einem Kauf anregen? Was stellen Sie in den Vordergrund?

Schritt 3: Gestalterische Konzeption

Wenn der Aufbau der Seite steht, sollten Sie sich Gedanken zum Design machen. Wie sollte die Seite aussehen? Wie kann das Design Ihr Ziel – Kontakt oder Kauf – unterstützen? Welche Bilder oder Videos wären an welcher Stelle sinnvoll? Wie können Sie Ihr Corporate Design auch online umsetzen?

Schritt 4: Technische Konzeption

Sie müssen sich frühzeitig entscheiden, ob Sie für Ihre Seite ein sogenanntes Content-Management System einsetzen, einen Baukasten verwenden, oder die Seite durch einen Profi programmieren lassen; auch welche Domain Sie für die Seite wählen und wer Ihre Seite hostet – also bei welchem Anbieter die Seite liegen soll.

Schritt 5: Umsetzung

Jetzt sollten Sie alle Informationen zusammenhaben, um Ihre Website entsprechend umzusetzen beziehungsweise umsetzen zu lassen. Denken Sie bitte daran: Eine gute Seite ist nicht innerhalb eines Tages fertig.

Das sind nur fünf kleine Schritte, aber sie helfen Ihnen, das Thema in eine gewisse Ordnung zu bringen.

Gründertalk:

> *GoG: »Was kostet eigentlich eine Internetseite?«*
>
> *Der nette Autor: »Gegenfrage: Was kostet ein neues Badezimmer? Goldene Handläufe, Whirlpool oder doch Plastikarmaturen und Teppichboden? Eine Interseite zu kalkulieren bedeutet zu wissen, wie umfangreich und kreativ das alles werden soll. Meine Erfahrung bei GoGs liegt hier im Bereich von 1.000 bis 3.000 Euro und ich habe wirklich versucht, es einzugrenzen.«*

Achten Sie bei Ihrer Seite bitte unbedingt darauf, dass rechtlich alles sauber ist. Manche Leute haben nicht viel zu tun und schnüffeln lieber lange herum, bis sie rechtliche Verstöße gefunden haben, und das kostet Sie letztendlich nicht nur viel Geld, sondern vor allem Nerven. In Deutschland besteht Impressumspflicht. Lesen Sie sich die Pflichtangaben im Telemediengesetz durch. Ich hätte Sie Ihnen auch hier ins Buch geschrieben. Aber wie schon gesagt: Erstens kennen Sie Suchmaschinen und zweitens ändert sich auch hier ab und an etwas.

Was ich Ihnen noch empfehlen kann bei der Website-Erstellung? Ein effizientes Website-Controlling-Tool, um viele Informationen über Ihre Besucher zu bekommen. Sie sollten wissen, wer vor dem Schaufenster steht, nur dann wissen Sie auch, was Sie reinstellen sollten. So können Sie das Verhalten der Besucher und Nutzer Ihrer Website messen und analysieren. Sie glauben gar nicht, was Sie da alles an Informationen herausziehen können. Ich bin alles andere als ein Programmierer und war deshalb mehr als überrascht, welche Informationen mir zur Verfügung stehen. Sie bekommen Informationen über die Herkunft Ihres Besuchers, die Aufenthaltsdauer und vieles mehr. So können Sie Ihre Seite immer weiter verbessern und das anbieten, was den Besucher interessiert, und genau darum geht es doch, oder? Im Prinzip wissen Sie also, aus welcher Richtung die Spaziergänger kommen, wie lange diese vor Ihrem Fenster stehen und auch für welche Produkte in Ihrem Fenster sie sich interessieren.

Suchmaschinenoptimierung – Spaziergänger zum Schaufenster locken

Also zurück zum Porsche, der nicht in der Garage stehen sollte. Seine Website für Suchmaschinen aufzubereiten, ist in der heutigen Zeit nicht mehr wegzudenken. Ihre Kunden werden Sie im Internet suchen und genau da wollen Sie gefunden werden, oder? Quasi die Blinkwerbung vor dem Schaufenster. Über 30 Prozent der Internetuser klicken auf das allererste Ergebnis – da lohnt sich der Aufwand doch. Ich versuche Sie ein wenig für das Thema zu sensibilisieren. Wenn Sie viel Geld oder Zeit in die Entwicklung Ihrer Seite stecken, dann sollte sich diese Ausgabe auch lohnen. Wie Sie Ihre Website für die Suchmaschinenoptimierung in Schuss bringen, möchte ich Ihnen gerne anhand eines weiteren Beispiels des lieben Bernd erklären.

Für seinen Laden mochte er auch eine Website mit eigenem Shop einrichten, damit er online Kunden findet und Gewürze verkaufen kann. Damit sich Bernds Website möglichst hoch bei den Suchmaschinen einsortiert, will er sich frühzeitig mit dem Thema Suchmaschinenoptimierung befassen. Dazu erstellt er eine kleine Anleitung für Suchmaschinenoptimierung.

Bernd überlegt sich im ersten Schritt, mit welchen Suchbegriffen die Spaziergänger nach seinen Produkten oder seinem Laden suchen würden. Wonach würden die Spaziergänge die Touristen-Information in unserem Ort fragen, wenn Sie einen Gewürzladen suchen? Er erstellt eine Liste, wonach er suchen würde, und fragt seine Bekannten, Anne und mich ebenfalls danach. Wenn er die Liste fertig hat, nutzt er ein Online-Tool, um noch mehr Suchbegriffe zu identifizieren. Ein Beispiel ist der Google-Keyword-Planer. Dort erhält er auf Wunsch ähnliche Suchbegriffe, nach denen seine potenzielle Kunden suchen. So findet er Begriffe wie »Gewürze«, »Gewürze online« oder »Gewürzhandel«. Mittlerweile haben sich auf seiner Liste über 20 Suchbegriffe angesammelt. In besonderen Fokus stellt er die wichtigsten fünf. Das Schöne an dem Google-Keyword-Planer ist darüber hinaus, dass er herausfinden kann, wie oft ein bestimmter Begriff bei Google gesucht wird. So bekommt er ein Gefühl dafür, welche Begriffe eine gewisse Relevanz haben und welche eben nicht. Manchmal ist es nämlich so, dass niemand nach dem Begriff sucht, den Sie sich selber überlegt haben. Wenn Sie also Ihre relevanten Top Five gefunden haben, kann es weitergehen. Das müssen jetzt nicht zwangsläufig fünf sein, aber das ist vielleicht ein guter Anfang.

Für die gesamte Entwicklung der Website hat Bernd diese Keyword-Liste immer im Hinterkopf. Sein Ziel ist es, den Inhalt der Website auf diese Suchbegriffe und speziell auf die Top Five der Liste auszurichten. Im Prinzip dienen die Begriffe als Wunschäußerungen des potenziellen Kunden und Wünsche sollten Sie erfüllen, wenn Sie etwas verkaufen wollen, oder? Aber was macht er jetzt mit diesen Suchbegriffen?

Da auch die Domain das Keyword enthält, spielt die richtige Wahl einer treffenden Domain ebenfalls eine Rolle. Die Inhalte der Website sind ebenfalls für die Suchmaschinenoptimierung wichtig. Die Suchmaschinen sehen und wissen alles – wie die dunklen Herren bei Momo, die durch die Straßen ziehen und Ihr Schaufenster beobachten. Jeglicher Inhalt von Bernds Website wird von den Suchmaschinen gefiltert und nach relevanten Informationen abgegrast. Selbst Bilder sollte Bernd mit Suchbegriffen versehen. Die Texte auf der Website stehen in besonderem Fokus. Nicht nur, weil sie für die Kunden relevante Informationen enthalten sollten, sondern weil die Suchmaschine hier die relevanten Suchbegriffe finden sollte. Stellen Sie sich vor, die Suchmaschine erstellt am Ende eine Liste aller vorhandenen Begriffe einer Seite. Wenn dann der Begriff »Gewürze« oben auf der Liste steht, geht die Suchmaschine davon aus, dass die Seite etwas mit Gewürzen zu tun hat. Logisch eigentlich, oder?

Wichtig sind auch Überschriften, die relevante Suchbegriffe enthalten und darüber hinaus auch den Text angenehm strukturieren. Das gilt nicht nur für das Internet, ich versuche schließlich im Buch auch mit Überschriften ein bisschen Struktur zu schaffen. Natürlich könnten Sie einen bestimmten Begriff hundertmal hintereinander schreiben, aber auch Google ist ziemlich schlau und ich glaube, das fänden die Spaziergänger nicht wirklich spannend.

Seine Website bekommt auch einen Titel und eine Beschreibung zugewiesen. Ähnlich wie dieses Buch eben auch einen Titel und eine Beschreibung hat. So soll die Suchmaschine direkt wissen, worum es geht – quasi eine Begrüßung – oder eben wie ein Ladenschild und eine Schaufensterbeschriftung Ihrem Kunden Informationen zu Ihren Produkten liefern.

Zusätzlich erstellt Bernd nach einiger Zeit auf seiner Website einen Blog, den er regelmäßig mit frischen neuen Inhalten zum Thema

Kochen und Gewürze füllt, um die Website aktuell zu halten und themenrelevanten Inhalt zu sammeln. Denn je mehr Suchmaschinen den Eindruck haben, dass Bernds Website die richtige für denjenigen ist, der nach »Gewürzen« sucht, desto weiter oben wird sie in den Suchergebnissen angezeigt – und genau das wollte Bernd mit dieser Arbeit zur Suchmaschinenoptimierung von Beginn an erreichen. Stellen Sie sich die Suchmaschine also abermals wie die Touristen-Information vor, die idealerweise die Spaziergänger zu Ihrem Schaufenster führt.

Ein weiterer Faktor ist, wie viele Links eine Seite hat – also wie viele andere Seiten auf diese Seite verweisen. Wenn die Spaziergänger in anderen Geschäften einkaufen oder sich umsehen und dort immer mal wieder einen Hinweis auf Bernd finden, sind sie vielleicht auch geneigt, dort mal vorbeizuschauen.

Natürlich ist es wichtig, seine Position bei den Suchmaschinen immer im Blick zu halten und regelmäßig zu überprüfen. So haben Sie die Entwicklung im Auge, manchmal dauert die Verbesserung einer Position ein ganz schönes Weilchen. Auch die Touristen-Information behält Sie zunächst im Auge und empfiehlt Sie vielleicht erst später weiter. Bleiben Sie dran!

Werbung bei und mit Google

Neben der Möglichkeit, in den regulären Ergebnissen aufgelistet zu werden, können Sie bei Google oder anderen Suchmaschinen Werbung schalten. Das dazugehörige Programm bei Google heißt Ad-Words. Das sind die Werbeeinblendungen rechts, über oder unter den Suchergebnissen – haben Sie bestimmt schon gesehen. Auch Sie können davon Gebrauch machen. Das schöne bei der Online-Werbung ist, dass Sie schon mit kleinem Budget Werbung machen können und hier nicht für die Einblendung als solche, sondern nur für den Klick bezahlen. Wenn also jemand auf Ihre Anzeige klickt, fällt ein Groschen ins Google-Schwein. Das nennt man dann übrigens Cost-per-Click (CPC). Wieder einen neuen Begriff gelernt. Es scheint, als sei das hier doch ein kleines Wissensbuch, oder?

Sie können selber festlegen, bei welchen Begriffen die Werbung geschaltet wird. Hier merken Sie, wie wichtig es ist, die richtigen Suchbegriffe direkt zu Beginn zu ermitteln. Sie können auch die Region der Werbeschaltung festlegen. Auch wenn etwa in einem Blog zum Thema Kochen auf einmal eine Anzeige von Bernds Gewürzladen erscheint, ist möglicherweise Google dafür zuständig. Auch das können Sie selber über AdWords steuern. Ich denke, es lohnt sich, zumindest mal einen Blick darauf zu werfen. Im Idealfall haben Sie nachher folgende Kette – ich nenne Sie die Einfangkette.

Ihr Interessent

1. findet Sie über die Suchmaschine,
2. besucht Ihre Website,
3. nimmt Kontakt auf und
4. kauft Ihr Produkt.

Oder kauft wie in Bernds Fall direkt im Onlineshop. Ich finde es hilfreich, den Prozess ab und an selber durchzuspielen. Dann merken Sie nämlich schnell, ob es Stellen gibt, an denen es hakt.

Social-Media-Marketing – Fans begeistern

Auch hierzu könnte ich ein eigenes kleines Buch schreiben. Manchmal habe ich das Gefühl, dass das richtige Leben mittlerweile online abläuft – das ist natürlich Unsinn, aber Sie verstehen, glaube ich, was ich meine. Sie haben viele Möglichkeiten, potenzielle Kunden über Facebook und andere soziale Netzwerke zu erreichen. Ich gehe an dieser Stelle auf Facebook und YouTube ein. Was mir aber noch wichtig ist: Bei allen Portalen sollte der Mehrwert für den Kunden im Vordergrund stehen. Selbstbeweihräucherung bringt leider nichts. Fragen Sie sich also zunächst, was Sie tun können, damit Ihr potenzieller Kunde einen Mehrwert hat, durch das, was Sie etwa veröffentlichen. Ob das Erklärvideos bei YouTube oder spezielle Aktionen auf Facebook sind, ist erst einmal egal: Der Mehrwert zählt. Denken Sie an unsere eigene Super-GoG-Methode aus Kapitel II.

Kommen wir zunächst zu Facebook. Durch eine sogenannte Fanpage können Sie die direkte Kommunikation mit Ihren Kunden anregen. Einen positiven Nebeneffekt stellen die Informationen dar, die Sie durch die direkte Kommunikation mit dem Fan sammeln können. Sie können bei Facebook ebenfalls Werbung schalten und nach bestimmten Kriterien die jeweiligen Empfänger auswählen. Dazu gehören Kriterien wie Geschlecht, Alter, Wohnort oder Interessen. Darüber hinaus lässt sich eine Fanpage mit bestehenden Kommunikationsinstrumenten wie Ihrer Website, Twitter oder anderen Möglichkeiten verbinden. Auch Auswertungstools machen den Erfolg oder Misserfolg für Sie messbar. Ich bin ein großer Fan von messbarer Werbung.

Natürlich ist Facebook kein Allheilmittel. Ich werde teilweise von Werbung überrollt. Wichtig ist einfach, dass die Seite oder auch die Werbung einen Nutzen für Ihre Besucher hat. Nur dann fühlt er sich angeregt, etwas zu liken oder einen Kommentar zu hinterlassen. Leider sind wir manchmal eher dazu veranlagt, Negatives von uns zu geben, als zu loben. Von daher ist es wichtig, die eigene Seite gut im Blick zu behalten. Schauen Sie sich mal die Facebook-Seite eines großen deutschen Bahnunternehmens an, deren Seite möchte ich nicht freiwillig verwalten müssen. Denn: Negative Posts kommen bei Unzufriedenheit hier sehr sicher pünktlich.

Ich finde es am hilfreichsten, wenn Sie sich den Begriff »Fan« einfach in seiner ursprünglichen Bedeutung vor Auge führen. Wovon sind Sie wirklich Fan? Was oder wer ist Ihnen so wichtig, dass Sie Fan werden? Ich liebe Borussia Mönchengladbach und deshalb bin ich Fan. Warum sollte ich Ihr Fan werden?

Auch zum Thema YouTube möchte ich wenigstens kurz etwas sagen. Eigentlich möchte ich zu allem etwas sagen, aber ich glaube, das geht nicht. YouTube ist das weltweit größtes Videoportal und gehört, wenn wundert es, auch zu Google. Der Vorteil von YouTube ist schlichtweg die Reichweite. Wenn für Sie auch ein Video Sinn macht, führt also kein Weg an YouTube vorbei. Dabei ist natürlich wichtig, was der Besucher in dem Video zu sehen bekommt. Sie sollten Informationen bereitstellen, die dem Kunden helfen. Bernd könnte zum Beispiel Kochvideos veröffentlichen, auf denen er die richtige Anwendung und Dosierung seiner Gewürze zeigt, und Anne berichtet von der nachhaltigen Herstellung der Designerkleidung. Denken Sie einfach darüber nach, was Sie interessieren würde. YouTube dient dabei als Hoster. Was ein Hoster ist? Das Video liegt auf dem Webspace von YouTube. Was Webspace ist? Quasi die Festplatte von YouTube. So müssen Sie keinen Videoplayer auf der eigenen Website nutzen, benötigen keinen Speicherplatz, sondern laden das Video einfach hoch und können es so einfach auch auf Ihrer Seite einbinden.

Ich würde Ihnen gerne noch was zu Twitter, LinkedIn, Xing, Instagram und all den anderen Social-Media-Plattformen erzählen, aber leider müssen wir weiterziehen.

Guerilla-Marketing – es geht auch anders

Beim Guerilla-Marketing geht es ums Auffallen. Sie müssen jetzt nicht im Affenkostüm durch die Stadt laufen und Flyer verteilen.

Auch wenn das sicher eine lustige Idee wäre. Einfach gesagt: Sie schaffen etwas Besonderes. Klingt simpel? Ist es manchmal auch. Was Sie dafür brauchen: die zündende Idee. GoGs müssen dabei querdenken.

Ich gebe Ihnen einfach ein paar Beispiele: Meister Proper hat bei einem alten, vergrauten Zebrastreifen einen Streifen weiß gestrichen und ihn mit dem eigenen Markenlogo oder besser Meister Proper himself daneben versehen. Ein anderes Beispiel ist Sony, die zum Launch ihres neuen Fernsehers Wohnhäuser mit den buntesten Farben besprüht haben, um die Intensität und Farbqualität des Fernsehers herauszustellen. Die grundlegende Frage ist immer die gleiche: »Was könnten Sie mit einer bestimmten Sache noch anstellen?« Lassen Sie Ihrer Fantasie freien Lauf. Guerilla-Marketing ist nicht kompliziert. Also Kopf ausschalten und querdenken, liebe GoGs.

Ein erster Schritt kann der sein: Suchen Sie in Suchmaschinen und Videoportalen nach »Guerilla-Marketing«. So finden Sie viele Bilder von Aktionen und haben eine Inspirationsquelle. Das finde ich hilfreich, wenn Sie auf eine außergewöhnliche Idee kommen wollen. Können Sie eine Idee übernehmen und für Ihr GoG-Sein nutzen, indem Sie diese nur ein klein wenig abändern?

Die herausragende Idee kommt nicht von heute auf morgen. Wichtig ist, dass der Kopf sensibilisiert ist für kreative Aktionen, damit einem möglicherweise auch in Situationen, in denen Sie es nicht erwarten, tolle Ideen kommen. Bleiben Sie hungrig.

Ein Beispiel von mir: Ich fand klassische Weihnachtskarten einfach zu langweilig. Also haben sich zwei Mitarbeiterinnen als Nikolaus-Frauen verkleidet und sind zu meinen Kunden gefahren, um ihnen einen Schokoladennikolaus zu überreichen. An dem hing ein Zettel, auf dem stand: »Bekanntester Existenzgründer der Welt«.

Direktmarketing – direkt erfolgreich

Neben klassischen Elementen ist Direktmarketing eine weitere Möglichkeit, um Kunden »direkt« auf die Leistungen Ihres Unternehmens aufmerksam zu machen. Diese Art der Vermarktung ist deshalb schwierig, da viele Unternehmen versuchen, neue Kunden auf diese Art zu gewinnen, und die Beworbenen oft unter einem Niagarafall an Reizen – hervorgerufen durch zu viel Werbung – untergehen. Ich war so frei, diese Form der Reizüberflutung einfach mal »Reizabsterben« zu nennen. Somit spielt es eine große Rolle, wie Sie vorgehen. Der Kunde sollte den Mehrwert der Akquise-Aktion im besten Fall direkt im ersten Moment erkennen. Natürlich ist es leicht zu sagen, dass der Kunde auch bei der Werbung einen Mehrwert für sich verspüren muss. Jetzt könnten Sie zum Beispiel jedem potenziellen Kunden in der Mittagspause eine Pizza per Bote schicken, dann hätten Sie definitiv einen Mehrwert gefunden. Aber erstens mögen nicht alle Menschen Pizza und zweitens sind Sie dann wahrscheinlich nach ein paar Tagen pleite. Oder im schlimmsten Fall rufen die potenziellen Kunden an, um bei Ihnen Pizza zu bestellen.

Direktmarketing ist eine Maßnahme zur direkten Kontaktaufnahme mit einem potenziellen Kunden, und das natürlich mit dem Ziel, dass dieser irgendwie darauf reagiert. Wenn ich Ihnen also heute Morgen eine E-Mail geschrieben hätte, weil ich will, dass Sie mit mir zum Mittagessen gehen, dann wäre das Direktmarketing. Eigentlich gar nicht so schwer, oder? **Kleiner Tipp:** Bei der Frage nach einem Date mit Ihrem Schwarm einfach mal folgende Frage probieren: »Darf ich dich demnächst für eine Direktmarketingmaßnahme gewinnen?« – einen verwirrten Blick haben Sie sicher, ein Schmunzeln, wenn der Groschen fällt, und die Zusage auch.

Die wohl klassischste Variante der direkten Kontaktaufnahme ist das Telefon. Zumindest so lange, bis wir Gedanken an fremde Menschen übertragen können – allerdings kann ich das auch nicht an mir bekannte Menschen. Während des Studiums hat mein damaliger Chef bei meinem Nebenjob zu mir gesagt, er habe qualifizierte Telefonnummern von potenziellen Kunden und bringe mir die gleich vorbei. Ich habe mich natürlich gefreut und hatte schon die Provisionseuros in den Augen. Ich war doch etwas überrascht, als er mir dann ein Telefonbuch unserer Stadt auf den Tisch knallte und mir mit einem Lächeln viel Spaß wünschte. Ich glaube, ich bin bis zur Buchstaben-Kombination »Ac« gekommen und hatte das Gefühl, dass mein Ohr blutet. In Gesprächen mit GoGs erfahre ich immer wieder, wie schwer es dem einen oder anderen fällt, einfach den Hörer in die Hand zu nehmen und einen potenziellen Kunden anzurufen. Und glauben Sie mir, ich kann das absolut nachvollziehen. Es gibt nur wenige Menschen, die so etwas gerne machen. Sie müssen sich anpreisen und verkaufen. Das erzeugt ein Gefühl der Minderwertigkeit und minderwertig ist doch niemand gerne, oder? Aber meine Telefonbucherfahrung war das beste Training der Welt.

Ich gebe Ihnen gerne ein paar Beispiele, was ich neben Anrufen im Bereich Direktmarketing so gemacht habe. Vielleicht ist ja auch was für Sie dabei – ich hoffe es. Da wir bisher doch sehr B2C-lastig sind, nehme ich drei Beispiele für den B2B-Bereich. Was B2C und B2B sind? Nun, B2C heißt »Business to Customer« und bedeutet, dass Sie als Unternehmer Privatleute als Kunden haben, somit bedeutet »Business to Business«, dass Sie Unternehmer als Kunden anstreben. Ich denke, Ihr nächster Marketingvortrag kann kommen.

Beispiel 1: Ein Spaghetti-Eis zum Mitnehmen

Die Überschrift klingt sicher seltsam, aber Auflösung naht. Am Anfang meines GoG-Seins habe ich mich gefragt, woher die Kunden denn kommen sollen, und da ich nicht die ganze Welt mit Flyern bombardieren wollte, habe ich mir was anderes einfallen lassen: Dazu gehört die Aktion mit dem Spaghetti-Eis. Was habe ich also gemacht? Ich habe ein paar potenziellen Kunden eine Art Gutschein gebastelt und per Post zugesendet. Dieser Gutschein konnte bei der besten Eisdiele der Stadt gegen ein leckeres Spaghetti-Eis eingelöst werden. Wer lässt schon ein Spaghetti-Eis sausen? Das ungewöhnliche an der Aktion: Nirgendwo auf dem Gutschein stand mein Name oder der Firmenname, sondern ich habe lediglich »Guten Appetit« gewünscht. Jeder Gutschein war mit einer kleinen Nummer versehen. Ich habe mir also vorher eine Liste gemacht und jedem Namen eine Nummer zugeordnet. Als ich die Gutscheine nach Einlösung bei der Eisdiele abgeholt habe, wusste ich also genau, wer sein Eis abgeholt hat. Der Rest ist nicht so schwer. Ich habe im Abstand von ein paar Tagen alle Einlöser angerufen und gefragt, wie das Eis geschmeckt hat, und konnte dabei sicher ein paar witzige Gespräche führen. Ich habe effektiv Kunden dadurch gewonnen. Natürlich kostet ein Spaghetti-Eis Geld und die Vorbereitung hat auch Zeit gekostet, gelohnt hat es sich trotzdem.

Beispiel 2: Die Postkarte zum Glück

Eine etwas andere Aktion nenne ich »Die Postkarte zum Glück«. Ich saß vor meinem Schreibtisch, als ein Mitarbeiter mit der täglichen Post reinkam. Als ich mir den Stapel so betrachtete, fragte ich mich, ob Post immer so langweilig oder bedrückend sein muss. Werbebriefe, Rechnungen und sinnlose Prospekte. Sollte Post nicht mal schön sein? Also kam mir eine Idee. Ich gestaltete eine Postkarte mit einem tollen Urlaubsmotiv. Sonne, Strand, eine Burg am Abhang – genau diese Postkarte habe ich an ein paar Unternehmen geschickt und einfach einen schönen Sommer gewünscht. Vielleicht klingt das im ersten Moment nicht wirklich spektakulär, aber meine Erfahrungen damit waren durchweg positiv. Postkarten mag doch eigentlich jeder, den Text ein bisschen kreativ gestalten, alles handgeschrieben, und schon haben Sie eine günstige und vielleicht etwas andere Werbeaktion. Sie können natürlich auch einfach im nächsten Kreta-Urlaub einen ganzen Packen Karten kaufen und an verschiedene Unternehmen direkt aus Kreta schicken. Vielleicht auch keine schlechte Idee?

Beispiel 3: Gleich um die Ecke

Das dritte Beispiel eignet sich vor allem, wenn Sie eine lokale Anlaufstelle haben, also für die Gastronomie, den Einzelhandel oder Dienstleistungen, die ein reales Büro haben. An einem dieser verregneten Tage saß ich im Büro und fragte mich, welche Unternehmen eigentlich bei mir in der Nachbarschaft sind und dass es doch irgendwie schade ist, dass man das nicht weiß – ich denke definitiv zu viel nach. Wenn Sie die Straßen um Ihren Firmensitz ablaufen, merken Sie schnell, dass das eine ganze Menge sind. Also? Ich habe eine Postkarte mit einer Straßenkarte gestaltet, und darauf habe ich mit einem kleinen Häuschen unser Büro markiert. Nach dem Druck habe ich per Hand den Weg vom jeweiligen Unternehmen zu unserem Büro eingezeichnet. Über der Straßenkarte stand: »Ihr Weg zu uns ist wirklich nicht weit.« Hintendrauf habe ich die Unternehmer freundlich auf einen Kaffee eingeladen. Kosten sehr gering und trotzdem sicher mal was anderes. Das eignet sich natürlich auch für den B2C-Bereich.

Das sind jetzt nur drei Beispiele und Sie sind sicher kreativer als ich. Also schmeißen Sie Ihre Kreativtrommel mal richtig an.

Special: Gender Marketing

Ich weiß, wir hatten im Marketing schon ein paar Specials. Ich bitte vielmals um Entschuldigung. Aber das hier ist genau wie die anderen vor allem für GoGs sehr interessant.

Gender Marketing, was ist das also? Nun, Gender steht für Geschlecht. Bitte jetzt keine voreiligen Schlüsse ziehen, was die Wortbedeutung angeht. Beim Gender Marketing geht es darum, Produkte oder Dienstleistungen zu entwickeln, die sich speziell an den männlichen oder weiblichen Käufermarkt richten. Eigentlich könnten wir das auch als Kreativmethode zur Ideenentwicklung einsetzen, aber hier geht es darum, mit dem jeweiligen Produkt die Zielgruppe Mann oder Frau gezielt anzusprechen und einzufangen.

Um es ein bisschen griffiger zu machen: Coca Cola hat vor ein paar Jahren mit der Coke Zero eine zuckerfreie Variante der Cola auf den Markt gebracht. Doch warum macht man das, wenn auch die Cola Light ja schon keine Kalorien oder fast keine hat? Zwei Produkte, die denselben Vorteil kommunizieren. Ist das nicht unsinnig? Nun, der Grund ist recht einfach. Wenn ich mit einer schönen Frau in einem Café sitze und wir beim Kellner unsere Bestellung aufgeben und die Dame eine Cola bestellt, bestelle ich sicher keine Cola Light mehr. Dann habe ich meine Männlichkeit doch an der Eingangstüre abgegeben. Bitte entschuldigen Sie meine saloppen Formulierungen. Mit der Coke Zero habe ich die Möglichkeit, meine Männlichkeit und die roten Hosenträger zu behalten und trotzdem auf meinen Zuckerkonsum zu achten. Deshalb wurde das Produkt auch sehr aggressiv mit Hubschraubern und viel Krach in der Werbung promotet – eben die Cola für den starken Mann. Und dass die Cola Zero in der Werbung als Coke Zero kommuniziert wird, ist Ihnen das aufgefallen? Klingt vielleicht cooler – soll es zumindest. Ob nun nur Männer wirklich Coke Zero kaufen, ist eine andere Frage.

Ein anderes Beispiel ist der Mini – also das Auto. Wenn Sie sich den Mini von vorn einmal genau anschauen, was fällt Ihnen auf? Die Scheinwerfer wirken wie zwei Augen, der Kühlergrill wie ein Mund und die Kotflügel wie Wangen, in die Sie reinkneifen wollen. Diese Vermenschlichung hat vor allem dazu geführt, dass Frauen das Auto kaufen.

Sie merken, Produktgestaltung und Kommunikation sind sehr oft genau auf eines der beiden Geschlechter ausgerichtet, um den Erfolg eines Produktes zu gewährleisten. Wenn Sie bei Ihrer Zielgruppeneinteilung eine starke Unterscheidung zwischen den Geschlechtern feststellen können, dann machen Sie sich ausgiebig Gedanken dazu, was das jeweilige Geschlecht erwartet.

Manche Dinge sind aber auch einem bestimmten Geschlecht zuzuordnen, ohne dass Sie den tiefenpsychologischen Hintergrund kennen. Nehmen wir etwa die Farbe Rosa. Ich glaube, die wenigsten Männer tragen rosa Kleidung oder haben rosa Wände zu Hause. Bei Frauen sieht das doch ein bisschen anders aus. Warum ist das so? Habe ich als Mann nicht auch das Recht, Rosa zu meiner Lieblingsfarbe zu machen? Das Lustige ist, dass im Textilbereich Anfang der 1920er-Jahre versucht wurde, Rosa als Farbe für Männer und Blau als Farbe für Frauen zu etablieren.

Auch in diesem Bereich können Sie als GoG kreativ werden. Warum nicht einen Wein speziell für Männer entwickeln oder ein Bier ganz speziell für Frauen? Unendlich viele Möglichkeiten. *PS: Bei der eigenen Recherche habe ich gerade herausgefunden, dass es beides schon gibt. Aber, wie gesagt, Sie sind bestimmt kreativer als ich.*

Messen und Veranstaltungen – der Bach Richtung Meer

Das Besondere an Messen ist neben dem direkten Kontakt zur Zielgruppe auch die Nähe zur Konkurrenz, natürlich abhängig davon, auf welcher Messe Sie sich herumtreiben. Messen sind sehr gute Gelegenheiten, mit den relevanten Konkurrenten, potenziellen Kunden und anderen wichtigen Personen in Kontakt zu treten. Also sind Messen und Veranstaltungen nicht nur interessant, wenn Sie selber ausstellen oder einen Vortrag halten, sondern vor allem auch, wenn Sie als Besucher hingehen. Eine Art Speeddating für Unternehmen und Kunden. Jeder kann jeden schnell und einfach kennenlernen.

Ich könnte Ihnen jetzt eine lustige Liste basteln mit Vorteilen, die Ihnen Messen und Veranstaltungen bieten, aber ich gebe Ihnen gerne ein eigenes Beispiel. Ich glaube, sagen zu können, dass Veranstaltungen mein Akquiseinstrument Nummer eins sind. Warum das so ist? Nun wenn ich irgendwo einen Vortrag halte zum Thema Marketing oder Existenzgründung, gehe ich erst einmal davon aus, dass die

Leute, die als Besucher oder Teilnehmer da sind, sich für das Thema interessieren.

Wenn ich auf Veranstaltungen etwas erzähle, gewinne ich fast immer im Anschluss Kunden oder zumindest wertvolle Kontakte. Natürlich geht das als Redner einfacher, weil Sie selber ein Stück weit die Attraktion des Abends sind, aber auch wenn Sie »nur« als Besucher zu einer Veranstaltung gehen, gibt es genug Ansatzpunkte. Wenn ich in meinen Kalender schaue, gibt es jeden Tag zehn Veranstaltungen, auf denen ich mich herumtreiben könnte, wahrscheinlich sind es sogar mehr als zehn. Branchentreffen, Veranstaltungen von Verbänden und so weiter. Da ist es am Anfang gar nicht einfach, die richtigen herauszufiltern.

Mein Tipp für Sie

Besuchen Sie am Anfang möglichst viele Veranstaltungen. Sie bekommen selber ein Gefühl dafür, welche Veranstaltungen sich lohnen und welche nicht. Die meisten werden nur genutzt, um hübsche Visitenkarten unter die Leute zu bringen oder den neuen Anzug auszuführen. Aber es gibt solche, die wirklich einen Mehrwert für Sie haben. Gleiches gilt auch für das Thema Messen. Ich weiß nicht, auf wie vielen Messen ich schon war oder wo ich als Referent mein Halbwissen zum Besten gegeben habe. Aber auf einigen tummeln sich alle Branchenkenner und da ist es auch für GoGs Pflicht, »Hallo« zu sagen. Denken Sie auch hier quer und machen sich Gedanken, welche Messen Ihre potenziellen Kunden besuchen würden oder wo es interessante Kooperationspartner geben könnte. Manchmal stoßen Sie dann auf Messen, die Ihnen am Anfang gar nicht in den Sinn gekommen wären.

Oder Sie gehen ganz anders vor und organisieren eine eigene Veranstaltung. Auch das habe ich am Anfang meiner Selbstständigkeit gemacht. Ich habe einen tollen Marketingabend in einem dunklen Konferenzraum eines verstaubten Bürogebäudes gemietet, meine Oma hat ein paar Schnittchen vorbereitet und meine Schwester hat sogar ein Plakat gestaltet. Mein kleiner Bauingenieur-Bruder war damals leider noch nicht mit dem Studium fertig. Andernfalls hätten wir sicher noch schnell ein eigenes Bürogebäude oder zumindest einen Empfangspavillon hochgezogen. Die ganze Mühe für einen Abend – hat es sich gelohnt? Ich glaube, es waren sieben Leute da, meine Oma, mein Opa, meine Eltern und meine beiden Geschwister eingeschlossen. Wie viele andere Besucher bleiben also noch? Der Aufwand hielt sich also mehr als in Grenzen, der direkte wirtschaftliche Erfolg natürlich auch. Aber ich glaube, es war die erfolgreichste und nützlichste Veranstaltung, die ich jemals gemacht habe, weil ich von keiner Veranstaltung mehr gelernt habe als von diesem kleinen Familientreffen. Warum?

Ich habe die ganze Veranstaltung selbst geplant und als Redner und Getränkeverteiler auch gewissermaßen gestaltet. Allein dadurch habe ich gemerkt, wie viele Dinge berücksichtigt werden müssen. Daneben war ich trotz der geringen Teilnehmerzahl oder vor allem wegen des familiären Bezugs sehr aufgeregt vor dem Vortrag. Vielleicht kennen Sie das Gefühl, dass ein Vortrag vor der Familie manchmal wesentlich schwieriger ist als vor einer Gruppe Fremder. Das hat mir im Nachhinein sogar am meisten geholfen. Heute halte ich Vorträge vor mehr als sieben Personen und freue mich darauf. Wenn meine Mutter im Publikum sitzen würde, wäre ich sicher ein bisschen angespannter.

Das Wichtigste, was ich daraus gelernt habe, war aber eindeutig etwas anderes. Als abends alle weg waren und ich noch ein paar Becher weggeräumt habe, habe ich mich auf einen Stuhl gesetzt, um das Ganze Revue passieren zu lassen. Die Erkenntnis, dass ich gerade am Anfang für alles hart arbeiten muss, hat sich regelrecht in mir eingebrannt. Lassen Sie sich nicht unterkriegen von Momenten, in denen

Sie glauben, es gehe alles den Bach runter. Irgendwo mündet der Bach in einen Fluss und dann vielleicht ins Meer und im Meer gibt es doch schließlich Meerjungfrauen – also ist der Weg ausnahmsweise wirklich das Ziel. Aufgeben? Nein danke – dieses Wort ist nicht im GoG-Duden vorhanden.

PR und Öffentlichkeitsarbeit – die Welt soll reden

PR bedeutet mehr, als sich mit Infoblättern vor das Büro zu stellen und diese munter zu verteilen. PR-Arbeit bietet viele Möglichkeiten, aber bedeutet auch Arbeit. Natürlich wäre es toll, wenn die Zeitung in Ihrer Stadt oder besser noch ein Fernsehsender über Sie oder Ihr Produkt berichten würde. Leider wird das in den meisten Fällen nicht passieren. In den meisten Fällen heißt hier wahrscheinlich zu 99,9 Prozent. Jetzt können wir natürlich an unser Glück glauben oder wir tun etwas dafür, dass die Medien uns wahrnehmen und vielleicht einen Stift oder Knopf drücken – »Knopf drücken« hier im Sinne von auf den Startknopf der Kamera drücken. Ich bin mir unsicher, ob dieses Symbol richtig gewählt ist.

Wichtig ist vor allem, dass Ihr Thema berichtenswert ist. Ich könnte jetzt ein paar Redakteure anrufen und fragen, ob die nicht Lust haben, über meine neue Frisur zu berichten. Das Ergebnis brauche ich Ihnen nicht zu verraten. Wenn meine Frisur aber vom Starfriseur wäre, mit einer neuartigen Farbmischung gefärbt und die Raute meines Lieblingsvereins in Goldfarbe enthalten würde, wer weiß, vielleicht wäre das eine Meldung wert. Entschuldigen Sie, wenn mein Beispiel suspekt wirkt, aber genau um diesen »suspekten Ansatz« geht es. Etwas Einfaches zu etwas Besonderem zu machen erfordert mehr als nur eine einfache Sprühdose. Wenn Ihr Produkt nicht das hochpatentierte Wunderwerk oder die technische Innovation des 22. Jahrhunderts ist, müssen Sie versuchen, andere Wege zu finden.

Wenn Bernd einen neuen Auszubildenden hat, freut das die Eltern des Auszubildenden, aber sonst interessiert das wahrscheinlich keinen. Wenn Bernd aber ein Wundergewürz der Inka anbietet, das nur er im Angebot hat und das er eigenhändig am Fuße des Huayna Picchu geerntet hat, dann wäre das vielleicht interessant. Machen Sie sich also zunächst ausgiebig Gedanken darüber, was berichtenswert ist. Sie finden sicher auch bei Ihrer Existenzgründung etwas. Seien Sie kreativ und machen Sie sich ein Kölsch, einen leckeren Wein oder eine Saftschorle auf – manchmal hilft das.

Neben dem Thema der Relevanz ist natürlich der Kontakt zur jeweiligen Redaktion wichtig. Jetzt können Sie natürlich ein paar E-Mails durch das Netz jagen und abwarten, ob eine davon trifft. Wahrscheinlich wird das nicht passieren. Suchen Sie gezielt die Redakteure heraus, die für Sie infrage kommen. Das müssen nicht immer Zeitungsredakteure sein, manchmal hilft es auch, ein Stück größer zu denken. Oft ist auch das Fernsehen nicht so weit weg, wie Sie denken. Diese Kontakte müssen Sie wie alle anderen natürlich pflegen. Das heißt in erster Linie bitte nicht jeden Tag etwas hinschicken. Finden Sie einen Weg, sich interessant und berichtenswert zu machen. Ich weiß, die Herausforderung ist groß und leider habe ich kein Wundermittel. Den Weg müssen Sie in dem Fall leider selber finden. Aber was wäre ich für ein Autor, wenn ich nicht noch einen Tipp hätte, Thema Mehrwert muss auch mein Buch erfüllen.

Ich schaue mir immer an, worüber die Zeitungen berichten, und versuche, ein Gefühl dafür zu bekommen, welche Themen gerade interessant sind. Vielleicht lässt sich hier auch ein Bezug zu Ihnen oder Ihren Produkten herstellen. Dieses Wissen müssen Sie sich zunutze machen, um eventuell ein Plätzchen in der Zeitung zu finden.

Als zweiten Punkt kann ich Ihnen empfehlen, die berichtenswerte Nachricht komplett vorzubereiten. So hat der jeweilige Redakteur nicht nur weniger Arbeit, sondern es stehen die Informationen darin, die Sie gerne verbreiten möchten.

Jetzt habe ich wieder viel zu lange in einem Thema festgehangen, dabei würde ich Ihnen gerne noch viel mehr dazu erzählen. Öffentlichkeitsarbeit ist nicht nur Pressearbeit, sondern noch viel mehr. Dazu gehören etwa auch Newsletter.

Im Prinzip ist das Ganze ein bisschen wie Stille Post. Sie versuchen die Presse beziehungsweise die Öffentlichkeit dazu anzuregen, Ihre Informationen weiterzutragen. Na ja, eigentlich heißt es dann nicht »still«, sondern laut – laute Post.

Special: Auf Veranstaltungen überzeugen – Business Dating

Waren Sie schon mal beim Speeddating? Also bei einem richtigen, wo Sie den Partner fürs Leben kennenlernen können oder zumindest den fürs Wochenende? Was das alles mit dem GoG-Sein zu tun? Alles.

Wie viele verschiedene Menschen lernen Sie denn an einem Speeddating-Abend kennen? Spätestens nach der dritten Dame kann ich mir nicht mehr alle merken und werfe Informationen durcheinander. Nein, mal ehrlich, wie funktioniert das wirklich und warum erzähle ich Ihnen das überhaupt? Sie haben sicher nur ein paar Minuten Zeit, den anderen kennenzulernen, und Sie müssen wie in einem Pitch von sich überzeugen. Ich würde das Ganze wahrscheinlich ziemlich rational aufziehen und ein Konzept für meine Präsentation erstellen und super vorbereitet in den Kampf ziehen. Zunächst würde ich also eine Konkurrenzanalyse durchführen und mir die Mitbewerber im Raum genau anschauen und ein Benchmarking durchführen. Aber die Zielgruppe muss ich auch näher betrachten. Gibt es interessante Personen, die ich gerne kennenlernen will? Was zeichnet diese aus? Alles um die Konkurrenz und die Zielgruppe herum ist in diesem

Fall der Markt. Der freundliche Moderator, die Bestuhlung, das Catering – alles das hat Einfluss darauf, ob ich erfolgreich bin oder nicht. Je nachdem natürlich, wie ich »erfolgreich« definiere.

Also, Sie müssen sich irgendwie interessant machen und auffallen. Also mehr bieten als nur Name, Hobbys und Informationen zum Wohnort. Ich würde wahrscheinlich eine Geschichte erzählen und die ganze Zeit reden. Am Ende ist die Zeit vorbei und ich habe von der Person gegenüber nichts erfahren. Dieses »Geschichtenerzählen« nennt man im Marketing übrigens Storytelling. Nein, ich denke, dass ein Gespräch in einer gezwungenen Atmosphäre nicht ganz einfach ist. Also müssen Sie versuchen, das Ganze aufzulockern und dabei nett und authentisch zu wirken. Aber gerade authentisch zu sein ist eben nicht so einfach, weil eigentlich am Anfang niemand authentisch ist. Ich weiß, dass klingt sehr paradox. Aber am Anfang zeigen Sie sich von Ihrer besten Seite und die etwas weniger gute Seite zeigen Sie nicht unbedingt.

Also, wir waren beim Speeddating stehen geblieben und der Möglichkeit, den oder die Richtige einfach auf einem gezauberten Event kennenzulernen – in Ihrem Fall vielleicht einen Geschäftspartner, einen Investor oder einfach nur jemanden, der Ihnen ein paar Tipps geben kann. Bleiben Sie vor allem authentisch. Wenn es zu anschließenden Terminen et cetera kommt, können Sie sich nicht jahrelang verstellen. Und noch etwas: Es wird nie so heiß gegessen, wie es gekocht wird. Ich glaube, kein Zitat passt besser zum Thema Veranstaltungen. Es gibt viele Experten mit noch mehr Titeln und Sie als kleiner GoG würden sich lieber unter der Bettdecke verstecken. Unsinn, lächeln Sie einen dieser Experten länger an und Sie merken ganz schnell, dass einige davon auch lächeln können. Manche werden sicher verdutzt zurückgucken – auch gut.

Bei jeder Veranstaltung sollten Sie diese kleine Analyse durchführen. Wer könnte für Sie interessant sein? Welches Ziel wollen Sie verfolgen? Welche Gegebenheiten müssen Sie vorher berücksichtigen? Und dann? – Dann merken Sie schnell, dass der Unterschied zwischen einer Business- und einer Privatveranstaltung gar nicht so groß ist. Auf privaten Veranstaltungen waren Sie doch bestimmt schon einmal. Also? Wohlfühlen, Sie kennen das doch schon.

Sponsoring – werben, werben, werben

Ich glaube, was Sponsoring ist, muss ich Ihnen nicht erklären. Um es einfach zu machen: Sie zahlen Geld oder bringen Dienstleistungen dafür auf, dass eine Person, eine Gruppe oder eine Veranstaltung an einer Stelle Ihren Namen trägt. Ein Teil des Satzes ist ganz wichtig, Sie können nicht nur mit Geld sponsern, sondern auch mit Leistungen.

Sie könnten natürlich all Ihre Freunde zwingen, mit Ganzkörperanzügen herumzulaufen, auf denen Ihr Logo prangt. Aber wahrscheinlich hätten Sie dann nach einer gewissen Zeit keine Freunde mehr – also lassen wir das lieber. Was aber an der Idee nicht so verkehrt ist, ist, dass Sie hier ein bisschen querdenken sollten. Ich habe am Anfang meiner Selbstständigkeit eine Fußballmannschaft gesponsert. Natürlich keine aus der Ersten Bundesliga, auch wenn ich es toll gefunden hätte, wenn Borussia Mönchengladbach mit meinem Logo auf der Brust aufs Feld gelaufen wäre. Nein, es war eine kleine Mannschaft aus meiner Heimatstadt. Und es hat mich nur den Trikotsatz gekostet. Natürlich müsste ich jetzt im Sinne des Controllings nachweisen, wie viel mir das gebracht hat, aber das würde mir schwerfallen. Aber ich erinnere mich an zwei Kunden, die die Werbung gesehen und mich darauf angesprochen haben. Jetzt müssen Sie bitte nicht alle Ihre Fußballmannschaft vor Ort unterstützen, aber das Beispiel zeigt, dass es auch Möglichkeiten für GoGs gibt.

Neben dem Sportsponsoring gibt es andere Bereiche, in denen Sponsoring Sinn machen kann. Wichtig ist immer, dass der Betrachter im Idealfall eine Verbindung zwischen dem Kommunikationsträger – also dem Gesponserten – und Ihnen herstellen kann. Wenn Sie etwa einen besonders schnellen Lieferservice haben, warum dann nicht einen Lauftreff sponsern?

Neben dem Sport bietet sich das Thema Kultur an. Es muss nicht gleich ein ganzes Museum sein, aber vielleicht würde die Unterstützung einer kleinen, aber feinen Ausstellung Sinn machen. Vielleicht können Sie Ihre Leistungen so einbringen, dass sich Ihre Kosten in Grenzen halten und Sie wirklich davon profitieren.

Wo könnte für Sie Sponsoring sinnvoll sein? Was passt zu Ihrer Positionierung? Was zu Ihrem Produkt? Wo bewegt sich Ihre Zielgruppe? Auch hier heißt es: kreativ sein.

Controlling – wirken meine Maßnahmen?

Da die meisten GoGs keine direkten Verwandten von Dagobert Duck sind, ist es natürlich wichtig zu prüfen, welche finanzierten Maßnahmen gewirkt haben und welche nicht.

Beim Kommunikationscontrolling geht es also darum, seine Maßnahmen so zu planen, zu steuern und auch anzupassen, dass der Erfolg – also das Erreichen der Kommunikationsziele – fortlaufend optimiert wird. Klingt nach einer Definition aus einem Wirtschaftslexikon, ist aber hoffentlich verständlich. Im Marketing gibt es einen Begriff – eigentlich nicht nur im Marketing –, der heißt Streuverlust. Im Prinzip bedeutet das, dass bei der Bestreuung der Zielgruppe auch manche Konfettis danebenfallen. Konfettis sind die Maßnahmen, die Sie ergreifen.

Die Kosten für die jeweiligen Werbemaßnahmen sind bekanntlich sehr unterschiedlich: ein TV-Spot zur Primetime oder ein paar Flyer auf dem Alexanderplatz, da gibt es preisliche Unterschiede. Darum sagt jeder kluge Marketingberater, dass Werbung zielgruppengerecht sein sollte, damit das Konfetti möglichst hängen bleibt, quasi Klebekonfetti. Genug drum herum geredet, aber wie wirkt nun der Kleber, damit es hängen bleibt?

Stellen wir uns kurz vor, Sie machen eine Anzeige in der Zeitung und wollen nachher wissen, ob die Anzeige etwas gebracht hat oder nicht. Natürlich könnten Sie jetzt prüfen, ob Ihre Verkäufe gestiegen sind. Das ist sicher Ansatzpunkt Nummer eins und für diese Erkenntnis brauchen Sie mich ganz sicher nicht. Um aber noch ein bisschen mehr Messbarkeit einzubauen: Sie sollten in die Anzeige etwas einbinden, was Ihnen im Nachgang hilft zu ermitteln, ob ein Interessent, ein Anruf oder ein Click auf Ihre Website über diese Kommunikationsmaßnahme gekommen ist. Binden Sie etwa einen QR-Code mit ein, der auf eine bestimmte Unterseite Ihrer Website verlinkt, so wissen Sie nachher genau: Von den 10.000 verteilten Flyern haben 20 meinen QR-Code gescannt und die spezielle Unterseite besucht. Aber irgendwie wissen immer noch nicht alle Leute – und das ist keinesfalls despektierlich gemeint –, was ein QR-Code ist (und vielleicht stirbt der QR-Code auch aus, bevor er sich überhaupt etabliert hat, eine andere Möglichkeit). Sie könnten einen speziellen Rabattcode anpreisen, der nur auf dieser Werbeform zu finden ist, und so herausfinden, wie viele Menschen den Code letztendlich eingelöst haben. So wissen Sie genau, ob es sich lohnt, dort Werbung zu machen. Oder Sie verwenden eine besondere E-Mail-Adresse oder Telefonnummer. Es geht also darum, die Anzeige so zu gestalten, dass im Nachgang eine Prüfung der Effizienz möglich ist – quasi Werbung so zu individualisieren, dass Messbarkeit möglich ist. Meine Spaghetti-Eis-Promo ließ sich übrigens sehr effektiv nachverfolgen und messen. Sie erinnern sich? Also ist das Ganze nicht so schwierig.

Preisstrategien – Billigheimer oder Goldjunge?

Alles hat seinen Preis – eine schöne Floskel. Für den erfolgreichen GoG von morgen ist es jedoch eine essenzielle Thematik. Welcher Preis ist zu hoch? Welcher zu niedrig? Wie finden Sie überhaupt den richtigen Preis? Alles Fragen, die Sie sich auf dem Weg zur Selbstständigkeit stellen und beantworten müssen. Die folgenden beiden Kapitel helfen Ihnen gerne dabei.

Im Bereich Positionierung haben wir darüber gesprochen, dass Sie sich auch über den Preis ein Plätzchen im Markt erobern können. Aber auch wenn Sie das nicht tun, sollten Sie sich eine Strategie überlegen. Ja, eine Preisstrategie – klingt komisch, ist es aber nicht.

Zunächst ist es erst mal wichtig, mit welchem Preis Sie in den relevanten Markt einsteigen möchten. Gerade GoGs bieten häufig besondere Angebote, was natürlich nicht bedeutet, dass das auch die richtige Taktik ist. Als ich mich als Berater selbstständig gemacht habe, stand ich ebenfalls vor der Preis-Frage und dachte mir, ich biete allen Neukunden – »neu« waren ja alle – einen besonderen Preis an. Die erste Beratungsstunde gab es zum halben Preis, so hatte jeder die Möglichkeit, das Produkt »Felix Thönnessen« zu testen. Das haben natürlich alle getan. Was sich jedoch daraus ergab, hat mich überrascht. Viele dieser Kunden fragten mich danach, ob wir nicht immer zu diesem reduzierten Preis zusammenarbeiten könnten. Klar, wenn es einmal günstig ist, ist es schwer zu verstehen, dass es später teurer wird. Ich habe mich dann dazu entschieden, eine gewisse Zeit die erste Beratungsstunde komplett kostenlos durchzuführen, weil »kostenlos« in dem Sinne kein Preis ist, sondern ein Service. Und so haben die Kunden meinen regulären Preis akzeptiert. Heute biete ich selbst die kostenlose Stunde nicht mehr an. Die Zahl der Anfragen übersteigt meine Arbeitszeit, und das ist ein Ergebnis harter Arbeit – und genau dahin kommen Sie auch.

Bitte entschuldigen Sie, wenn ich hier ein wenig ausführlicher schreibe, aber das Thema Preis löst viele bewusste und unbewusste Synapsenschaltungen in meinem Kopf aus. Neben dem Thema eventueller Einführungspreise finde ich generell Rabattierung, Cash-back-Aktionen oder andere Vergünstigen interessant, die zu erhöhtem Verkauf führen sollen. Mein Rat an Sie ist aber zunächst der: Passen Sie auf, dass Sie nicht in eine Preisspirale geraten, weil Sie aus der leider oft nicht mehr herauskommen. Wenn Sie also Ihren Kunden ein besonderes Angebot machen wollen, kalkulieren Sie dieses vorher richtig durch und machen Sie sich klar, wie lange das Ganze laufen soll – hinterher ist es meist zu spät. Was mir bei GoGs immer wieder auffällt, sind spezielle Angebote für Freunde und Bekannte. Eine Einzelhändlerin gab ihren Freundinnen immer einen bestimmten Rabatt auf die Produkte. Irgendwann bekam fast jeder Kunde diesen Rabatt und manche Kunden fingen an, sich zu beschweren, weil Sie weniger Rabatt bekamen als andere. Das ist sicher nicht Ziel der Sache. Arbeiten Sie lieber mit Warenzugaben oder besonderen Services. Legen Sie bei guten Kunden einen Anhänger obendrauf oder beraten Sie eventuell bei der Buchung von zehn Stunden eine halbe Stunde kostenlos. Das spornt eher an, mehr zu kaufen, als Rabatte zu verteilen.

Preiskalkulation – was kann ich für meine Produkte verlangen?

Anne würde nach ihrer ersten Preiskalkulation am liebsten 100 Euro für ein T-Shirt verlangen. Dass das auf den ersten Blick vielleicht abwegig und unrealistisch erscheint, ist kein Wunder. In Wahrheit ist es aber durchaus möglich.

Die Frage ist zunächst, wie die Preise auf Ihrem Markt überhaupt entstehen. Waren Sie schon einmal auf einem Trödelmarkt, auf dem Verkäufer und Käufer um den jeweiligen Preis feilschen? Solch ein kleiner Trödelmarkt ist nichts anderes als der Weltmarkt in sehr kleiner Form. Sie treten an den Stand von Anne und fragen sie, für wie viel sie das T-Shirt verkauft. Daraufhin macht die liebe Anne Ihnen am Stand ein Angebot, indem sie Ihnen einen Preis nennt. Sie sind eventuell nicht einverstanden, wollen das schöne T-Shirt aber gerne haben. Also machen Sie ein Gegenangebot und fragen nach, ob Anne damit einverstanden wäre. Dies geht so weit, bis die Vorstellung des »Nachfragers« mit der Vorstellung des »Anbieters« idealerweise im Gleichgewicht ist, also übereinstimmt. Genau solch ein Prozess findet auch auf Ihrem Markt statt, wahrscheinlich nur in einem deutlich größeren Ausmaß.

Für Ihre Preiskalkulation können Sie verschiedene Modelle heranziehen. Drei stelle ich Ihnen hier kurz vor. Das ist nicht sonderlich kompliziert und liefert einen guten Anhaltspunkt. Kommen wir also zu den »fantastischen Drei«.

Kostenbasierte Preiskalkulation

Bei der kostenbasierten Preiskalkulation ergibt sich der Preis aus Ihren anfallenden Kosten, die entstehen, wenn Ihr Produkt hergestellt wird. Dazu gehören auch generelle Kosten, die immer anfallen, um die Leistung überhaupt zu ermöglichen. Für Anne ist das vor allem die Miete für die Räumlichkeiten, in denen sie ihre Mode anbietet, und natürlich die Kosten für den Einkauf der Designerstücke. Diese Faktoren muss sie bei der Preiskalkulation berücksichtigen. Ein T-Shirt etwa kostet Anne 24 Euro im Einkauf, dazu kommen die generellen Kosten, die sie auf die Produkte umlegt. So landet sie bei 36 Euro pro T-Shirt. Das heißt, sie hat einen ersten Anhaltspunkt, was eventuell die Untergrenze für ihren Verkaufspreis darstellen sollte.

Kundenorientierte Preiskalkulation

Anne hat trotz ihrer jungen Jahre einen ausgezeichneten Ruf. Sie macht ihre Arbeit sehr gut und auch die Qualität der eingekauften Produkte ist exzellent durch die verwendeten hochwertigen Materialien. Für die Preiskalkulation orientiert Anne sich auch an den Kunden, die letztendlich ihre Produkte kaufen sollen. Um auf Nummer sicher zu gehen, macht sie sogar eine kleine Umfrage. So will sie erfahren, wie viel die Kunden bereit wären, für ein T-Shirt mit der entsprechenden Qualität zu bezahlen. Sie erfährt, dass die meisten Befragten bereit wären, maximal 55 Euro für ein solches T-Shirt zu bezahlen. Damit hat Anne eine sehr genaue und realistische Einschätzung der Zahlungsbereitschaft ihrer potenziellen Kunden.

Konkurrenzorientierte Preiskalkulation

In Annes Nachbarschaft gibt es natürlich viele andere Modeboutiquen. Neben anderen stationären Händlern sucht sie auch im Internet nach Angeboten der Konkurrenz. So findet sie heraus, dass die Konkurrenz für hochwertige T-Shirts Preise zwischen 45 und 70 Euro aufruft.

Anhand des Beispiels von Anne können Sie sich den Prozess der Preisfindung vielleicht etwas genauer vor Augen führen. Wichtig ist vor allem, dass Sie auch hier ehrlich sind und keine Wunschpreise aufrufen, die zwar schön, aber vielleicht unrealistisch wären.

Mir ist bewusst, dass das nur ein kleines Beispiel ist. Natürlich müssen Sie eventuell Zwischenhändler, Provisionen oder andere Faktoren mit einbeziehen. Aber hier geht es darum, zumindest einen kleinen Grundstein zu legen.

Gründertalk:

GoG: »*Ich finde keine Konkurrenzpreise und ich habe selber auch gar keine Ahnung, zu welchem Preis ich meine Produkte verkaufen kann.*«

Der nette Autor: »*Nicht abschrecken lassen, das geht vielen GoGs genauso. Vielleicht sollten Sie damit beginnen zu ermitteln, wie viel Geld Sie im Monat zum Leben und Decken aller betrieblichen und privaten Kosten überhaupt brauchen. So können Sie ausrechnen, wie viele Produkte Sie zu welchem Preis verkaufen müssen, damit Sie davon leben können. Oder vielleicht gibt es vergleichbare Produkte, die Ihnen bei der Kalkulation helfen. Letztendlich können Sie auch im Bekanntenkreis eine Umfrage durchführen, wie viel die Bekannten bereit wären auszugeben.*«

Distribution – welcher Vertriebsweg ist der richtige?

Ein Vertriebsweg, wo führt der eigentlich hin? Also, ein Vertriebsweg ist erst einmal der Weg, auf dem Kunden Ihre Produkt und Dienstleistungen erwerben können. Hier ein kleiner Reiseführer, damit Sie sich nicht verlaufen.

Das Ganze gliedert sich in zwei Wege. Der erste Weg ist der »direkte«. Dabei werden Produkte direkt zum Beispiel über den eigenen Onlineshop an den Kunden verkauft werden – zwischen Ihnen und dem Kunden steht also nichts.

Der »indirekte« Weg, also unsere Nummer zwei, zeichnet sich dadurch aus, dass Zwischenhändler zum Einsatz kommen. Diese Händler stehen also zwischen Ihnen und dem Kunden. Das kann zum Beispiel ein Handelsunternehmen sein. Wir wenden das Ganze am Beispiel von Bernd an:

Es besteht für Bernd die Möglichkeit, seine eingekauften Gewürze auch durch andere Händler abzusetzen. Dadurch erweitert sich sein Aktionsradius. Allerdings ist er auch darauf angewiesen, dass die Händler in seinem Sinne handeln, also seine Produkte genau erklären und so anbieten, wie er es sich vorstellt. Natürlich wollen die Händler auch etwas verdienen. Wie immer gibt es Vor- und Nachteile.

Bernd hat sich dazu Folgendes überlegt. Er schreibt seine Ziele auf und macht sich Gedanken, was neben dem Direktverkauf in seinem Laden und dem Onlineshop infrage kommt, um diese Ziele zu erreichen. Daneben stellt er sich weitere Fragen: Wie kaufen meine Kunden ein? Ist Beratung notwendig? So kommt er zu dem Ergebnis, die teuren und erklärungsbedürftigen Produkte zunächst nur in seinem eigenen Laden zu verkaufen, aber andere kleinere und nicht erklärungsbedürftigen Produkte auch über Handelspartner, Restaurants oder Geschenkeläden zu vertreiben.

Kunden nutzen Vertriebswege oft gleichzeitig. Um schnell den passenden Anglizismus einzuwerfen: Das Ganze nennt sich dann Multi-Channel. Es ist also gar nicht so einfach festzulegen, wie ein potenzieller Kunde zukünftig einkaufen wird. Bernd ist zuversichtlich, durch seinen Laden und den Onlineshop mehr Kunden akquirieren zu können. Die anderen Händler sollen helfen, die Produkte und letztlich vor allem seine eigene Marke bekannt zu machen.

Was auch noch möglich ist: Manchmal ist es sinnvoll, das eigentliche Produkt gar nicht selber bis an den Endkunden zu verkaufen, sondern vielleicht nur die Herstellung zu übernehmen. Wenn Sie etwa Möbeldesigner sind, können Sie Ihre Produkte sicher in einem Onlineshop verkaufen, ein Möbelgeschäft eröffnen, doch Sie können genauso auch »nur« an andere Händler vertreiben und in dem Fall als Hersteller fungieren.

Vertrieb – selbst verkaufen?

Weil ich erstens meine Lehren aus meinem Limonaden-Business-flop in Kindheitstagen gezogen habe und weil ich zweitens in den letzten Jahren gemerkt habe, wie schwer es GoGs fällt, ihr Produkt oder die Dienstleistung an den Mann oder die Frau zu bringen, habe ich dieses Thema hier eingeschoben. Ich will Ihnen wenigstens ein paar Tipps zum Thema Verkauf geben, in der Hoffnung, dass Sie damit etwas anfangen können. Und da das Thema recht umfangreich ist, beschränke ich mich auf die fünf wichtigsten.

Meine Top Five für einen erfolgreichen Verkauf:

Top 5: Atmosphäre schaffen

Was ich persönlich sehr wichtig finde, ist, eine angenehme Atmosphäre zu schaffen, und dazu gehört mehr, als einen Kaffee anzubieten. Wenn es ein persönlicher Termin ist, sollten Sie alles dafür tun, dass Ihr Gesprächspartner sich wohlfühlt. Sitzgelegenheiten, Raumtemperatur, Getränkeangebot und Ausräumen von Störfaktoren sind nur einige Beispiele. Tun Sie alles dafür. Bei warmen Temperaturen einen kalten Smoothie anbieten und das Telefon auf stumm schalten sind kleine Zeichen von Entgegenkommen und Respekt. Davon gibt es noch eine ganze Menge mehr. In welcher Atmosphäre würden Sie sich wohlfühlen und was macht für Sie einen guten Termin aus? Gerade wenn der Termin in Ihren Räumlichkeiten stattfindet, sollten Sie ein exzellenter Gastgeber sein.

Top 4: Ein langer Atem

Nein, Sie müssen jetzt nicht direkt einen Marathon in zwei Stunden laufen können. Hier geht es um eine andere Ausdauer: »Gut Ding will Weile haben.« Häufig müssen Sie sich über einen langen Zeitraum ins Zeug legen, um erfolgreich zu sein. Geben Sie nicht auf, sondern bleiben Sie dran. Oft dauern gerade in größeren Unternehmen Prozesse sehr lange, weil ein Angebot über 100 Schreibtische wandert. Fragen Sie höflich nach, ohne den Eindruck zu vermitteln, dass Sie vor Erwartung zitternd auf Ihrer Couch sitzen. Zeigen Sie dem Interessenten, dass er Ihnen wichtig ist. Wie gesagt, auch das musste ich lernen, weil ich natürlich zum Abschluss kommen wollte. Aber lieber ein langwieriger Abschluss als keiner, oder?

Top 3: Mehr als nur vorbereiten

Nichts gibt Ihrem Gegenüber ein besseres Gefühl, als wenn er merkt, dass Sie sich gut auf einen Termin oder ein Telefonat vorbereitet haben. Sammeln Sie Informationen zu Ihrem Gesprächspartner und dem entsprechenden Unternehmen. Warum kann er oder sie Ihr Produkt oder Ihre Dienstleistung gut gebrauchen? Was ist sein oder ihr Nutzen bei der Sache und nicht Ihrer? Kennen Sie aber auch alle Details zu Ihrem Produkt und die Unterschiede zur Konkurrenz. »Mehr als nur vorbereiten« habe ich als Überschrift gewählt, weil ein bisschen Vorbereitung nicht reicht. Putzen Sie sich und Ihre Informationen heraus, nur so können Sie glänzen. Ich bin definitiv der König der Floskeln.

Top 2: Infizieren und begeistern

Ein ganz wichtiger Punkt – sonst wäre es auch nicht meine Nummer zwei: Wenn Sie einen Kunden gewinnen wollen, müssen Sie ihn oder sie von Ihrem Produkt überzeugen und ein Feuer entfachen. Dafür muss diese Leidenschaft natürlich auch in Ihnen brennen. Sie können nur dann überzeugen, wenn Sie selber überzeugt sind – zumindest ist das bei mir so. Lassen Sie den Kunden Ihre Begeisterung spüren und versuchen Sie, ihn zu »infizieren«. Kennen Sie Ihre Produkte und lieben Sie diese!

Top 1: Ohren auf

Mein absolutes Highlight heißt Zuhören. Ich kenne nichts, was im Verkauf wichtiger ist. Wenn Sie einem potenziellen Kunden ein Produkt verkaufen wollen, müssen Sie zuerst einmal lernen, diesem auch zuzuhören. Welche Erwartungen hat er oder sie? Welche Punkte sind besonders wichtig? Welche Einwände gibt es? Ein guter Verkäufer rattert nicht Vorteile herunter, sondern stellt die Punkte heraus, die für sein Gegenüber wichtig sind. Dafür müssen Sie diese Punkte natürlich kennen. Sich selber reden zu hören ist einfach, jemand anders zu Wort kommen zu lassen und aktiv zuzuhören ist eine Kunst. Warten Sie nicht nur darauf, bis Sie wieder dran sind zu reden, sondern sammeln Sie in der Zwischenzeit Informationen, die Sie später geschickt einsetzen können. Wenn Sie das alles nicht überzeugt hat, denken Sie an die Weisheit von Philip Kotler: »Wenn du sprichst, dann wiederholst du nur, was du schon weißt. Aber wenn du zuhörst, lernst du vielleicht etwas Neues.«

Standortwahl – wo baue ich mein Schloss?

Der Standort Ihres Unternehmens kann eine große Rolle spielen. Gerade wenn Sie im Handel gründen, spielt die Standortwahl natürlich eine große Rolle. Aber auch wenn Sie als Dienstleister im Businessbereich unterwegs sind, kann der Standort ausschlaggebend sein.

Als ich mein kleines Büro von meiner Heimatstadt ins »große« Düsseldorf verlegte, habe ich mir genau diese Gedanken gemacht:

Wo eröffne ich am besten das Büro? Welcher Standort eignet sich? Sagen wir es so: Von Größenwahn getrieben, dachte ich mir, dass die Königsallee doch eine nette Anlaufstelle wäre. Repräsentatives Bürogebäude mit horrender Miete gefunden und los geht's. Das Büro war wirklich toll. Hübsche Frauen am Empfang, eine Dachterrasse und feinster italienischer Kaffee. Sie warten sicher schon auf das Aber – und das kommt jetzt.

Nun, GoGs sind in der Regel gerade am Anfang knapp bei Kasse. Ein Berater wäre gerade in dieser Phase hilfreich, aber ob er sich den leisten kann, ist eine andere Frage. Wenn ich also als armer GoG nach einem Gründungsberater suche, tue ich das dann auf der teuersten Straße der Stadt? Eventuell nicht. Natürlich habe ich Kunden gehabt und auch neue gewonnen. Aber ich glaube, um es ehrlich zu sagen, mir sind welche durch die Lappen gegangen beziehungsweise manche haben allein schon wegen der Adresse nie angerufen. Vielleicht ist diese These sehr subjektiv belegt, aber ich denke, ich liege nicht so falsch.

Heute habe ich mein Büro in der Nähe vom Bahnhof, weil viele GoGs mit der Bahn anreisen, und da ist eine gute Anbindung wichtiger als eine tolle Adresse. Sie merken, die Wahl des Standortes hängt von vielen Faktoren ab und genau das wollte ich Ihnen vermitteln. Sie müssen zunächst die für Sie wichtigen Faktoren aufschreiben. Was ist Ihnen bei der Wahl des Standortes wichtig? Die Nähe zum Wohnort, die Nähe zum Kunden, die Anbindung, die Mietpreise, der Weg zum nächsten Supermarkt oder vielleicht doch der Ruf eines Viertels? Schreiben Sie die Gründe auf. Von mir aus auch gleich hier ins Buch.

Neben diesen Faktoren müssen Sie genau wissen, was Sie überhaupt suchen. Reicht Ihnen eine reine Bürofläche oder brauchen Sie auch eine Küche und Toiletten? Brauchen Sie Lagerflächen oder Ausstellungsflächen? Empfangen Sie viel Besuch? Dann ist es wichtig, dass Parkplätze vorhanden sind. Müssen Sie diese eventuell anmieten oder stehen sie öffentlich zur Verfügung? Auch wenn Sie regelmäßig Besuch bekommen, ist das Aussehen des Büros wichtig. Muss es repräsentativ sein? Brauchen Sie einen Empfangsbereich? Ist ausreichend Platz für Besprechungen vorhanden? Fragen über Fragen. Wichtig ist, dass Sie wirklich relevante Gründe heranziehen und sich nicht durch persönliche Vorlieben beeinflussen lassen. Denken Sie an mein Beispiel mit der Königsallee.

Entscheidend ist häufig der Kostenfaktor – das ist klar. Aber die günstigste Fläche ist selten auch die beste, um ausreichenden Umsatz zu machen. Wägen Sie wie bei einer Waage zwischen Kosten und Nutzen ab, um die bestmögliche Effizienz zu ermitteln.

Interessant für GoGs, die ein Büro suchen, sind vor allem sogenannte Gründerzentren oder Co-Working Spaces. Davon gibt es mittlerweile eine ganze Menge. Auch ich habe am Anfang in einem davon mein Büro gehabt. Der Vorteil ist vor allem der, dass Sie viele andere Jungunternehmer kennenlernen, sich austauschen und einfach auch zusammen Mittagspause machen können.

Ich bin heute durch eine kleine Gasse gelaufen und habe ein wirklich tolles Café entdeckt. Toller Kaffee – oder in meinem Fall ein Latte macchiato –, ein köstlicher Käsekuchen und die Bedienung war wirklich nett. Aber: Es war niemand da, weil durch diese kleine süße Gasse niemand läuft. An anderer Stelle wäre der Laden sicher geplatzt. Natürlich könnten Sie jetzt sagen, dass das dann eben ein Geheimtipp ist, aber geheim will doch eigentlich keiner bleiben, »geheim« verkauft oft leider nichts.

Markenschutz – meine Marke, mein Königreich

Über das Thema Marken haben wir schon ein bisschen gesprochen. Leider bin ich nur Berater, aber das Thema Markenschutz spielt auch für GoGs eine große Rolle, deshalb habe ich mich für Sie ein bisschen schlaugemacht.

Wenn ich mich für einen Namen entscheide, geht es leider nicht nur darum, ob der Name passt, sondern ob es rechtlich korrekt ist, ihn zu verwenden. Ansonsten könnten wir ein Schuhgeschäft aufmachen und es einfach Zalando nennen. Ich glaube, dann bekommen wir Ärger. Im Idealfall wähle ich einen Namen, der einzigartig ist und bei dem auch keine Verwechslungsgefahr besteht – Zalandi wäre wahrscheinlich auch keine Lösung. Da natürlich schon Millionen Marken existieren, ist das nicht wirklich einfach – erinnern Sie sich an mein Beispiel mit den Cowboys und ihren Kühen. Wenn ich eine Idee für einen Markennamen habe, ist mein erster Weg immer der zum Deutschen Marken- und Patentamt (kurz DPMA). Natürlich müssen Sie nicht dorthin fahren, auch das DPMA hat eine Internetseite. Auf der Seite gibt es eine sogenannte Einsteigerrecherche und dort können Sie Ihren Wunschnamen eingeben und danach suchen, ob jemand dieselbe Namensidee hatte. Neben der Suche beim DPMA sind Suchmaschinen natürlich sehr hilfreich. Ich suche also nach meinem Wunschnamen und schaue mir die Ergebnisse ganz genau an. Schritt drei führt mich zum Bundesanzeiger. Dort werden Bilanzen et cetera aus dem Handelsregister veröffentlicht, also eventuell auch solche, die eine Firma mit meinem Wunschnamen gegebenenfalls veröffentlicht hat. Zu guter Letzt schaue ich mir bei einem Hostinganbieter an, ob die jeweilige Domain noch frei ist. Wenn ich bei allen vier Adressen nichts finde, ist die Chance groß, dass ich den Namen zumindest aus der Verwendungssicht verwenden kann. Aber: Es sei an dieser Stelle erwähnt, dass diese Methode natürlich einen Patentanwalt nicht ersetzt, sonst gäbe es die Gattung Anwälte wahrscheinlich nicht. Wobei es auch Dinge gibt, die man nicht braucht.

Beim DPMA können Sie dann auch Ihren Wunschnamen oder Ihr Wunschlogo schützen lassen und sich gegen Nachahmer absichern.

Die Preise finden Sie auch gleich auf der Website. Was wichtig ist: Ich schütze den Namen immer für bestimmte Klassen, also im weitesten Sinne für Branchengruppen. Das heißt, dass eventuell jemand anderes trotzdem den Namen verwenden darf.

Tun Sie das alles nicht und nehmen Sie auch vor Beginn keine Recherche vor, laufen Sie Gefahr, abgemahnt zu werden. Das kann auch nach Jahren passieren, wenn es für Sie schon längst kein Thema mehr ist. Dann müssen Sie im schlimmsten Fall alles umbenennen und den Namen überall entfernen. Zusätzlich kommen die Kosten des Anwalts der Gegenseite hinzu und vielleicht sogar Schadensersatzansprüche des Klägers. Das wird also teuer. Es ist also besser, sich vorher darum zu kümmern. Ich glaube, Sie können Ihr Geld sinnvoller investieren.

Wenn Sie Ihre Marke eventuell eingetragen haben, niemand dieser Eintragung widerspricht – das geht nämlich auch –, können Sie nach Aushändigung der entsprechenden Urkunde das kleine »registered:®« führen. Das war zum Beispiel der Grund, warum ich meine Marke eingetragen habe, irgendwie mag ich das »kleine R«.

Patent und Gebrauchsmuster – Schutz vor Nachahmern

Manche Dinge gehen über die klassischen Markenrechte hinaus, da muss ein Patent oder Ähnliches her. Also ein wirklicher Schutz der Erfindung. Neben dem Patent gibt es noch den Gebrauchs- und Geschmacksmusterschutz. Ich gehe mal mit der Taschenlampe voraus:

Gebrauchsmuster

Ein Gebrauchsmusterschutz gilt für technische Erfindungen. Der Schutz kann für maximal zehn Jahren beantragt werden. Die Anmeldung ist verhältnismäßig günstig. Ein Gebrauchsmusterschutz ist also ein schneller und vergleichsweise günstiger Schutz für einen Erfinder. So kann eventuell der Schutz erst einmal schnell beantragt werden, bevor jemand die Idee klaut. Wichtig: Ein Gebrauchsmusterschutz gilt nur für Deutschland und nicht europaweit, wie es beim Patent möglich ist.

Patent

Bei einem Patent kann der Schutz bis zu 20 Jahren gelten. Das Patent kann auch Verfahren oder Vorgänge schützen und eben nicht nur die Vorrichtung als solches. Ein Patent kann nur etwas wirklich vollkommen Neues schützen. Ein Gebrauchsmuster kann auch angemeldet werden, obwohl eventuell in anderen Ländern Ähnliches besteht. Der größte Unterschied besteht allerdings im Anmeldeverfahren. Ein Gebrauchsmusterschutz kann ohne vorherige Prüfung einer Stelle registriert werden. Bei einem Patent findet vor der Eintragung eine umfassende Prüfung statt. Die Anmeldung ist dementsprechend aufwendiger und teurer, wenn diese aber entsprechend eingetragen ist, gibt es einen wirklichen sachlichen, länger dauernden und umfasssenderen Schutz.

Geschmacksmuster

Mit einem Geschmacksmuster können etwa Konturen, Farben oder Werkstoffe geschützt werden. Wenn Sie zum Beispiel einen bestimmten Stuhl entwickelt haben, können Sie das Design mit einem Geschmacksmusterschutz schützen. Auch der Schutz wird wie bei den anderen beiden beim DPMA beantragt. Die Schutzzeit kann bis zu 25 Jahre betragen. Also recht lang, würde ich mal behaupten.

Natürlich ist das jetzt nur eine Minizusammenfassung, aber ich finde es hilfreich, zumindest ein bisschen etwas zu den Begriffen zu wissen.

Kapitel VI: Finanzierung – ich bin zu verkaufen

Ein ganzes Kapitel zum Thema Finanzierung? Auf jeden Fall. Ich hoffe sehr, dass ich Ihnen ein paar Hilfestellungen geben kann, da kein anderes Thema GoGs so bewegt wie das Thema Finanzierung. Den Titel des Kapitels habe ich bewusst ein wenig provokant gewählt. Aber Sie werden sehr schnell verstehen, was ich damit meine, wenn ich vom Verkaufen spreche, und das meine ich definitiv nicht negativ – also, auf in die Schlacht.

Zuerst müssen Sie festlegen, wie Sie an das Thema herangehen wollen. Sie werden schnell merken, dass Sie viel Energie dafür brauchen – sehr viel. Viele GoGs machen sich selbstständig, um ihre Wünsche und Träume zu verwirklichen oder diese einzigartige Art der Arbeitsweise zu leben. Häufig steht aber die Finanzierung der ganzen Sache im Weg wie die schon erwähnte Mauer. Jetzt können Sie natürlich den Bulldozer anschmeißen oder überlegen, wo es Sinn macht, um die Kurve zu lenken oder abzubremsen und zu warten, bis die Mauer verschwindet.

Wie schon erwähnt, bin ich mit einer Kapitalrücklage von nahezu null Euro in mein eigenes GoG-Sein gestartet. Ich hatte eine Rücklage, mit der ich meine privaten Kosten vielleicht zwei bis drei Monate hätte bezahlen können, und glauben Sie mir: Das ist nicht viel. Aber mehr war in meinem Fall nicht vorhanden und es ist eigentlich ein kleines Wunder, dass es überhaupt geklappt hat und ich jetzt sogar ein Buch zu dem Thema schreibe. Ihnen wünsche ich von Herzen einen entspannten Start. Druck ist gut und kann zu Ehrgeiz und Antrieb führen, aber zu viel Druck ist auf Dauer nicht hilfreich. Ein

Motor kann eine ganze Zeit auf Hochtouren laufen. Ohne Pause und Wartung platzt er aber. Und Sie wollen bestimmt nicht platzen.

Also zurück dazu, wie Sie das Thema angehen sollen. Ich habe GoGs kennengelernt, die nicht den erhofften Kredit bekommen haben und vor der Frage standen, ob eine Realisierung des Vorhabens noch möglich ist. Wenn Sie vom Weihnachtsmann ein neues Auto erwarten, sind Sie enttäuscht, wenn er nur ein Fahrrad bringt. Wenn Sie sich aber ein Fortbewegungsmittel wünschen, sind Sie vielleicht auch mit einem Fahrrad einverstanden. Genau das passiert: Der Weg oder die Finanzierung, die Sie sich erhofft oder vorgestellt haben, funktioniert vielleicht nicht. Nun müssen Sie nach anderen, neuen Lösungen suchen oder mit anderen Wegen zufrieden sein.

Sie müssen versuchen, in manchen Situationen den Wert Ihres Unternehmens zu erfassen, um gegenüber einem Investor eine Begründung für Ihre Berechnung zu liefern. Das ist nicht einfach, weil ein Unternehmen am Anfang meist nur einen geringen materiellen Wert hat und sich der Wert eher aus technischem Vorsprung, innovativer Entwicklung oder dem Ehrgeiz des GoGs zusammensetzt.

Mein Tipp

Verkaufen Sie sich nicht unter Wert, aber drehen Sie bitte auch nicht durch und bewerten Ihr eigenes Unternehmen gleich mit mehreren Millionen, ohne triftige Gründe zu liefern. Vor vielen Jahren gehörte Alaska zu Russland und weil der Zar dachte, dass das Land wertlos wäre, hat er es für ein paar Millionen an die USA verkauft. Hätte er gewusst, wie viel Erdöl und andere Bodenschätze sich dort befinden, hätte er sicher anders gehandelt. Mein Rat: Sammeln Sie ausreichend Informationen, nur so können Sie Ihre Unternehmensbewertung oder auch den Grund für vermeintlich hohe Investitionen belegen. Aber jetzt voran und auf ins Thema Kapitalbedarf.

Kapitalbedarf – wie viel Geld brauche ich?

Bei der Wahl der Unterkapitel hätte ich verschiedene Wege einschlagen können, aber ich habe mich für folgenden entschieden: Zunächst will ich mit Ihnen darüber sprechen, wie Sie Ihren Kapitalbedarf überhaupt berechnen. Darauf folgend, wie Sie bei der Umsatz- und Kostenplanung vorgehen sollten, und mich erst dann über die Möglichkeiten der Finanzierung unterhalten.

Der Kapitalbedarf ist das Kapital, das Sie für Ihr GoG-Sein brauchen. Wichtig: Man unterscheidet zwischen kurz- und langfristigem Kapitalbedarf. Sie könnten auch noch mittelfristig, kurz-mittelfristig oder ein bisschen länger als nur mittelfristig aufnehmen, aber das finde ich unsinnig. Zum Kapitalbedarf gehören:

➤ die Anfangsinvestitionen
➤ die Vorfinanzierung für den laufenden Geschäftsbetrieb
➤ die Sicherheitsreserve

Sie starten also damit, sich Gedanken zu machen, was Sie zu Beginn Ihres GoG-Seins finanzieren müssen, um überhaupt loslegen zu können – den Anfangsinvestitionen. Um das noch griffiger zu machen: Zu Beginn fallen Kosten aus verschiedenen Bereichen an. Dazu gehören:

➤ Kosten für die Anmeldung Ihrer Selbstständigkeit
➤ Kosten für Berater, Anwälte und Notare
➤ Kosten für Werkzeuge, Maschinen und Fahrzeuge
➤ Kosten für die Produktentwicklung
➤ Kosten für den Aufbau eines Lagerbestandes
➤ Kosten für Marketing und Werbung
➤ Kosten für Einrichtung und Geschäftsausstattung
➤ …

Das ist nur ein Auszug, auch wenn viele Positionen enthalten sind. Setzen Sie sich hin und machen Sie sich eine Liste aller Dinge, die am Anfang angeschafft werden müssen, und werden Sie dabei kleinteilig und listen auch Einzelpositionen auf. Eine Angabe: »Geschäftsausstattung 10.000 Euro« kann beim Banker zu Diskussionen führen, und die wollen Sie tunlichst vermeiden. Lieber schöne mundgerechte Häppchen, die schmecken nicht nur besser, sondern gehen auch leichter runter. Nehmen Sie sich jeden Überpunkt ausführlich vor. Meine Erfahrung ist hier, dass GoGs leider oft zu geizig kalkulieren und somit Punkte der Liste vergessen. Auch Bernd hat nach einem ersten Gespräch mit dem Banker gemerkt, dass er eine Menge vergessen hat. Das war ihm dann unangenehm, weil er sich eigentlich bei seinem Vorhaben ungern belehren lassen wollte.

Wenn Sie als GoG durchstarten wollen, brauchen Sie ausreichend Kapital fürs Marketing. Die Rakete startet nur mit Benzin und nicht mit Luft. Natürlich wollen Sie Ihre Kosten gering halten, aber hier sparen Sie an der falschen Stelle. Wenn Sie merken, dass das Kapital nicht reicht, ist es schwer nachzufinanzieren. Deshalb lieber gleich zu Beginn richtig planen, nur so gibt es kein böses Erwachen.

Aber genauso, wie Sie nicht zu gering kalkulieren sollten, kenne ich Fälle, wo zu Beginn zu viel geklotzt wird. Eine Kaffeemaschine für 1.000 Euro, ein Firmenwagen für 50.000 Euro, Sie können schnell viel Geld ausgeben. Seien Sie sich darüber bewusst, dass Sie dieses Geld auch wieder verdienen oder an den Kreditgeber zurückzahlen müssen. Planen Sie bei Ihrer Kalkulation auch die Umsatzsteuer ein. Wenn Ihre Investitionen 100.000 Euro betragen, muss die anfallende Umsatzsteuer schließlich irgendwoher kommen. Selbstverständlich gilt das nicht nur für 100.000 Euro.

Neben diesen klassischen Anfangsinvestitionen gibt es noch die Punkte »Vorfinanzierung für den laufenden Geschäftsbetrieb« und

»Sicherheitsreserve«. Was es damit auf sich hat? Nun, Sie werden wahrscheinlich nicht ab dem ersten Monat ausreichend Umsatz machen, um all Ihre Kosten zu decken, auch wenn ich Ihnen das natürlich wünsche. Dann müssen Sie diese Lücken, bis zu dem Punkt, an dem der Umsatz ausreicht, mit in den Kapitalbedarf einrechnen. Logisch eigentlich, oder? Wenn Sie alle Maschinen angeschafft haben, aber Sie nicht den Strom zum Starten finanzieren können, dann wäre das ein wenig blöd. Neben diesem zusätzlichen Kapitalbedarf sollten Sie eine Sicherheitsreserve einplanen. Der Begriff erklärt sich eigentlich von selbst. Durch die Sicherheitsreserve bekommen Sie Sicherheit und Sicherheit ist gut, oder? Wie hoch die Sicherheitsreserve sein soll? Nun, das kann ich nicht pauschal beantworten. Aber sie sollte reichen, um ein paar Monate zu überbrücken, wenn es nicht so läuft wie geplant. Schauen Sie sich also Ihre Kostenstruktur genau an, um ein Gefühl für die Höhe der Sicherheitsreserve zu bekommen.

Mein Tipp

Sprechen Sie mit anderen GoGs aus Ihrer Branche, sprechen Sie mit Experten, sprechen Sie mit Banken. Sammeln Sie Erfahrungen, lassen Sie sich beraten, hier können Sie gut und gerne einen ordentlichen Batzen Geld in Ihrer Kalkulation danebenliegen. Nur wenn Sie ausreichend Angebote und Erfahrungen vorliegen haben, können Sie genau kalkulieren.

Umsatzplanung – einmal Daumen peilen, bitte

Mir ist bewusst, dass die Kapitelüberschrift frech ist. Da die wenigsten von uns aber geborene Hellseher sind, ist das Kalkulieren des Umsatzes eine große Herausforderung. Aber was wäre das GoG-Sein ohne Herausforderung?

Den Umsatz zu kalkulieren ist deshalb eine Herausforderung, weil die wenigsten GoGs konkret in die Zukunft blicken können. Ich sage bewusst »die wenigsten«, weil es manche Menschen gibt, die das doch können. Nein, ich meine keine Hellseher, sondern die unter Ihnen, die schon wissen, welche Aufträge oder Projekte in naher Zukunft anstehen und die deshalb auch den zukünftigen Umsatz besser absehen können. Das geht wahrscheinlich nur einem kleinen Teil so.

Nun, Sie müssen den Umsatz für Banken, sich selber oder andere Investoren trotzdem planen und somit brauchen wir zumindest eine gewisse Strategie bei der Planung. Ich hätte Ihnen jetzt sagen können, dass es so viele Einzelfälle gibt und ich Ihnen nicht wirklich helfen kann. Aber dann rückt das Verbrennen des Buches auf dem Scheiterhaufen wieder in greifbare Nähe. Dann versuchen wir mal unser Bestes.

Der erste Schritt, den ich mit meinen GoGs immer gehe, ist der der Konkurrenzrecherche. Wir versuchen gemeinsam herauszufinden, welche Umsätze die Konkurrenz macht, um eine erste Einschätzung zu bekommen. Natürlich sind das Informationen, die nicht unbedingt an der Straßenecke auf Sie warten. Dafür müssen Sie schon etwas tun. Aber ich war selber überrascht, dass es Menschen gibt, die einen trotz einer gewissen Konkurrenzsituation gerne unterstützen und von eigenen Erfahrungen berichten. Ein Versuch ist es auf jeden Fall wert. Neben der Konkurrenz gibt es als Informationsquelle noch Banken. Hier gibt es sogenannte Branchenbriefe, in denen auch die durchschnittlichen Umsätze der jeweiligen Branchen stehen. Auch die IHK, die HWK oder die DeHoGa – der Hotel- und Gaststättenverband – haben Erfahrungen, was das Thema Umsatz angeht. Das ersetzt natürlich keine eigene Kalkulation, ist aber ein gewisser Korridor, der Ihnen helfen kann.

Wenn Sie Ihren Umsatz kalkulieren wollen, gibt es verschiedene Methoden. Drei stelle ich Ihnen vor und Sie entscheiden, welche bei Ihnen am besten passt. Deal?

Umsatzkalkulation anhand verkaufter Produkte

Eine erste Möglichkeit der Umsatzkalkulation ist, den Umsatz anhand verkaufter Produkte zu kalkulieren. Wenn Sie sich als Berater selbstständig machen wollen und davon ausgehen, dass Sie einen Tagessatz von 1.000 Euro ansetzen, können Sie sich ausrechnen, wie viele Tage Sie pro Monat verkaufen können. Wenn Sie daneben noch Seminare am Wochenende zu 2.500 Euro anbieten, ist das quasi Ihr zweites Produkt. Selbiges lässt sich etwa auch in der Gastronomie oder auch mit einem Onlineshop kalkulieren. Natürlich müssen Sie immer noch überlegen, was als Absatzmenge für das jeweilige Produkt logisch erscheint. Hier gilt die Prämisse:

Umsatz = Menge x Preis.

Umsatzkalkulation anhand des Tagesumsatzes

Weiterhin ist es möglich, einen durchschnittlichen Tagesumsatz festzusetzen und so den Monatsumsatz auszurechnen. Ein Beispiel wäre etwa, wenn Sie ein sehr umfassendes Produktsortiment haben und es keinen Sinn macht, alles auf einzelne Produkte herunterzurechnen. So bilden Sie einen Tagesumsatz und können dabei auch unterschiedliche Werktage berücksichtigen. So können Sie auch am Ende des Tages sehen, ob Sie Ihr Tagessoll erreicht haben.

Umsatzkalkulation anhand der laufenden Kosten

Um ganz ehrlich zu sein: Manchmal müssen Sie sich zunächst Ihre Kosten anschauen und basierend darauf überlegen, welcher Umsatz erreicht werden muss, damit Ihr Geschäftsmodell erfolgreich ist. Wenn Ihre Kosten eine gewisse Höhe erreichen, aber der zu erwartende Umsatz diese Höhe nicht übersteigt, kann das auch eine Möglichkeit sein zu ermitteln, ob das Vorhaben langfristig überhaupt erfolgreich sein kann.

Wichtig gerade in Bezug auf potenzielle Banken oder Investorengespräche ist, eine möglichst nachvollziehbare Begründung für die eigene Kalkulation liefern zu können. Auch dem Banker ist bewusst, dass Sie kein Hellseher sind, aber Sie sollten ein Planer sein. Für Bernd macht es Sinn, mit einem bestimmten Tagesumsatz zu kalkulieren. Er hat mehr als 500 verschiedene Gewürze im Angebot, da würde es wenig Sinn machen, den Absatz jedes einzelnen Produktes zur Umsatzberechnung heranzuziehen. Anne hingegen hat ein überschaubares Angebot und berechnet ihren Umsatz anhand der verkauften Produkte.

Ebenfalls wichtig ist es, eventuelle Einflüsse auf Ihren Umsatz zu berücksichtigen. Dazu gehören etwa saisonale Einflüsse. Sei es in der Gastronomie oder auch im Handwerk, im Sommer verkaufen Sie eventuell mehr als im Winter. Welchen Einfluss haben etwa Weihnachten, die Schulferien oder Feiertage auf Ihr Business? Es gibt eigentlich fast keine Gründung, die vom Faktor Zeit unabhängig ist. Wie ist das bei Ihnen?

Auch die Entwicklung der Umsätze sollten Sie im Blick haben. So müssen Sie etwa bei den meisten Banken eine dreijährige Planung einreichen. Wie sieht die Entwicklung vom ersten zum zweiten und vom zweiten zum dritten Jahr bei Ihnen aus? Ist Ihre Entwicklung linear oder doch eher exponentiell? Führen zusätzliche Mitarbeiter zu zusätzlichem Umsatz oder bringt eine neue Maschine einen Umsatzanstieg mit sich? Eine realistische und gute Planung ist deswegen essenziell. Es sei denn, Sie wissen schon heute, dass Sie Ihr Unternehmen nach einem Jahr für eine Milliarde Euro verkaufen und ab dem zweiten Jahr nur noch Cocktails in der Südsee schlürfen. Dann beteilige ich mich als Investor gerne.

Bei der Umsatzplanung spricht man häufig von sogenannten Szenarien. Es gibt dann ein Best-, ein Middle- und ein Worst-Szenario. Das heißt, Sie planen mit unterschiedlichen Umsätzen und zeigen einmal auf, was passiert, wenn es schlechter als erwartet, wie erwartet oder besser als erwartet läuft. Das hilft einzuschätzen, was passiert, wenn es eben nicht so läuft wie geplant.

Sie merken: Eine gute Planung ist nicht einfach. Aber seien Sie sich bewusst darüber: Das geht den anderen GoGs genauso. Unterkriegen lassen? Niemals. Auch das kennt der GoG-Sprachgebrauch nicht.

Kostenplanung – was kostet mich das alles eigentlich?

Umsatz minus Kosten ergibt hoffentlich Gewinn. Mit dem Umsatz haben wir uns ein wenig beschäftigt, selbiges sollten wir jetzt mit den »Kosten« machen. Kosten ist aber auch wirklich nicht unbedingt mein Lieblingswort, Ihres wahrscheinlich auch nicht, oder?

Der Vorteil der Kosten gegenüber dem Umsatz ist, dass Sie die Kosten meist besser kalkulieren können. Machen Sie sich ausreichend Gedanken dazu, welche Kosten Sie monatlich, jährlich oder in einem anderen zeitlichen Turnus erwarten. Auch hier gebe ich Ihnen gerne ein paar Beispiele für Kosten, um den Gedankenprozess, der hoffentlich noch nicht überhitzt ist, anzuregen.

➤ Kosten für Fahrzeuge, Reisen et cetera
➤ Miete und Nebenkosten für Büro, Lagerfläche oder andere Räumlichkeiten
➤ Kosten für laufende Werbemaßnahmen
➤ Kreditkosten
➤ Gehälter
➤ Kosten für Versicherungen
➤ Kosten für Produkteinkauf, Herstellung oder Beschaffung

Meine Empfehlung: Versuchen Sie, so viele Kosten wie möglich anhand konkreter Angebote zu belegen. Das hilft nicht nur im Thema Finanzierung weiter, sondern vor allem dabei, ein Gespür für Ihr eigenes Unternehmen zu bekommen. Natürlich sind Kosten für Mobiltelefone oder Benzinkosten vorher nur in einem gewissen Maße kalkulierbar, aber dafür kennen Sie eventuell die Kosten für die Miete oder die betrieblichen Versicherungen sehr genau. Für größere Kostenblöcke in der Kalkulation möchten Banken diese Angebote häufig sehen, Vertrauen müssen Sie sich hier erarbeiten. Wobei – eigentlich gibt es hier kein großartiges Vertrauen.

Überprüfen Sie Ihre Kosten mehr als nur einmal. Sind alle Kostenpositionen enthalten? Sind die Kosten wirklich realistisch? Kommen Sie mit den monatlichen Werbeausgaben aus? Auch hier helfen viele, viele Gespräche weiter. Versicherungsmakler, Steuerberater, Unternehmensberater, Verbände – alles Hilfestellen, die Sie nutzen sollten, um die Kalkulation auch der Kosten noch stichfester zu machen.

Wichtig ist es auch, entsprechende Kosten zu vergleichen. Nicht selten kommt es vor, dass eine Versicherung bei der einen Gesellschaft doppelt so viel kostet wie bei einer anderen. Holen Sie sich mehrere Angebote ein. Gerade für solche Kosten, die Ihr monatliches Budget sehr belasten.

In Kombination mit der Umsatzkalkulation bekommen Sie ein gutes Gefühl dafür, welche Kosten Sie sich leisten können. Eventuell ist die Anschaffung einer Maschine oder eines bestimmten Mitarbeiters mit den kalkulierten Umsätzen überhaupt nicht möglich. So können Sie die Rechnung also auch umdrehen. Also: Im Idealfall benutzen Sie wirklich beide Augen. Eins für die Umsätze, eins für die Kosten – und drehen beide so lange im Kreis, bis Sie wie ich schielen.

Liquiditätsplanung – Ebbe und Flut

Den Begriff »Liquidität« zu erklären ist eigentlich relativ einfach. Liquide bedeutet flüssig sein und Liquiditätsplanung ist also die Planung, ob Sie jederzeit flüssig sind.

Jetzt mal ehrlich. Wofür brauchen Sie die nächste Planung, haben Sie nicht irgendwann einmal genug geplant? Ich will Ihnen anhand eines kleinen Beispiels zeigen, warum wir auch diesen Weg zusammen gehen sollten. Zu Beginn meiner eigenen Selbstständigkeit hatte ich vor allem mit einem Problem zu kämpfen: Kunden, die nicht unbedingt Lust hatten, ihre Rechnung zu bezahlen. So begab es sich, dass ich trotz vernünftiger Umsätze beziehungsweise Rechnungssummen in Schwierigkeiten kam. Ich musste meine Miete, meinen Wagen und andere Ausgaben begleichen und hatte auf der Einnahmeseite eine Phase, in der es mir vorkam, als hätten sich alle Kunden verbündet und gemeinsam entschieden, nicht zu zahlen. Das nennt man dann wohl einen Liquiditätsengpass. Trotz guter Auftragslage wäre mein kleines Pflänzchen fast eingegangen. Genau deswegen ist es wichtig, dass Sie auch Ihre eigene Liquidität planen. Natürlich können Sie genauso wenig vorausschauen, wann Kunden Ihre Rechnungen zahlen, aber Sie bekommen ein gutes Gefühl dafür, wann es eventuell eng werden könnte, und können durch zusätzliches Kapital vorsorgen.

Sie betrachten also bei der Liquiditätsplanung konkrete Zu- und Abflüsse im Unternehmen. Ich nenne Sie liebevoll Ebbe und Flut. Passt eigentlich ganz gut zu unserem Einstieg in den Begriff »Liquidität«. Es geht also darum, ob Sie zu jedem Zeitpunkt – also auch zur Ebbe – noch ausreichend Kapital auf dem Konto haben.

Berücksichtigen Sie bitte vor allem auch solche Zahlungen, die nicht in einem regelmäßigen monatlichen Turnus anfallen, sondern eventuell jährlich gezahlt werden müssen. Das können etwa Versicherungsbeiträge, Steuerabgaben oder Mitgliedschaften sein. Die sollen Sie natürlich nicht in Schwierigkeiten bringen.

Fremdkapital oder Eigenkapital – was ist sinnvoll?

Jetzt haben wir uns ein wenig mit dem Thema Umsatz, Kosten und Liquidität beschäftigt und versuchen nun, einen Bogen zum eigentlichen Thema Finanzierung Ihres Vorhabens zu schlagen.

In unserem neuen Lieblingskapitel »Finanzierung« müssen Sie noch schnell zwei Begriffe kennenlernen. Das wären »Eigen-« und »Fremdkapital«. Vielleicht langweilen Sie sich jetzt kurz, aber ich will ein allgemeingültiges Buch schreiben, das auch Nicht-BWLer verstehen. Es geht auch ganz schnell, versprochen!

Eigenkapital ist Kapital, das Sie selber für Ihre Gründung zur Verfügung stellen. Also etwa solches, das Sie auf dem Bankkonto, in Fonds oder unter dem Kopfkissen haben. Fremdkapital ist somit Kapital, das Ihnen durch andere zur Verfügung gestellt wird. Also etwa solches von Banken oder Investoren – darum ist das auch »fremd«.

Eine These zu Beginn: Die meisten GoGs kommen nicht ohne Fremdkapital aus. Woran liegt das? Nun, meistens daran, dass GoGs nicht mit so viel Eigenkapital ausgestattet sind, dass sie das Finanzierungsaufkommen alleine stemmen können. Das ist auch überhaupt nicht schlimm, wer hat schon entsprechende Rücklagen? Das Leben kostet Geld, und das ist gut so. Wenn Sie dennoch die Goldschatulle unter dem Kopfkissen liegen haben, dann freut mich das ungemein, die meisten haben erwiesenermaßen nur Milben darunter.

Wenn Sie ein eigenes Unternehmen gründen wollen, müssen Sie sich fragen, ob Sie Ihr ganzes Eigenkapital in das Vorhaben stecken oder vielleicht nur einen Teil davon – natürlich vorausgesetzt, dass

Sie Eigenkapital unter dem Kopfkissen haben. Für die Finanzierung mit einer Bank oder mit einem Förderkredit ist sicher eine gewisse Eigenkapitalquote sinnvoll, aber manchmal müssen Sie die Hose nicht komplett herunterlassen.

Die Eigenkapitalquote, kurz EK-Quote – ich finde, das klingt spritziger –, ist das Verhältnis zwischen Eigenkapital und Gesamtkapital. Wenn Sie also 100.000 Euro Gesamtkapital brauchen und 10.000 Euro selber einbringen, haben Sie eine EK-Quote von 10 Prozent. Eventuell stellt sich auch die Frage, ob Sie das ganze Vorhaben mit Eigenkapital finanzieren – sofern ausreichend vorhanden – oder einen Kredit aufnehmen. Meine Empfehlung lautet: Treffen Sie diese Entscheidung rechtzeitig, Nachfinanzieren ist meist der falsche Weg. Es sieht auch schöner aus, wenn man etwas Geschriebenes nicht immer wieder wegradieren muss und später drüberschreibt, oder? Deswegen erst die Gedanken, dann die Entscheidung – und weg mit dem Radiergummi. Dann lieber gleich zu Beginn Fremdkapital aufnehmen und das eigene Kapital als Rücklage festhalten. Natürlich müssen Sie dabei berücksichtigen, dass Sie für geliehenes Geld Zinsen zahlen. Es sei denn, Sie finden jemanden, der Ihnen das Geld ohne Zinsen leiht. Bitte aber nicht auf dubiose Angebote in der Stammkneipe eingehen, nachher zahlen Sie mit ein paar Zähnen zurück.

Kredite – bei der Bank bewerben

Die Kreditbeschaffung ist wahrscheinlich eines der anspruchsvollsten Aufgaben innerhalb des GoG-Seins. Um Ihnen das ein wenig griffiger zu erklären, finde ich folgende Vorstellung sehr hilfreich: Im Endeffekt möchten Sie eine Bank davon überzeugen, in Ihr Vorhaben zu investieren. Die Bank möchte aber zunächst sicherstellen, dass die entsprechende Summe irgendwann auch zurückgezahlt wird, und danach will die Bank mithilfe der Zinsen natürlich auch Geld verdienen – Sicherheit vor Profit. Somit ist Ihre primäre Aufgabe, die Bank davon zu überzeugen, dass Sie den Kredit idealerweise fristgerecht zurückzahlen. Ich finde es ungemein wichtig, den Anspruch des anderen zu kennen. Das trifft nicht nur auf die Kreditmittelbeschaffung zu.

Also, alle Ampeln auf Grün für eine entsprechende Rückzahlung setzen. Dabei sollten Sie sich selber fragen, welche Faktoren dazu führen, dass Sie den Kredit aus Sicht des Bankers nicht zurückzahlen könnten. Ein Faktor sind zunächst Sie selbst. Ihr persönlicher Hintergrund, Ihre Kreditvergangenheit und weitere Faktoren, die direkt mit Ihnen zusammenhängen. Sie als Person müssen genau wie in einem Pitch überzeugen. Hier kommt auch das Thema Schufa® und Selbstauskunft auf den Tisch. Bedeutet: Hosenträger weg und die Hose herunterlassen. Die Schufa®-Auskunft können Sie sich vorher selber online besorgen, dann wissen Sie auch, was drinsteht. Letztendlich kommt hier aber alles aufs Tapet. Welche Kredite haben Sie? Welche Renten- und Lebensversicherungen besitzen Sie? Haben Sie Eigentum? Von daher passt »die Hose herunterlassen« doch ganz gut.

Nummer zwei der wichtigen Faktoren ist die Idee beziehungsweise das Konzept als solches. Ich wähle bewusst diese Reihenfolge, weil eine Kreditvergabe gerade im Bereich des GoG-Seins oft eine sehr persönliche Kiste ist. Mit Ihrem Konzept und der Geschäftsidee müssen Sie den Banker überzeugen – und glauben Sie mir, das ist manchmal nicht einfach. Warum? Weil der Banker letztendlich auch nur eine Person mit Werten und Einstellungen ist und oft subjektive Entscheidungen trifft. Von daher ist es sehr wichtig, eine Einschätzung davon zu haben, wer Ihnen gegenübersitzt. Anne hat sich vorher Gedanken dazu gemacht, wie sie den Banker von ihrem Konzept überzeugen kann, und hat sogar ein paar T-Shirts mit zum Termin genommen – einfach um Ihre Idee noch greifbarer zu machen.

Ich stelle mir das Ganze gerne wie eine Art Bewerbungsverfahren vor. Der einzige Unterschied ist, dass Sie wissen, dass die Bank Kredite vergibt, und Sie sich nicht initiativ bewerben müssen. Na gut,

Ihr potenzieller Arbeitgeber ist vielleicht weniger spendierfreudig, was Vorschüsse angeht, aber ich erkläre Ihnen gerne, warum ich mir das so vorstelle. Nun, bei einer Bewerbung gehen Sie zunächst auch in Vorleistung, und zwar indem Sie Ihre Unterlagen dem Arbeitgeber zur Verfügung stellen. Selbiges passiert auch bei der Bank. Häufig noch vor einem persönlichen Termin reichen Sie die Unterlagen ein, damit der Banker sie sichten kann.

Mein Tipp

Nehmen Sie vorab Kontakt auf und vereinbaren Sie schon vor dem Einsenden der Unterlagen einen Termin. So können Sie im Gespräch erfahren, was der Banker alles braucht, und sich danach richten. Der Banker fühlt sich dadurch vielleicht auch ein bisschen besser wahrgenommen – sicher nicht nachteilig.

Wenn Ihre Unterlagen vorliegen, werden diese kritisch durchleuchtet. Manchmal bedeutet »kritisch durchleuchten« eher »ich halte die Lampe so lange darauf, bis das Papier brennt«. Teilweise wird es Ihnen nicht möglich sein, mit Ihrer Idee zu überzeugen – egal wie gut diese ist. Nach der ersten Sichtung dürfen Sie dann entweder nach Hause fahren, weil irgendwas nicht passt, oder Sie kriegen eine Liste Hausaufgaben mit, die Sie zu Hause abarbeiten sollen. Das ist dann quasi Stufe zwei im Bewerbungsverfahren um den Kredit. Natürlich könnte es auch zu einer direkten Zusage kommen, aber das habe ich äußerst selten erlebt. Auch das lässt sich wunderbar vergleichen. Einen guten Job kriegen Sie häufig auch nicht nach einem Gespräch. Ich habe es zumindest nicht geschafft, aber das mag auch an mir liegen.

Diese vermeintlichen Hausaufgaben sollten Sie als Chance sehen. Es ist gut, wenn Sie etwas anpassen oder erneuern sollen, weil dann der Zug noch fährt. Jetzt wissen Sie noch besser, was der Banker will, und können beim nächsten Mal begeistern. Ich weiß, Sie wollen starten und »Go« hören und nicht »Aber ich brauche noch das und das«. Doch hier können Sie Durchhaltevermögen zeigen. Bleiben Sie dran.

Vor allem ist es auch so, dass verschiedene Banker einen unterschiedlichen Anspruch an Ihre Unterlagen haben. Mancher möchte die Kalkulationen für drei, mancher für fünf Jahre. Dem einen ist die Marktanalyse wichtig und manchem die Produktbeschreibung. Darum ist es so wichtig, die Ansprüche zu kennen, denn nur so können Sie diese erfüllen beziehungsweise übertreffen.

Was natürlich bei der ganzen Thematik nicht unerheblich ist, sind die Konditionen, die Ihnen die Bank für den Kredit anbietet. Hier geht es um Rückzahlungsvereinbarungen, tilgungsfreie Zeiten oder Zinssätze. So kann ein Modell völlig ungeeignet und ein anderes sehr passend sein. Was tilgungsfrei bedeutet? In der tilgungsfreien Zeit zahlen Sie »nur« die Zinsen für Ihren Kredit, aber noch keine Tilgungsraten zurück. Das ist gerade bei GoGs sehr häufig sinnvoll. Am Anfang sind die monatlichen Einnahmen oft noch sehr gering. Da kann es hilfreich sein, nicht gleich immense Raten im Monat zurückzuzahlen, sondern das Pflänzchen erst mal wachsen zu lassen. Ihre Liquiditätsplanung sollte Ihnen also auch Auskünfte darüber geben, wie viel Sie monatlich zurückzahlen können.

Ihr individueller Zinssatz hängt vor allem von Ihnen und Ihrem gewählten Finanzierungsmodell ab, und da kann es erhebliche Unterschiede geben. Die Bank erstellt ein Rating und anhand der Informationen wird Ihr Zinssatz festgelegt. Auch das spielt natürlich eine Rolle für Ihre Finanzplanung und deshalb sollten Sie frühzeitig nach möglichen Zinssätzen fragen – natürlich nicht während der ersten Begrüßung.

An vielen Stellen verlangt die Bank nach einem Bürgen für Ihren Kredit. Ohne jetzt zu tief in Finanzierungswissenschaften einzusteigen, ist ein Bürge jemand, der dann auf den Plan tritt, wenn Sie Ihren Kredit nicht mehr zurückzahlen können. Dann fordert die Bank die Rückzahlung bei Ihrem Bürgen ein. Von daher ist es eine sehr hohe Verantwortung, Bürge zu sein. Der Bürge hat gegenüber Ihnen einen Anspruch auf Rückzahlung, wenn er für Sie einspringen musste. Sie sind den Kredit also nicht los, nur weil jemand anderes aushilft.

Gründertalk:

> **GoG:** *»Wie lange dauert eine Kreditvergabe eigentlich?«*
>
> **Der nette Autor:** *»Ich würde jetzt gerne ›zehn Tage‹ schreiben und Ihnen eine pauschale Antwort geben. Leider kann ich das nicht. Die Vergabe hängt von vielen Faktoren ab, wie etwa der Bearbeitungszeit bei der Bank, der Nachbesserung Ihrer Unterlagen, Urlaubszeiten oder Entscheidungsbefugnissen. Leider machen viele GoGs die Erfahrung, dass es zu lange dauert. Setzen Sie Druck trotzdem nur sehr dosiert ein, häufig führt das zum Gegenteil des Erhofften. Meine persönliche Erfahrung liegt zwischen zwei und acht Wochen, um Ihnen wenigstens einen kleinen Anhaltspunkt zu geben.«*

Die Bank fordert sehr häufig Sicherheiten für die Kreditvergabe ein. Das heißt, dass Sie Ihren Kredit mit anderen Dingen – um es mal ganz salopp zu sagen – absichern sollen. Ihr gutes altes Fahrradschloss reicht dafür leider nicht aus. Sollte also eine Tilgung nicht mehr möglich sein, kann die Bank je nach Kreditvertrag die entsprechende Sicherheit einfordern. Das kann etwa eine Immobilie, eine Lebensversicherung oder Ähnliches sein. Machen Sie sich also vor der Vergabe Gedanken darüber, welche Sicherheiten Sie bereit sind, eventuell ins Feuer zu werfen.

Wenn es dann zu einer Zusage kommt, herzlichen Glückwunsch! Machen Sie sich eine Flasche Sekt, Wein oder ein Bier auf. Aber: Vergessen Sie bitte nicht, dass Sie den Kreditbetrag auch zurückzahlen müssen. Viele GoGs muss ich immer wieder ein wenig bremsen, was die Kreditsumme angeht. Weltherrschaft? Auf jeden Fall. Lebenslange Kreditfessel am Bein? Bitte nicht.

KfW et cetera – Förderkredite, Förderungen, Geld umsonst?

Da wir uns jetzt über das Thema Kredite unterhalten haben, passt der Übergang eigentlich ganz gut – der Übergang zum Thema Förderkredite. Die meisten GoGs stellen mir im ersten Gespräch immer die gleiche Frage: Bekomme ich irgendwo Geld geschenkt für meine Existenzgründung? Leider bekommen Sie – wie im Leben – auch in der Existenzgründung meistens nichts geschenkt.

Förderkredite sind Kredite zu besonderen Konditionen, diese Konditionen sollen den GoGs den Start in die Selbstständigkeit vereinfachen. Hier will ich gerne noch einmal ansetzen. Zunächst spielt wie angesprochen eine eventuelle tilgungsfreie Zeit für Sie als GoG eine große Rolle, da Sie Ihren finanziellen Druck zu Beginn damit schmälern können. Genau hier setzen unter anderem die Förderkredite an. Mithilfe dieser speziellen Kredite wird mit den GoGs eine vorher festgelegte tilgungsfreie Zeit vereinbart.

Vielleicht hätte ich erst mal damit anfangen sollen, wer diese Kredite überhaupt vergibt: Die meisten dieser Kredite vergibt hierzulande die KfW – die Kreditanstalt für Wiederaufbau. Die Vergabe läuft über die Banken und Sparkassen. Wer so etwas macht, lässt sich für Ihre Region wunderbar auf der Website der KfW abfragen. Der Ablauf gleicht dem, den ich oben schon beschrieben habe, das heißt, Sie bewerben sich mit Ihrem Konzept um einen solchen Kredit bei der

Bank, und diese sendet die Unterlagen nach positiver Prüfung an die KfW weiter, wo die Unterlagen ebenfalls geprüft werden. Was Ihre Bank überhaupt davon hat? Eine ganze Menge. Die KfW übernimmt je nach Kreditprogramm einen Großteil der Haftung. Wenn Sie eventuell irgendwann den Kredit nicht mehr zurückzahlen können, dann haftet in dem Fall zu einem Großteil die KfW. So sinkt das Risiko Ihrer Bank, was zu einer Erhöhung der Kreditvergabe führen soll. Weniger Risiko gleich mehr Vergabe – so zumindest die Theorie.

Neben der tilgungsfreien Zeit gibt es vor allem günstigere Zinssätze in den Förderkrediten. Gerade wenn Sie einen hohen Investitionsbedarf haben, kann das eine große Rolle spielen. So sparen Sie eventuell bares Geld.

Es gibt eine Vielzahl von Programmen, und die nicht nur von der KfW. Auf der Website der KfW gibt es auch die Möglichkeit, mithilfe eines Formulars zu ermitteln, welches Programm zu Ihnen passt. Jedes Programm hat nämlich unterschiedliche Voraussetzungen und Konditionen. Ansonsten gibt es auch eine spezielle Hotline, an der Sie Experten zum Thema finden. Ein Anruf hilft hier meistens weiter.

Um noch kurz über das Thema Förderungen weiterzuphilosophieren: Es gibt noch eine ganze Menge weiterer Förderungen. Dazu gehören Förderungen von Patenten und Beratungen oder Unterstützungen durch die Arbeitsagentur. Schauen Sie sich in Förderdatenbanken um oder lassen Sie sich beraten. Die Vielzahl der Förderungen ist riesig und teilweise sehr speziell, aber es gibt sicher auch welche, die bei Ihnen passen.

Private Equity – wer kann mich noch finanzieren?

Neben der Kreditvergabe über die Bank gibt es natürlich andere Möglichkeiten, Kapital für die eigene Gründung zu gewinnen. Einen

Begriff, der hier immer wieder fällt, will ich Ihnen natürlich nicht vorenthalten: Private Equity.

Ich versuche, Ihnen eine einfache Erklärung ohne Fachbegriffe zu liefern: Bei klassischen Krediten ist der Kreditgeber eine Institution, bei Private Equity ist der Kreditgeber eben privat. Gar nicht mal so schwer, oder? Wahrscheinlich drehen sich jetzt wieder ein paar BWLer im Grabe um, aber wir schreiben nun mal ein verständliches Buch zum GoG-Sein. Entschuldigung.

Diese privaten Investoren können erstens sehr unterschiedlich sein und zweitens auch ganz verschiedene Ziele verfolgen. Ich versuche das im Folgenden noch zu konkretisieren.

Fangen wir mal mit der klassischsten Form der Privatinvestition an, nämlich der durch Familie, Freunde und Bekannte. Wenn Sie jemanden von Ihrer Idee begeistern können, dann ist derjenige in Ihrem Fall ein privater Investor. Warum auch nicht? Natürlich können Sie jetzt sagen, bei Geld endet die Freundschaft, aber das sehe ich anders. Ich finde, bei Geld fängt die Freundschaft an. Das dürfen Sie gerne als Zitat veröffentlichen. Wem sollte ich lieber Geld leihen als Freunden oder der Familie? Also sollten Sie über diesen Weg nachdenken, vielleicht ist das auch was für Sie. Natürlich möchte die andere Person eine Gegenleistung, sonst ist sie auch kein Investor im eigentlichen Sinne, sondern ein Gönner.

Diese Gegenleistung kann entweder die klassische Rückzahlung der Investition sein, ähnlich einem Kredit, oder die Abgabe von Geschäftsanteilen sein. Das heißt, die Person steigt als Gesellschafter mit bestimmten Rechten und Pflichten in Ihr Unternehmen ein. Natürlich können Sie für das Kapital auch einen Tanz aufführen oder eine Suppe kochen, meistens wird das aber nicht reichen. Außer Sie können natürlich überragend kochen. Dann klappt das vielleicht. Ich bin bei beidem raus, ich könnte eine Limonade anbieten.

Gründertalk:

> **GoG:** *»Proof of Concept – was ist das denn schon wieder?«*
>
> **Der nette Autor:** *»Jetzt wollte ich mit Anglizismen sparen und halte mich nicht an meine eigenen Regeln. Der hippe Bereich der Private Equities kommt leider nicht ohne awesome, manchmal bisschen Random Wordings aus, mit denen Sie in Pitches oder Creepy Meetings überzeugen müssen. Entschuldigung. Jetzt mal im Ernst, der Proof of Concept ist quasi die Beweiserbringung, dass Ihr Konzept funktioniert. Also der Nachweis, dass Ihre Idee erfolgreich sein kann. Es ›Konzeptprüfungsphase‹ zu nennen wäre doch langweilig.«*

Neben der Beteiligung von Personen aus dem persönlichen Umfeld kann es sich auch um eine mehr oder weniger vermögende bis dato unbekannte Person handeln – ein sogenannter Business-Angel. Leider handelt es sich dabei nicht um hübsche fliegende Engel, die im goldenen Lichte mit Geld nach Ihnen werfen. Nicht auf alle passt dieser Begriff, manche sollte man vielleicht lieber Business-Devils nennen. Hier geht es meistens wirklich um den Tausch von Kapital gegen Anteile. Was ich hier wichtig finde, ist, dass Sie sich genau anschauen, wer sich bei Ihnen beteiligt. Viele Investoren bieten mehr als nur die Zahl auf dem Papier, sie bringen Erfahrungen, Branchenexpertise und Kontakte mit in Ihr Unternehmen. Manche sehen jedoch nur ihre langfristige Rendite. Geld verdienen steht auch hier im Vordergrund.

Neben diesen klassischen Einzelpersonen gibt es sogenannte Venture-Capital-Gesellschaften. Auch hier geht es darum, dass Sie Kapital erhalten, um das Ganze noch erfolgreicher zu machen und die Rendite – also etwa die Gewinnbeteiligung – nach oben zu schrauben. In einer ersten Finanzierungsphase kommen für Sie wahrscheinlich keine Venture-Capital-Gesellschaften infrage, da häufig schon ein Proof of Concept vorliegen muss.

Special: Investoren überzeugen

Weil Sie ab und an – wie gerade erwähnt – einen Investoren überzeugen müssen, dachte ich mir, ich stelle Ihnen hier mal meine Top Ten zum Thema Überzeugen vor.

1. Auf das Wesentliche konzentrieren

Sicher gibt es viele Informationen mitzuteilen. Sie sollten sich jedoch auf die wesentlichen Dinge konzentrieren. Auch Investoren können sich nicht alles merken.

2. Nicht nur der Inhalt zählt

Neben dem eigentlichen Inhalt spielt die Art und Weise der Präsentation eine große Rolle. Sie sollten die Präsentation auch als Präsentation verstehen und nicht mit Inhalten überfüllen.

3. Struktur, Struktur, Struktur

Der Investor kennt die Vorgehensweise nicht, umso wichtiger ist es, ihn jederzeit abzuholen und ihm das Gefühl einer gut strukturierten Präsentation zu vermitteln.

4. Interaktion an der richtigen Stelle

Der Investor ist nicht nur physisch anwesend. Es gibt Situationen, in denen das persönliche Einbinden beziehungsweise Ansprechen sehr sinnvoll sein kann.

5. Hinter den Investor schauen

Der Investor hat genauso persönliche Interessen, Vorlieben und Werte wie Sie selbst. Diese sollten Sie kennen und gegebenenfalls nutzen.

6. Überzeugen mit Visionen

Überzeugung schaffen Sie vor allem durch Visionen. Als GoG sollten Sie Ihre Vorstellungen genau darstellen, damit der Investor ein Gefühl dafür bekommt, wohin die Reise geht.

7. Kritik annehmen

Gerade in einem Pitch wird häufig auch Kritik geäußert. Diese sollten Sie sachlich annehmen, um daraus zu lernen. Kritik ist hier oftmals sogar hilfreich.

8. Mehr als nur gut vorbereiten

Um im Pitch zu bestehen, sollten Sie sich vorab gut überlegen, welche Informationen sinnvoll, welche Fragen möglich und welche Überzeugungen notwendig sind.

9. Zahlen, Daten, Fakten

Sie sollten die relevanten Informationen zu Ihrer Geschäftsidee kennen – seien es Marktinformationen, Auflagen oder auch die Daten der Konkurrenz.

10. Auf Fragen vorbereiten

Fragen werden gestellt – auf jeden Fall. Um sich bestmöglich vorzubereiten, sollten Sie sich ausgiebig damit beschäftigen, welche Fragen Sie erwarten könnten, und diese vorher durchgehen.

Leasing – Sie müssen nicht alles kaufen

Bisher sind wir doch sehr gut durch das Finanzierungsthema gekommen. Ich würde fast sagen: flüssig – um uns noch mal kurz des Begriffs eines vorangegangenen Kapitels zu bedienen. Also Segeln spannen und weiterfahren.

Natürlich müssen Sie bei Ihrer Gründung nicht alle Investitionsobjekte sofort kaufen. Alleine schon wegen der Investitionssumme geht das oft nicht. Eine weitere Möglichkeit, die Anfangsinvestitionen und damit schlussendlich häufig auch den Bedarf an Fremdkapital zu reduzieren, stellt das Leasing dar.

Leasing kennen die meisten von Ihnen wahrscheinlich vom Auto. Sie dürfen ein bestimmtes Objekt gegen eine gewisse Gebühr nutzen, ohne dass Sie es im eigentlichen Sinne besitzen. Somit müssen Sie nicht direkt mit dem großen Alugeldkoffer um die Ecke kommen und kriegen trotzdem das, was Sie brauchen. Neben dem Leasing eines Wagens gibt es bei der Gründung die Möglichkeit, andere Dinge zu leasen. Dazu gehören etwa Maschinen, technische Ausstattung oder auch Software. Geld gegen Nutzungsrecht, um es mal einfach zu sagen.

Der Vorteil ist klar: Sie brauchen weniger Geld auf einen Schlag – das schont den GoG-Geldbeutel. Der Nachteil: Leasing ist im Vergleich zum wirklichen Kauf häufig teurer. Der Leasinggeber möchte auch an der ganzen Sache verdienen. Ich vergleiche das Ganze gerne mit dem Mieten einer Wohnung. Sie zahlen Miete, um dort zu wohnen – das Objekt also zu nutzen. Die Wohnung gehört nicht Ihnen, und Sie müssen sie nach Ablauf der vereinbarten Zeit – etwa mit Kündigung des Mietvertrages – zurückgeben. Dabei spielt der Zustand natürlich eine Rolle. Natürlich kann ich meine Wohnung total vermüllen und alles beschmieren. Aber erstens findet mein Vermieter das sicher nicht lustig und zweitens gibt es beim Leasing häufig Regelungen, in welchem Zustand das Objekt zurückgegeben werden muss – also etwa beim Auto, wie viele Kilometer maximal gelaufen sein dürfen. Somit kann es sein, dass Sie für Reparaturen oder Instandhaltung aufkommen müssen. Es gibt aber auch Fälle, in denen dieser Service inklusive ist. Wenn wir das mal auf den Wohnungsmarkt übertragen, wäre das eigentlich eine ziemlich gute Idee. Ein Mietkonzept, das mehr bietet als nur die reine Zurverfügungstellung – zum Beispiel einmal jährlich das Streichen der Wohnung, die Reinigung durch einen Putzdienst oder das Zubereiten von Speisen. Ich glaube, hier könnten Sie was Schönes basteln. Ich wäre definitiv ein Kunde.

Auch wenn Sie mit Leasing Ihre Anfangsinvestitionen klein halten können, sollten Sie die monatliche Belastung im Auge behalten. Die Leasingraten muss schließlich auch irgendwer zahlen. Übernehmen Sie sich hier nicht, nur weil der Betrag zunächst klein erscheint.

Special: Crowdfunding und Crowdinvesting

Zwei Begriffe, die Ihnen beim Thema Finanzierung über den Weg laufen können, sind die Begriffe »Crowdfunding« und »Crowdinvesting«.

In beiden steckt, wie Sie sehen, das Wort »Crowd«. Die Crowd ist quasi eine Gruppe Menschen, die Sie durch eine bestimmte Gegenleistung zur Investition in Ihre Idee bewegen können. Beim Crowdfunding können das etwa Produkte, Werbeartikel oder auch ein selbst gemaltes Bild sein. Beim Crowdinvesting ist die Gegenleistung eher unternehmerischer Natur. Die Crowd erhält Anteile und im Falle eines Unternehmensverkaufs bekommt sie ein Stück vom Kuchen ab. Darum ist das hier auch ein »Investing« im Sinne von Investition.

Der Vorteil an beiden Finanzierungswegen ist, dass Sie Kapital einsammeln können und so die Finanzierung Ihrer Idee nach vorne treiben können. Natürlich möchte die Crowd auch überzeugt werden, beim Crowdfunding vor allem durch das Produkt. So können innovative, gemeinnützige oder soziale Projekte angeschoben werden. Beim Crowdinvesting müssen Sie vor allem durch Zahlen überzeugen, durch das Konzept und die Statistiken, die belegen, dass Ihr Unternehmen eine rosige Zukunft hat. Beide Modelle werden auf unterschiedlichen Portalen im Internet umgesetzt. So kann man sich mehrere Projekte anschauen und für sich entscheiden, ob eine Beteiligung Sinn macht. Die Crowd zu überzeugen ist nicht einfach, weil Sie gar nicht genau wissen, wer Ihr Publikum ist, und so müssen Sie häufig viele Argumente anführen, damit eines auch sticht. Schauen

Sie sich unbedingt ein paar Projekte im Netz an und vergleichen Sie sie mit dem Ihren.

Neben der Kapitalbeschaffung dient diese Finanzierungsmethode dazu, bereits frühzeitig – teilweise vor Projektstart – Aufmerksamkeit für Ihr Projekt zu generieren. Viele Menschen bekommen Informationen über das, was Sie vorhaben und welchen Mehrwert Ihr Produkt liefert. So können Sie eventuell eine Diskussion anstoßen und Menschen dazu bewegen, über Ihr Produkt zu sprechen.

Das Interessante ist, dass Sie selber festlegen, wie sich die Crowd beteiligen kann und was Sie als Gegenleistung anbieten. Natürlich sollte das auch passen. Für 10.000 Euro ein T-Shirt mit »Danke« drauf ist sicher kein faires Angebot. Aber Sie werden gerade im Bereich des Crowdfundings überrascht sein, wie viele Menschen es gibt, die eine Idee unterstützen, von der sie überzeugt sind.

Zahlungsausfälle – was tun, wenn der Kunde nicht zahlt?

Ich habe erst überlegt, ob das Kapitel an dieser Stelle überhaupt passt. Ich hätte es auch an den Anfang packen können, aber da Kunden nun mal die laufende Finanzierung des Unternehmens übernehmen, denke ich, passt es hier ganz gut.

Viele GoGs hat das Thema leider fast in den Ruin getrieben, auch oder eben weil sie sich damit vorher nicht auseinandergesetzt haben. Planen können Sie das nicht, aber Sie können sich vorher Gedanken machen, was Sie tun können, wenn es zu Ausfällen kommt. Sie werden schnell merken, dass die Zahlungsmoral sehr unterschiedlich ist. Der eine zahlt seine Rechnungen sofort, der andere erst nach Wochen und nach mehrmaligem Draufhinweisen. Das, was es so schade macht, ist die Tatsache, dass Sie als GoG oft auf die Zahlung angewiesen sind. Diese Tatsache ist anderen manchmal gänzlich egal.

Also: Was tun, wenn ein Kunde nicht zahlt? Mit dem Knüppel »vorsichtig« nachfragen ist dabei der falsche Weg. Nun, zunächst setzen Sie am besten in Ihren Rechnungen ein Datum fest, bis zu dem die Zahlung erfolgt sein soll. Ich würde auch hier nicht von zwei Wochen oder zehn Tagen sprechen, sondern ein konkretes Datum angeben. Dass dieses dann nicht gleich morgen ist, sollte klar sein. So hat der Kunde die Möglichkeit, sich das Datum entsprechend zu notieren. Natürlich ist das nur eine kleine Hilfsmaßnahme. Sollte es nach Ablauf der Frist nicht zu einer Zahlung gekommen sein, würde ich immer noch ein kleines bisschen warten. Viele Zahlungen erfolgen kurz nach dem Ablaufdatum – so nenne ich das jetzt mal. Wenn dann immer noch keine Zahlung erfolgt ist, schlage ich den persönlichen Kontakt vor. Ich halte wenig davon, direkt eine Mahnung mit etwaigen Gebühren oder etwas Ähnliches aufzusetzen und eine eventuell angespannte Stimmung zu erzeugen. Rufen Sie freundlich an und erinnern Sie an die Rechnung, auch eine E-Mail kann hilfreich sein. Dann erfahren Sie vielleicht auch gleich den Grund, warum die Zahlung noch nicht erfolgte – EDV-Probleme, einfach übersehen, liegt noch in einer anderen Abteilung et cetera.

Sollte auch nach dem persönlichen Kontakt keine Zahlung erfolgen, würde ich eine schriftliche Mahnung aufsetzen und eine erneute Frist setzen. Dann haben Sie auch ein zusätzliches Dokument, was den Verzug belegt. Leider kommt es häufig auch dann noch nicht zur Zahlung. Zuletzt können Sie den offiziellen Weg gehen und ein gerichtliches Mahnverfahren und im zweiten Schritt einen Vollstreckungsbescheid einleiten beziehungsweise erwirken. Hier gehen Sie aber zunächst in Vorleistung und seien Sie sich bewusst darüber, dass das Kind dann definitiv in den Brunnen gefallen ist – also die Geschäftsbeziehung in der Regel langfristig gestört ist.

Ein paarmal bin ich diesen Weg bis ans Ende gegangen – wobei »ein paarmal« »wenige Male« bedeutet. Leider können Sie auch als GoG am Ende mit der Erkenntnis dastehen, dass Sie auf Ihren Forderungen sitzen bleiben. Es gibt Menschen, die Leistungen in Anspruch nehmen und von vornherein nicht vorhaben zu zahlen. Mit dem einen oder anderen können Sie sich vielleicht auf eine Ratenzahlung einlassen. Sie werden jedenfalls eine Menge ungewöhnlicher Begründungen kennenlernen, warum eine Rechnung nicht bezahlt werden kann.

Bernd und Anne haben in ihren Geschäften das Problem erst mal nicht, da der vermeintliche Kunde sofort beim Erhalt der Ware zahlt, in vielen Branchen – wie meiner – ist das leider nicht so. Mein Rat an Sie: Arbeiten Sie gerade mit Neukunden auch mal mit Vorauszahlungen oder frühzeitigen Abschlagszahlungen. So halten sich Ihre Ausfälle in Grenzen und Ihre Existenzgründung fällt nicht auch noch in den Brunnen.

Kapitel VII: Zu guter Letzt –
mit dem Bulldozer durch die Wand

So, bitte machen Sie sich auf etwas gefasst. Nachdem wir hoffentlich die wichtigsten Dinge, die Ihr GoG-Sein betreffen, besprochen haben, wollen wir das Kapital dazu nutzen, um noch einmal völlig losgelöst von irgendwelchen Steuersätzen, Finanzierungsregeln oder Rechtsformen ordentlich loszulegen. Mir war wirklich wichtig, dass wir ein eigenes Kapitel daraus machen.

Nachdem Sie ein paar Dinge gelesen haben, würden Sie vielleicht gar nicht anfangen mit dem ganzen Thema GoG-Sein. Sie haben das Gefühl, dass Ihnen jemand Steine in den Weg legen oder ganze Mauern bauen will. Aber wir erschaffen uns jetzt einen schönen großen Bulldozer und brettern alles aus dem Weg. Also: Einmal einsteigen bitte.

Als ich mich vor einigen Jahren *selbstständig gemacht* habe, hatte ich ein großes Wort vor Augen, und das hieß Angst. Angst vor Versagen, Angst vor Armut, Angst vor einer Million anderer Sachen und neben der Angst quasi als kleine Schwester stand dort Unsicherheit. Aber wissen Sie was? Das war gut so. Ja, richtig gehört. Diese Angst und Unsicherheit haben letztendlich dazu geführt, dass ich erfolgreich bin, weil ich letztendlich manche Sachen, trotz vieler Fehler, ganz vorsichtig angegangen bin und dadurch Fehler vermieden habe. Angst führt zwar oft zu Lähmung, aber ohne Angst sehen Sie nur das Gaspedal und manchmal sollten Sie bremsen. Was ich Ihnen raten möchte, ist, diese Emotion zu akzeptieren. Viele GoGs fragen mich, wie sie die Angst überwinden können oder mit der Unsicherheit umgehen können. Und ich antworte dann: »Akzeptieren Sie diese vermeintlich negativen Gefühle, denn es wäre seltsam, wenn Sie sie nicht hätten.« Wir sind schlicht nach wie vor alle nur Menschen – auch wenn Super-GoGs natürlich etwas ganz Besonderes sind. Der erste Schritt ist also, der Angst ein bisschen ins Gesicht zu lächeln. Dann bekommt die Angst vielleicht auch Angst, und Sie brauchen dann keine mehr zu haben. Probieren Sie es aus!

Auch in anderen Bereichen stehen Sie Ängsten und Sorgen gegenüber und finden Lösungen. Ich für meine Person bin nicht der allergrößte Fan des Fliegens. Nachdem ich Reisetabletten und Baldriantropfen durchhatte, habe ich mir eine eigene Taktik überlegt, wie ich mit den nervigen Turbulenzen umgehen kann. Sobald es ein wenig wackelt, fange ich auf meinem Sitz ebenfalls an zu wackeln, so merke ich nicht, ob es mein Wackeln oder das des Flugzeuges ist. Sicher, die Stewardessen und andere Passagiere schauen mich seltsam an, aber mir hilft das ungemein. Genauso wird es Ihnen in der Gründung gehen, Sie werden Lösungen für Probleme finden und seien diese Lösungen noch so unkonventionell.

Ich habe damals in meiner Coachingausbildung nach dem Studium eine tolle Übung kennengelernt, die mir hier hilft. Immer, wenn ich am Anfang meines GoG-Seins einen Vortrag halten sollte, war ich schrecklich aufgeregt und hatte das Gefühl, ich falle entweder von der Bühne oder ich stehe stumm da und mir fällt kein Wort ein. Die Ausbilderin hat mich dann gefragt, welche Emotionen ich personifizieren könne. Dann haben wir leere Stühle aufgestellt und ich sollte unterschiedliche »Felixe« benennen, die mir jetzt gegenübersitzen. Davon gab es nachher sieben Stück. Ja, ich kam mir auch ein wenig verrückt vor, aber es waren wirklich so viele. Da gab es den Pflichtbewussten, der wusste, wie wichtig der Vortrag ist. Daneben den Ängstlichen, der auf keinen Fall etwas falsch machen will. Auch einen überheblichen Felix, der sich seiner Stärken zu sehr bewusst ist, gab es genauso wie den Angespannten, der seine Nervosität nicht wirklich kontrollieren kann. Am Anfang war ich verwirrt und fragte mich, was mir die Übung außer Persönlichkeitsstörung bringen soll. Die Lösung will ich Ihnen gerne verraten. Stellen Sie sich vor, ich wäre nur eine dieser Personen gewesen, dann wäre der Vortrag überheblich, ohne Inhalt, unkonzentriert oder vielleicht zappelig gewesen. Jede dieser Personen gehört zu mir und jede davon bietet einen Ausgleich zu einer anderen, und das ist ganz, ganz wichtig. Ich brauche den ängstlichen Felix, um einen Ausgleich zum Überheblichen zu finden, und genauso den Strebsamen als Ausgleich zu einem Larifari-Felix. Wie gesagt, akzeptieren Sie Ängste und Unsicherheiten. Nehmen Sie beide an die Hand und springen Sie damit durch den Frühlingsregen, denn diese gehören genauso zu Ihnen wie vermeintlich positive Eigenschaften. Niemand ist vollkommen. Und wenn doch? Dann ist das kein Mensch, sondern eine Maschine.

In diesem Zusammenhang halten sich viele GoGs für zu schüchtern, zurückhaltend oder nicht vertriebsstark genug. Diese Sorge kann ich absolut verstehen. Natürlich müssen Sie oft Ihr eigener Vertriebsmanager sein und da ist es von Vorteil, wenn Sie etwas verkaufen können. Vielleicht erinnern Sie sich an das Kapitel zu dem Thema Aufgabenplanung, in dem ich Ihnen erzählt habe, dass Sie eine Liste mit allen Aufgaben, die in Ihrem Unternehmen anfallen, erstellen sollen und so selber sehen, was Sie können. Ganz ehrlich: Wer kann denn bitte alles? Niemand. Wenn Sie nicht vertriebsstark sind, haben Sie zwei Möglichkeiten, und das ist erst mal gut so. Sie können sich jemanden suchen, der Ihre Produkte verkauft, oder Sie können es lernen. »Gut verkaufen« können nur ganz wenige Leute, also sind Sie mit der Tatsache nicht allein. Und was die Schüchternheit oder die Zurückhaltung angeht, sehe ich sie als Vorteile. Ich bin eher das Gegenteil. Ich kenne häufig nur Vollgas und bin deswegen mit meinem Bulldozer ein paarmal gegen eine Wand gefahren. Die ist vielleicht irgendwann umgefallen, aber es wäre wesentlich einfacher gewesen, einfach drum herumzufahren. Sie sitzen am Lenkrad und Sie entscheiden, wie viel Gas Sie geben. Das ist genau das, was Selbstständigkeit ausmacht. Nicht Ihr Chef oder die nette Vorgesetzte entscheiden die Richtung, sondern Sie. Und wenn Sie das Gefühl haben, lieber ein bisschen bremsen zu wollen, dann tun Sie das. Niemand ist Ihnen böse. Ich bin dann der, der rechts mit seinem Bulldozer immer wieder gegen die Wand donnert. Vielleicht winken Sie mal?

Wenn Sie gerade irgendwo angestellt sind und überlegen, ob Sie das alles für eine Gründung aufgeben sollen, dann machen Sie sich viele Gedanken und nehmen Sie sich ausreichend Zeit für diese Entscheidung. Der eine ist impulsgesteuert und der andere eher langfristig planend. Wenn der Wunsch aber schon länger tief in Ihnen sitzt, stellen Sie sich eine entscheidende Frage: Was kann passieren? Genau diese Frage ist ultimativ wichtig, beantworten Sie diese gerne abermals direkt hier im Buch. Welche Gründe sprechen gegen das GoG-Sein? So bekommen Sie ein Gefühl für Ihr persönliches Risiko. Wie schwer wiegt die Antwort? Gibt es wirklich weitreichende Gründe, die gegen das GoG-Sein sprechen, oder können Sie manche abfangen oder gleich am besten auf den Kompost werfen? Nein, ich will nicht, dass Sie sofort auf den Bulldozer springen, egal in welcher Situation Sie sich befinden, leider kenne ich Sie dafür zu wenig. Was ich aber wirklich will, ist, dass Sie sich diese entscheidende Frage intensiv stellen. Wir schrecken zu oft vor Entscheidungen zurück, weil wir Angst vor den Konsequenzen haben. Und dabei sind diese Konsequenzen gar nicht so schlimm, wie wir uns das ausgemalt haben. Was kann passieren?

Apropos malen, ich finde, nach so vielen Seiten ist es Zeit, ein wenig Bodenhaftung zu verlieren. Und genau das tun wir jetzt. Was ich meinen GoGs oft empfehle, ist, ein Bild zu malen. Wahrscheinlich habe ich gerade jegliche Legitimation als Gründungsberater verloren. Das ist mir eigentlich egal, weil ich es ernst meine. Ein Bild zum Thema »Wo will ich hin?«. Was Sie auf das Bild malen, ist Ihnen überlassen. Es gibt keine Einschränkungen. Sie können ein kleines Blatt nehmen oder am besten gleich eine ganze Wand im Wohnzimmer vollmalen. Wozu das gut sein soll? Wir machen uns zu allem unendlich viele Gedanken und vergessen dabei, warum wir uns zu einer Sache überhaupt Gedanken machen. Wo wollen Sie hin? Was sind Ihre Träume, die Sie mit dem GoG-Sein verwirklichen wollen? Was macht Ihnen Spaß und warum wollen Sie vielleicht nicht mehr angestellt sein? All das gehört in Ihr Bild. Ich finde, das hilft ungemein. Man gibt zu oft seine Träume und Wünsche auf. Tun Sie das nicht!

Apropos Träume, als Kind wollte ich eigentlich immer Archäologe werden, also nach meinem Schattendasein als Getränkeverkäufer und Musiker. Was das bitte mit Ihrer Gründung zu tun hat? Eine ganze Menge. Natürlich nicht genau das Thema Archäologie – Indiana Jones ist nicht für seine Start-ups bekannt. Deswegen war das mit der Archäologie ein wenig geschwindelt. Aber für mich stand der Wunsch nach einem Beruf, bei dem ich draußen arbeite, ganz oben auf meiner Liste, und davon ist heute viel übrig geblieben. Mit Kunden treffe ich mich am liebsten draußen in einem Café und ob Sie es glauben oder nicht, das Buch schreibe ich grad auf einer Parkbank – schon wieder sehr unprofessionell. Was waren Ihre Kindheitsträume? Es spielt keine Rolle, ob Sie Ballerina, Polizist oder Astronaut werden wollten. Denken Sie drüber nach, warum das damals so war, und suchen Sie nach Punkten, die sich auch auf das, was Sie heute vorhaben, übertragen lassen. Oft gibt es Verbindungen zum Thema GoG-Sein oder Sie können eine Verbindung schaffen. Das macht das Arbeiten ein ganz schönes Stück angenehmer.

Können Sie sich noch an den Fahrradführerschein in der Grundschule erinnern? Vielleicht gab es den bei Ihnen nicht oder wurde nicht gebraucht, da Sie alle mit motorisierten Bobby-Cars zur Schule gedüst sind. Der Fahrradführerschein war der Beweis dafür, dass der Besitzer Fahrrad fahren kann. Überreicht wurde der Ausweis sogar von einem echten Polizisten. Das ist für einen Grundschüler eine ziemlich aufregende Sache. Ich erinnere mich noch genau an den

Tag vor dem Führerscheintest. Ich war sehr aufgeregt und habe mehrmals den Luftdruck meines Fahrrads überprüft. Meine Eltern mussten mich beruhigen und sagten mir immer wieder, dass ich das alles schaffen würde. Zu meiner großen Erleichterung habe ich die Prüfung erfolgreich abgelegt. Warum ich Ihnen das erzähle? Nun, wenn ich mich in diese Zeit zurückversetze, dann war der Test für mich die bis dahin größte Herausforderung meines Lebens. Wenn ich aus heutiger Sicht darauf zurückblicke, muss ich schmunzeln, denn ich hätte auch ohne den Führerschein weiter Fahrrad fahren dürfen. Was ich Ihnen damit sagen will? Es gibt immer wieder Hindernisse, die einem groß und unüberwindbar erscheinen und dann, mit etwas Abstand, waren Sie gar nicht so groß. Genau diese Hindernisse begegnen Ihnen auch bei Ihrer Gründung und Sie werden sie meistern, eine nach der anderen, und wenn nicht, versuchen Sie es erneut. Im Notfall haben Sie immer noch den Bulldozer. *PS: Anne hat mich gerade darauf hingewiesen, dass sie sogar einen Füllerführerschein machen musste – was es nicht alles gibt!*

Als GoG haben Sie die Chance, alles neu aufzubauen. Sie entscheiden bei Ihrem eigenen kleinen Schloss, ob es einen Vorgarten, zehn Garagen oder einen Springbrunnen hat. Darum werden Sie viele große Unternehmen beneiden. Machen Sie etwas aus der Situation. Natürlich ist da erst einmal nur plattes Land – um bei unserem Beispiel zu bleiben – und Sie fahren auch alleine in den Baumarkt, um alles abzuholen, aber am Ende ist es Ihr Schloss. Lohnt sich doch, oder? Eine Krone kriegen Sie leider nicht – König sind Sie trotzdem. Außer Sie eröffnen eine Burger-King-Filiale. Denken Sie bitte immer daran, ein Start-up ist keine kleine Version eines Unternehmens, sondern ein ganz eigenes Gebilde, ein eigener Mikrokosmos – genau wie die Raupe eben auch kein kleiner Schmetterling ist. Von daher ist es normal, dass einige Dinge anders laufen als in großen Unternehmen.

In manchen Situationen werden Sie aber das Gefühl haben, dass es mit dem Schlossbau nicht vorangeht. Sie werden sich energielos fühlen. Und auch das ist normal. Gerade in der Gründung passiert das ziemlich oft. Manche Dinge brauchen lange, um Früchte zu tragen. Da rennen Sie 100-mal mit der Gießkanne zum Erfolgsbaum, bevor irgendwas passiert. Ich habe vor einiger Zeit – ganz passend – eine Reportage über den Colorado River gesehen. Wenn Sie sich anschauen, wie dieser Fluss im Laufe der Jahrhunderte den Grand Canyon geschaffen hat, ist das schon beeindruckend. Jetzt könnte ich noch das Zitat mit dem Tropfen, der den Stein höhlt, anbringen, aber ich glaube, Sie wissen, was ich meine. Manche Dinge brauchen Zeit, geben Sie auch sich selber diese Zeit. Es lohnt sich.

Zum Thema, dass vieles klein anfängt: Wussten Sie eigentlich, dass der erste Google-Server aus Lego-Steinen gebaut wurde? Egal, was Sie von Google oder anderen Großunternehmen halten: Ich finde das sehr beachtlich. Ich habe aus Lego immer nur Gefängnisse gebaut und die Barbies meiner Schwester lebenslang eingesperrt. Jedem GoG ist bewusst, dass er klein anfängt, und das ist auch gut so. Haben Sie keine Angst vor diesem Kleinsein, denn alles, was das »Kleine« nachher groß macht, haben Sie mit Ihren Händen geschaffen, und glauben Sie mir: Es gibt kein schöneres Gefühl. Wenn Sie den Schritt in das GoG-Sein wählen, dann gehen Sie ihn richtig. Im Prinzip ist es wie mit dem Kinderkriegen, ein bisschen schwanger geht nicht.

Auf Ihrem Weg in das GoG-Sein werden Ihnen viele unterschiedliche Menschen begegnen. Einige davon werden Ihnen mit Rat und Tat zur Seite stehen. Seien Sie dankbar für Ratschläge, auch wenn sie kritisch sind. Genau diese Ratschläge bringen Sie weiter. Seien Sie aber bitte genauso dankbar für Menschen, die Ihnen bei der Gründung motivierend zur Seite stehen. Sie werden viele Menschen kennenlernen, die alles besser wissen, alte Besserwisser wie mich. Aber legen Sie nicht alles auf die Goldwaage. Wenn Sie sich die Gründerkultur anschauen, bekommen Sie das Gefühl, dass es neu und hip ist zu gründen und dass Sie nur ein wahrer Start-uper sein können, wenn Sie auch die tollsten Begriffe kennen. Aber wissen Sie was?

Schon vor Hunderten von Jahren haben sich Menschen selbstständig gemacht. Mein Opa hat vor 50 Jahren seine eigene Firma gegründet. Er ist also auch so ein hipper Start-uper. Lassen Sie sich nicht unterkriegen, nur weil Sie sich vielleicht an diese Start-up-Welt gewöhnen müssen. Das habe ich bis heute manchmal noch nicht. Also sind wir schon zwei.

Wissen Sie eigentlich, warum die meisten GoGs scheitern? Nun, die meisten GoGs überstehen die Anfangszeit einfach nicht. Meistens, weil irgendwann einfach das Geld ausgeht. Irgendwann ist kein Kapital mehr vorhanden und wenn keiner mehr die Miete und die laufenden Kosten bezahlt, führt der Weg wieder in die Anstellung zurück. Natürlich können Sie, wie ich auch, ohne Puffer starten. Aber das ist definitiv keine gute Idee. Im Idealfall haben Sie vorab einen Puffer aufgebaut, der das erste Jahr absichert. So können Sie sich auf den Aufbau des Unternehmens konzentrieren. Ja, ich weiß, das ist leicht gesagt. Je mehr Puffer Sie zu Beginn haben, desto besser. Ich finde, der Begriff »Puffer« passt hier ganz gut. Wie so ein kleiner Ring Fett um den Bauch, auf den Sie im Notfall zugreifen können. Letztendlich passt der englische Ausdruck »Survival of the fittest« doch ganz gut. Frei übersetzt bedeutet das für GoGs, dass nicht der Erfolgreichste, sondern der Leistungsfähigste sich letztendlich durchsetzt. Halten Sie durch, auch wenn sich Erfolge nicht direkt einstellen. So werden Sie letztlich auch Super-GoG und die Weltherrschaft kommt automatisch.

Was Sie in dem Kontext schnell merken werden: Sie werden Fehler machen. Ja, das klingt nicht sehr motivierend. Was ich damit meine, ist, dass niemand alles richtig machen kann und Sie aus diesen Fehlern lernen werden. Sie treffen jeden Tag Tausende Entscheidungen, da ist es normal, dass nicht alle richtig sind. Ich denke da zum Beispiel an Ronald Wayne. Den wenigsten wird der Name etwas sagen, aber der gute Ronald hielt Ende der 1970er-Jahre 10 Prozent an Apple und hat diese 10 Prozent für weniger als 1.000 Euro an Apple zurückverkauft. Heute wären diese 10 Prozent mehrere Milliarden wert. Ob der gute Ronald noch schlafen kann? Ich hoffe es.

In den meisten Fällen werden Sie sich in einem Markt selbstständig machen, der wahrscheinlich größtenteils schon gesättigt ist. Lassen Sie sich davon nicht unterkriegen. Das geht den meisten GoGs so. Nur weil ein Markt gesättigt ist, heißt das nicht, dass er eben auch ausgeschöpft ist. Das klingt suspekt, ich weiß. Aber wir haben über den Unterschied zwischen Marktpotenzial und Marktvolumen gesprochen. Und wer sagt Ihnen denn, dass die derzeitigen Anbieter in Ihrem Markt dieses Potenzial ausschöpfen? Denken Sie kreativ, quer und nehmen Sie sich die Probleme der Zielgruppe vor, dann merken Sie schnell, dass noch Luft nach oben ist.

Wenn Sie glauben, dass es Talent ist, was einen erfolgreichen GoG ausmacht, dann liegen Sie falsch. Das, was Sie letztendlich erfolgreich machen wird, ist etwas anderes: Fleiß. Bleiben Sie hungrig und glauben Sie an Ihre Idee und arbeiten Sie hart dafür. Okay, Talent ist sicher hilfreich, aber wenn es Ihr Herzenswunsch ist, ein GoG zu werden, dann ist Fleiß der Weg zum Ziel.

Jetzt aber Feierabend – ich möchte mich an dieser Stelle gerne von Ihnen verabschieden. Wir haben viel Zeit miteinander verbracht. Was ich Ihnen von ganzem Herzen rate: Versuchen Sie es! Und wenn es bei der Planung bleibt, dann macht das auch nichts. Für mich gibt es keinen Weg zurück und ich bin überglücklich, die Entscheidung vor ein paar Jahren getroffen zu haben. Wie sieht es mit Ihnen aus?

PS: Anne und Bernd lebten glücklich und zufrieden bis an ihr Lebensende. Nicht zusammen, sondern jeder für sich. Wobei – mal sehen, was in einem zweiten Teil alles passieren könnte.

Kapitel VIII: Ihr kleiner Bonus

Ich finde, wenn Sie es bis hierhin geschafft haben, dann sollte es auch eine kleine Belohnung geben. Jetzt kann ich Ihnen natürlich keine Schokolade ins Buch kleben, aber stattdessen habe ich noch eine kleine Zugabe für Sie, wenn Sie möchten.

felixthoennessen.de/zusatzkapitel

Über den Autor

Über den Autor sollte an dieser Stelle auch etwas gesagt werden. Nachher liest das Buch niemand, wenn ich nicht einige Diplome, Auszeichnungen oder Zertifikate vorzeigen kann, oder?

Aber über sich selber etwas Tolles zu sagen finde ich schwerer, als Ihnen ein paar Tipps zur Existenzgründung zu geben. Nun gut. Felix Thönnessen hat International Marketing in den Niederlanden studiert und berät schon ein paar Jährchen Existenzgründer. Er kommt aus einem kleinen Städtchen, ist leidenschaftlicher Fan von Borussia Mönchengladbach und kocht gerne (was nicht heißt, dass er das ansatzweise kann). Am liebsten sitzt er stundenlang mit Existenzgründern zusammen, um an einer Idee zu feilen, oder hält Vorträge an

Universitäten, die sich mit dem Thema Existenzgründung und Marketing beschäftigen.

Warum ich überhaupt Gründungsberatung mache? Weil mir in der klassischen Beratung immer der soziale Aspekt und der direkte persönliche Kontakt gefehlt haben. Klar, ein Sozialberuf ist das jetzt trotzdem nicht, aber anderen Menschen dabei zu helfen, sich selbstständig zu machen, gibt mir auf jeden Fall eine Menge zurück. Von Anfang an gemeinsam an einer Idee zu arbeiten, das ist das, was meine Arbeit ausmacht, und das, was ich gerne mache.

Ob ich das kann? Das sollen andere beurteilen. Ich gebe mein Bestes.

Stichwortverzeichnis

Leasing 244ff.
Lieferanten 21, 47, 146f.,
149ff.
Liquiditätsplanung 54, 232,
237

M
Marken 65, 90, 169ff.
Markenschutz 218ff.
Marketing 21, 26, 39, 53, 56, 58,
74, 78, 101, 104, 132, 137, 141, 146,
156f., 159f., 163, 167, 172, 175, 198, 200,
204, 206f., 224f
Marktforschung 131–136, 179
Motivation 20ff., 47, 106, 111

N
Neugründung 47f.

O
Online-Marketing 177–189
Ordnungsamt 98f.

P
Patent 220f.
Positionierung 150, 160ff., 166, 177, 206,
208
Positionserfahrung 21f.
PR/Öffentlichkeitsarbeit 201ff.
Preisgestaltung/-kalkulation 53, 161, 208–
212
Private Equity 240ff.
Proof of Concept 242f.

Q
Qualität 127, 139, 143f., 150f., 160ff., 165f.,
211

R
Rechnungsstellung 127
Rechtsform 52, 60, 83, 85f., 88ff., 94f.,
101ff., 112, 125, 250
– Einzelunternehmen 89ff., 95, 121
– Gesellschaft bürgerlichen Rechts (GbR)
91f., 94
– Gesellschaft mit beschränkter Haftung
(GmbH) 86ff., 94
– Kommanditgesellschaft (KG) 93ff.
– Offene Handelsgesellschaft (OHG)
92f., 95
– Unternehmergesellschaft (UG) 88f., 94
– Risikobereitschaft 23

S
Scheinselbstständigkeit 102
Schwächen 20, 35f., 55, 142, 144f., 149,
151ff.
Selbstmarketing 26f., 40, 108
Service 70, 82, 144, 163f., 206, 208f., 245
Social-Media-Marketing 189ff.
Sponsoring 176, 205f.
Standortwahl 216ff.
Stärken 20, 24, 35, 55, 142, 144f., 149,
151ff., 251
STEP 154ff.
Steuern 83, 104, 118, 126f.
– Abgeltungssteuer 122f.
– Einkommensteuer 93, 98,
119–123
– Gewerbesteuer 84f., 117, 120f., 125
– Körperschaftsteuer 118, 122
– Umsatzsteuer 99, 108, 118f., 123f., 126ff.,
225
Suchmaschinenoptimierung 150, 178f.,
183, 185–188
SWOT-Analyse 151ff.

T
Team, Existenzgründung im 42ff.

U
Umsatzplanung 226–229

V
Versicherungen 11
– Berufsunfähigkeitsversicherung 115
– Betriebshaftpflichtversicherung 114
– Inhaltsversicherung 116f.
– Krankenversicherung 100, 113f.
– Rechtsschutzversicherung 117
– Rentenversicherung 115f.
Vertrieb 21, 53, 70, 212–216,
252
Vollzeit oder nebenberuflich 40ff.

W
Werbung bei Google 188f.
Wettbewerbsanalyse 142–149

Z
Zahlungsausfall 247ff., 251, 253
Zielgruppe 16, 53, 63f., 66, 68, 78, 124,
129f., 136–142, 156, 158f., 162, 170,
174, 177f., 197f., 203, 206f., 258